谢议尊◎编著

Java高并发编程指南

Java high concurrency programming guide

北京大学出版社
PEKING UNIVERSITY PRESS

内 容 提 要

随着移动互联网的发展，几乎所有主流的互联网应用都需要应对高并发场景的挑战。所以不管是Java初学者，还是从业多年的Java开发老兵，了解和掌握Java高并发编程的相关知识都是非常必要的。

本书内容由浅入深，采用理论与实践相结合的方式讲解Java高并发编程的相关知识。首先，介绍对高并发的理解、Java多线程基础、Java并发包相关类的使用与设计原理；然后，拓展讲解分布式系统设计的相关原理、挑战、涉及的相关框架、中间件等；最后，对流行的Java开源框架的源码设计进行分析，结合实现一个简易版的秒杀系统来介绍如何基于Java语言实现一个高并发系统，达到原理与实践相结合的目的，帮助读者朋友更好地掌握Java高并发编程的知识。

图书在版编目(CIP)数据

Java高并发编程指南 / 谢议尊编著. —北京：北京大学出版社，2020.6
ISBN 978-7-301-28946-4

Ⅰ.①J… Ⅱ.①谢… Ⅲ.①JAVA语言－程序设计－指南 Ⅳ.①TP312.8-62

中国版本图书馆CIP数据核字（2020）第081238号

书　　名 Java高并发编程指南
Java GAOBINGFA BIANCHENG ZHINAN
著作责任者 谢议尊　编著
责 任 编 辑 张云静　吴秀川
标 准 书 号 ISBN 978-7-301-28946-4
出 版 发 行 北京大学出版社
地　　址 北京市海淀区成府路205 号　100871
网　　址 http://www.pup.cn　新浪微博：@ 北京大学出版社
电 子 信 箱 pup7@ pup.cn
电　　话 邮购部 010-62752015　发行部 010-62750672　编辑部 010-62570390
印 刷 者 北京溢漾印刷有限公司
经 销 者 新华书店
787毫米×1092毫米　16开本　23.75印张　502千字
2020年6月第1版　2020年6月第1次印刷
印　　数 1-4000册
定　　价 89.00元

前言

INTRODUCTION

最近几年，程序开发人员在聊到企业级系统设计时，提到最多的就是“高并发”这个词语。如果针对“高并发”这个话题不能聊上半小时，都不好意思说自己是一名程序员了，这也体现了高并发系统在当今这个流量爆炸的移动互联网时代的重要性。同时，Java 语言作为目前最流行的企业级应用开发语言之一，被各大互联网公司广泛使用，所以掌握 Java 高并发系统设计的相关技术是每位开发工程师保持自身核心竞争力的必备技能。

高并发系统设计主要是围绕如何在有限的服务器硬件资源前提下，提高应用的并发处理能力以及基于分布式系统设计来实现系统的拓展性，从而实现对海量并发请求的处理。所以本书在内容组织方面，主要包括对 Java 多线程并发编程相关知识点和分布式系统设计与实现相关理论、设计要点，以及相关技术框架、中间件的讲解与分析等，同时也会穿插相应的代码案例来介绍相关用法。

本书在内容讲解的侧重点方面，对于 Java 多线程相关知识点主要侧重底层实现原理方面的讲解，如对 Java 并发包相关类的源码分析；对于分布式系统设计，则是侧重结合分布式系统设计的核心理论、设计要点与对应的技术框架、中间件来讲解，以便帮助读者不只是停留在对原理的理解层面，而是拥有结合相关技术框架进行分布式系统实现与落地的实战能力。

因受笔者的技术积累和成书时间限制，本书如有疏漏和不当之处，敬请指正，共同进步。个人联系邮箱为 xieyizun@163.com，联系微信号为 xyz1824762899。

本书特色

1. 内容由浅入深，详略得当，符合认知规律

本书在整体内容结构方面，依次分为基础篇、进阶篇、拓展篇和实战篇。通过这种由浅入深、循序渐进的讲解方式，初学者在对整本书学习后能够掌握 Java 高并发编程的核心要点。对于拥有一定经验的工程师来说，则可以根据自身技术的掌握情况，有选择地学习相应的章节。

2. 丰富的 Java 并发包和开源框架源码分析，知其然更知其所以然

本书的定位是让读者不只停留在对 Java 并发包和开源框架相关核心类用法的掌握上，而且能够理解和掌握对应类的底层源码实现，从而设计出更加健壮和高效的代码，以及在工作中可以快速定位问题所在。所以本书提供了丰富、详细的 Java 并发包和开源框架的源码设计与实现分析，以便读者能够知其然更知其所以然。其中 Java 源代码分析主要是基于 JDK 1.8 版本。

3. 分布式、高并发系统设计要点分析，提高实战能力

接触过高并发系统设计的工程师都知道，高并发系统是绕不开分布式的。因为多线程设计只能最大限度地提高单台机器的并发处理能力，要应对海量高并发请求，单台机器是远远不够的。所以在本书的第三部分对分布式系统设计的相关理论、核心设计要点，以及相关技术框架和中间件进行了分析，以便帮助读者能够理解和掌握如何进行企业级的高并发系统设计，提高实战能力。

配套资源

附赠书中相关案例源代码，方便读者学习参考。读者可用微信扫一扫下方二维码关注公众号，输入代码 15924，即可获取下载资源。

资源下载

本书读者对象

- 有一定 Java 服务端编程经验的开发工程师
- 对 Java 并发编程、Java 源码感兴趣的各类人员
- 对分布式系统设计感兴趣的各类人员

目录

CONTENTS

第一部分 基础篇

第一部分

基础篇

第1章

1

高并发的理解

本章首先分析了高性能、高可用、高并发、并发与并行几个概念的含义，然后分别从单台机器和分布式两个角度分析高并发场景的相关应对策略，以便帮助读者对高并发系统的设计有一个初步的认识和理解。

随着移动互联网的兴起，人们对互联网应用的依赖性越来越重，从生活到工作的方方面面都需要通过互联网应用来完成，如购物通过淘宝、聊天通过微信、出行通过滴滴、吃饭通过美团等。对于互联网应用而言，需要能够支撑海量用户同时在线和高效、快速地处理用户的高并发请求流量，保证应用系统在高并发场景中依然能够保持高性能和高可用。

在进行高并发应用系统设计时，首先需要对系统的并发处理能力有个清晰的认识，即该系统能够支撑多少用户同时在线，以及在大量用户同时在线、发送大量请求时，系统是否能够快速响应用户的请求等。应用系统开发人员需要关注高并发系统的相关衡量指标，具体包括：请求的响应时间、系统的吞吐量、系统每秒完成的请求数（Query Per Second，QPS）和并发在线用户数量等。

不过单纯分析以上指标是没有意义的，需要进一步结合业务特点来确定当前系统相关指标的大小是否符合要求。因为不同系统的并发用户数量和并发请求数量是不一样的，如美团外卖系统、天猫“双十一”这些都是存在海量并发用户和高并发请求的业务场景，而企业内部 OA（办公自动化）系统则是并发用户量和请求数都比较少的业务场景，所以不同的系统对于以上指标的要求是不一样的。

当确定好以上相关指标后，则需要进行系统设计与开发来达到这些指标。在实现层面，由于应用系统需要运行在服务器机器上，所以首先需要保证应用系统能够充分利用服务器的硬件资源来处理用户请求，如充分利用服务器的 CPU（中央处理器）、内存等硬件资源。当并发用户量和请求量太大，导致超出了单台服务器的最大处理能力时，则需要使用多台服务器来处理请求，此时对于系统设计而言就需要进行分布式系统设计来应对高并发的在线用户和高并发请求。

1.1 何为高并发

在软件开发领域，特别是互联网应用，通常会根据对应的软件系统并发量的大小来衡量该系统能够支撑多少用户同时在线和对应用的正常使用。并发是指在同一个时间点，多个在线用户同时发送请求给应用系统，应用系统需要同时处理多个请求，并且需要在用户预期的时间内返回处理结果给用户。而应用系统在处理请求时，又分为并行处理和并发处理，这两个概念的含义后面会详细分析。

一个系统是否为高并发系统需要从高并发场景和应用系统的高并发处理能力两个方面来定义。首先，需要根据应用系统的业务特点和需要处理的并发请求的数量来判断该系统是否属于高并发场景，如数据库系统可能单机每秒几千并发量就已经属于高并发场景了，而对于 Web 应用而言则是比较低的并发量。

其次，对于高并发场景，应用系统自身是否具有高并发处理能力，即在高并发场景中，能否保证用户在预期的时间内正常获取请求的结果。如果一个应用系统既存在高并发场景，又具备高并发处理能力，则该系统属于高并发系统。

1.1.1 ▶ 高性能、高可用与高并发

在现代互联网应用的设计当中，通常会提到应用系统需要达到高性能、高可用和高并发这“三高”目标，其中这三个概念既有联系又有区别。

高性能是指应用系统对用户请求的处理速度快、响应时间短，对于用户来说就是该应用的操作流畅，拥有良好的用户体验，所以高性能是应用系统需要具备的基本条件。不过不同业务的高性能的定义会有所差别，如在线网络游戏需要保证在毫秒级别的响应时间，否则会让用户感觉非常卡顿，而银行转账系统则可以是秒级别，如 10 秒内，用户也是可以接受的。

高可用是指在任何时候用户都可以正常使用应用系统，不能出现应用系统无法提供服务的情况。我们经常听到的需要保证系统的 7×24 可用或者需要有多少个 9 的可用性保证，如 99.9%、99.99%、99.999% 等，这些就是高可用方面的要求。高可用是关于应用系统稳定性方面的一个定义，不同系统对于可用性方面的要求也会不一样，如股票交易系统在交易时间段内不能出现任何不可用的情况，而企业内部 OA 系统则可以容忍某些时间点的不可用。

高性能和高可用是应用系统设计需要达到的目标，只有系统保证高性能和高可用才能让用户用得开心与放心，才能吸引更多的用户来使用该应用系统。在用户流量就是价值的今天，这两个方面的目标对企业发展具有重要意义。

不过实现高性能与高可用的难点是，在高并发场景中，应用系统如何才能做到使这两个指标持续得到保证。因为如果应用系统所需处理的并发请求流量不大时，应用系统所在机器拥有充足的硬件资源来快速处理每个请求，故不会出现系统过载导致机器宕机的问题，性能和可用性方面是很容易得到保证的。但是在高并发场景中，每秒会有成千上万，甚至更多的并发请求发送给应用系统，应用系统可能会无法同时快速处理所有请求而导致响应慢，甚至会导致机器资源耗尽而宕机，出现服务不可用的情况。

所以高并发是原因，高性能和高可用是结果。高并发编程的目的就是结合相关技术手段，如多线程设计、缓存加速、异步处理、基于分布式系统架构、集群部署等技术来实现在高并发场景中，应用系统依然可以正常处理每一个用户请求，使每个用户的请求都可以得到快速响应，从而获得良好的用户体验与系统稳定性。关于这些技术的相关原理与用法在本书后面章节会详细讲解。

1.1.2 ▶ 并发与并行

在进行高并发系统设计时，通常会提到并行和并发两个概念，这也是我们容易混淆的两个概念。这两个概念反映了操作系统利用自身的 CPU 资源来处理运行于其上的应用系统的请求的两种不同方式，同时也影响着应用系统性能的高低。现代的操作系统通常是多核 CPU 架构，多个核心可以同时执行各自的任务，其中对每个请求的处理可以看作是一个任务，而在单个核心上的多个任务则需要轮流调度执行。

由于 CPU 的核心可以快速处理每个任务，所以即便是单个核心上的轮流执行，在应用系统看来还是同时执行的。所以对应到并发与并行两个概念的理解是：在 CPU 的多个核心同时执行的多个任务就是并行任务，而在同一个 CPU 核心中轮流调度执行的任务则是并发任务。

关于任务并发、并行与 CPU 的核心的关系如图 1.1 所示。任务 1 和任务 2 是在同一个核心排队轮流调度执行，属于并发任务；而任务 1、任务 3、任务 4 是在多个核并行执行，属于并行任务。

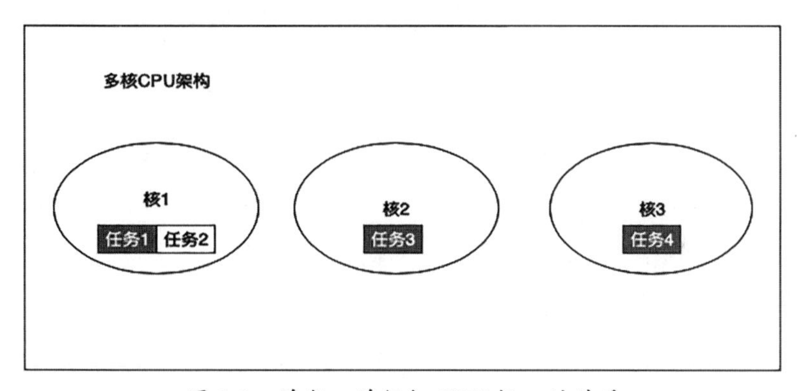

图 1.1　并发、并行与 CPU 核心的关系

在应用系统的设计层面，主要是基于多线程设计来实现请求的并发或并行处理，充分利用服务器 CPU 的多个核心来处理用户的并发请求，从而达到加快请求处理速度的目的。从多线程与 CPU 核心的角度来理解并发和并行是，在处理用户的并发请求时，应用系统的多个处理线程是在 CPU 的单核还是多核执行，需要根据当前服务器的 CPU 的核心数量来决定。

如果服务器的硬件资源较好，CPU 拥有多个核心，则多个处理线程可以在各个核同时执行，实现并行处理，此时应用性能是最好的。如果服务器的 CPU 只有单个核心或者 CPU 核心的数量少于应用系统的处理线程数量，则多个处理线程的全部或者部分就需要在某个 CPU 核心轮流调度执行，此时属于并发处理。

并发处理对应的请求处理速度一般会低于并行处理，但是相对于单进程单线程应用，性能方面还是有很大的提升。因为即使是并发处理，由于 CPU 处理速度很快，在应用系统看来，多个并发请求也是同时执行的。

1.1.3 ▸ 高并发的衡量指标

高并发应用系统需要应对高并发场景，同时需要具备高并发处理能力。一个应用系统的高并发处理能力通常从该系统处理请求时的响应时间、系统的吞吐量、QPS以及支持的并发在线用户数这几个方面来衡量。

1. 响应时间

应用系统的响应时间反映的是一个请求从发起到获得处理结果所需的时间，如从用户在浏览器输入某个图片的地址到该图片完全显示出来的这段时间，称为此次请求的响应时间。响应时间越短，用户需要等待的时间越短，用户体验越好，给用户的感觉就是应用系统的性能越好。

不过在衡量一个高并发应用系统的响应时间时，不能根据某次请求的响应时间来衡量，而是需要根据该应用系统的业务特点，基于该应用系统在最大并发请求下的平均响应时间和最大响应时间来衡量。其中最大并发请求下的平均响应时间反映的是在极端情况下，用户平均需要等待多长时间才能收到请求的处理结果；最大响应时间则是反映用户最长需要等待多久才能收到请求的处理结果。

在系统上线之前，需要根据系统可能会出现的最大并发量进行压力测试，然后结合业务特点来判断对应的平均响应时间和最大响应时间是否可以被用户接受，从而确定是否需要进行相关的优化来进一步提高应用系统的性能。例如，在线网络游戏系统可能要保证毫秒级别的响应时间，否则会使玩家感觉很不流畅而没有兴趣继续玩下去；而对于银行转账系统则允许秒级别的响应时间，因为这种场景让用户等待几秒是可以接受的。

在进行高并发应用系统设计时，对于响应时间主要需要关注的是应用系统从应用服务器接收到该请求，然后进行相关处理的过程，如从数据库读取或者写入数据、通过RPC（Remote Procedure Call）调用其他服务获取数据等，最终返回结果给应用服务器的这个过程。如果该过程存在性能问题导致请求响应慢，则需要对该过程涉及的相关操作进行性能优化。

2. 吞吐量与QPS

吞吐量是指系统在单位时间内完成请求的数量。QPS与吞吐量类似，不过吞吐量反映的是应用系统的整体处理能力，即系统在单位时间内平均完成请求的数量；而QPS则是单位时间精确到秒，反映的是系统的最大吞吐量。

除此之外，还有一个与QPS类似的概念TPS，即Transaction Per Second。TPS是指应用系统每秒完成的事务数。QPS与TPS的差别是，QPS通常是在接口层面来衡量某个接口每秒完成的请求数，而TPS则是在系统层面来衡量该系统每秒能够完成的事务数量。一个事务的完成通常会涉及对多个接口的请求调用，如银行转账系统的一次转账过程可以看作是一个事务，该事务涉及转出银行的金额扣减和转入银行的金额递增两个过程对应的接口调用。

以上几个概念都反映了应用系统在某个时间范围内可以正常完成的请求数量，而不是指接收到的请求数量。正常完成是指应用系统可以在预期的时间内，对这个请求处理完成和返回响应结果给用户。

另外吞吐量与响应时间的关系是，响应时间越短，吞吐量越大；响应时间越长，吞吐量越小。如果并发请求量的大小是在应用系统的处理能力之内，则随着并发请求量的增加，请求的响应时间不会有较大的变化，系统的吞吐量在增加。

所以在进行应用系统设计与压力测试时，需要重点关注随着并发请求量的增加，响应时间显著变长的临界点所对应的吞吐量大小，此值是该应用系统所能处理的并发请求量的峰值，即最大值，超过则会导致应用系统的整体性能显著下降。

3. 并发用户数

应用系统的吞吐量指的是应用系统在单位时间内能够完成的并发请求数量。因为每个请求都是系统当前的在线用户发起的，所以应用系统可能会接收到的并发请求量跟并发用户数有直接关系，故并发用户数的大小也是衡量一个应用系统是否为高并发应用的一个重要指标。

应用系统的并发用户数是指应用系统最多支持多少用户同时在线，并且每个用户的请求都可以正常得到响应。例如，在商品的秒杀抢购、抢红包等场景中，会存在大量用户同时在线并发送大量并发请求的情况。

所以在进行系统设计时，需要根据业务特点来预估可能出现的并发用户数的最大值，然后在进行压力测试时，检测当并发用户的数量达到这个峰值时，每个用户的请求是否可以正常得到响应并且需要统计无法正常响应的用户请求的数量。之后可以根据这些测试数据来决定是否需要对系统进行进一步的优化来增加应用系统所能支持的并发用户的数量。

在服务器硬件资源层面，由于每个并发用户需要与应用系统建立一个 TCP 连接，每个 TCP 连接都会消耗操作系统的一个文件描述符，而操作系统所能提供的文件描述符的数量是有限的，所以当系统的并发用户太多，导致所建立的 TCP 连接的数量超出单台服务器的可用文件描述符数量时，则需要对应用系统进行集群拓展，通过在多个机器节点部署该应用系统的更多实例来加大应用系统可支持的并发用户数。

1.2 高并发的应对策略

由之前的分析可知，高并发应用系统的定义是，既需要存在高并发场景，又需要具备高并发处理能力。具体为用户会同时向应用系统发送大量请求，而应用系统在接收到这些高并发请求时，能够正常处理每个请求并在预期的时间内返回响应结果给用户，达到响应时间短、吞吐量高、能够支撑大量的并发在线用户这几个指标。而在高并发应用系统的设计与实现层面，主要是从单机和分布式两个维度来考虑高并发的应对策略。

单机高并发主要是指应用系统需要充分利用服务器的 CPU、内存等硬件资源来加快每个请求的处理速度，从而提高单台服务器在单位时间内的吞吐量。在应用系统的实现层面，主要包括基于多线程设计来实现对 CPU 多个核心的利用，基于内存来进行缓存设计，减少对数据库的访问，加快数据的存取操作的速度等。

单台服务器的资源是有限的，故每台服务器所能处理的请求数量也是有限的。当并发量过大导致超出了单台服务器的处理能力时，需要采取分布式高并发策略。分布式高并发是指基于分布式系统架构和集群部署来实现对应用系统的横向拓展。基于负载均衡机制来分发并发请求流量到多台机器，避免所有并发请求都集中在单台服务器来处理，从而解决单台服务器在应对高并发流量时的性能瓶颈问题。

1.2.1 ▶ 单机高并发

不管是采用分布式系统架构，还是采用集中式的单体应用架构，应用系统都需要在机器的操作系统上运行，利用 CPU、内存等硬件资源来处理请求。所以作为应用系统的开发人员，需要从软件的角度来考虑如何在有限的硬件资源条件下，最大化地利用单机的硬件资源来加快请求的处理速度，使应用系统可以处理更多的请求。提升单台服务器的并发处理能力也是实现高并发应用系统需要考虑的首要因素。

在服务端请求的处理层面，每个请求都会交给一个服务端线程来处理。这个线程需要获取 CPU 时间片，才能得到真正执行，并在执行完成之后返回处理结果给用户。如果应用系统只有一个处理线程，则所有请求都会在该线程排队处理，此时很容易出现由于某个请求的处理时间过长而影响其他所有请求的处理。与此同时，如今服务器的 CPU 一般都会包含多个核心，所以如果应用程序使用单线程，则无法充分利用 CPU 的多个核心来实现请求的并发和并行处理，造成了 CPU 资源的浪费。

在应用系统设计层面，需要考虑使用多个处理线程来实现请求的并发和并行处理，加快请求的整体处理速度，使应用系统在相同的时间范围内可以处理更多的请求，提高应用系统的整体性能。不过在进行多线程设计时，需要注意并不是应用系统开启的请求处理线程越多越好，而是需要结合服务器的 CPU 的核心数量来设计一个合理的线程数量。

由之前关于并发和并行的分析可知，如果线程数量少于 CPU 的核心数量，则每个线程可以在 CPU 的各个核心并行执行；如果多于 CPU 的核心数量，则某些线程需要在同一个核心轮流调度执行。不过由于 CPU 的处理速度很快，虽然这多个在同一个 CPU 核心执行的线程是轮流调度执行，但是在用户看来也相当于是同时执行的。所以一般的多线程设计经验是线程数量需要略多于 CPU 的核心数量，具体多少需要结合压力测试来确定一个最合适的数量。

通过多线程设计可以实现对 CPU 多核资源的充分利用，实现请求的并发和并行处理，加快请求的处理速度，提高应用系统的整体吞吐量。不过如果某个请求的处理时间很长也会影响到系统的整体吞吐量。对于高并发系统而言，请求处理耗时较长的一个主要原因就是数据库读写问题。由于数据库自身实现的特点，如基于磁盘文件存储数据的数据库在处理高并发读写请求时很容易出现性能瓶颈问题。针对这个问题，由于内存访问速度快于磁盘访问速度，所以可以进行缓存设计，利用内存来对数据库的数据进行缓存，减少对数据库的访问。

基于多线程设计来实现请求的并发和并行处理，基于内存来实现数据缓存是应用系统开发中比较常见的高并发应对策略。除此之外，一个比较容易让人忽略的地方就是没有对服务器的网络带宽进行优化。

每个服务器的网络带宽的大小通常是固定的，由于所有数据都需要通过网络在客户端与服务端之间传输，如果带宽较小而需要传输的数据较多，那么此时也会加大客户端与服务端之间的传输时延。所以为了实现在有限的网络带宽中传输更多的数据，可以考虑对应用系统的请求和响应数据进行压缩处理，如 HTTP 2.0 协议通过压缩首部的字段来减少需要传输的数据量。还可以基于二进制数据来传输数据，二进制数据相对于文本数据体积更小，所以可以减少数据传输量，加快数据传输，使得单台机器在单位时间内可以进行更多的数据传输。

1.2.2 ▶ 分布式高并发

单机高并发的实现手段主要包括：通过多线程设计来充分利用 CPU 的多个核心，从而实现请求的并发和并行处理，加快请求的处理速度，使得应用系统在单位时间内可以处理更多的请求；使用内存进行缓存设计来加快数据存取速度，减少对数据库的访问，加快请求处理速度；可以基于数据压缩、使用二进制格式数据等方式来减少每个请求的数据传输量，从而增大单位时间的数据传输量，最大化地利用单台服务器有限的硬件资源来提升系统的并发处理能力。

不过，单机高并发更多是从单台机器硬件资源的充分利用角度来应对高并发请求流量。单机高并发应对策略只能使单体应用，或者是分布式应用的某个子系统的并发处理能力得到提升，并不能从根本上解决高并发应用系统的整体高并发请求流量的处理问题。当并发量过大时，如果只是使用单台服务器来部署应用，则无论如何对应用系统进行优化，当服务器资源耗尽时，应用系统也很容易出现性能问题，甚至出现服务器宕机、进程崩溃的情况。

可能有人会说可以提升单台服务器的硬件资源来提升单台服务器的处理能力，如增加

CPU 的核心数、增大内存、使用 SSD 固态硬盘、加大网络带宽等来对应用系统的并发处理能力进行纵向提升。不过这会增加企业的成本，并且硬件资源方面的提升是很容易遇到瓶颈的，当应用系统的并发流量过大时，单台机器很容易再次出现过载问题。

所以为了提高应用系统在应对高并发请求流量时的拓展能力，现代应用系统一般都是采用分布式架构和集群部署来实现应用系统的水平拓展。具体为分散并发流量到各个子系统，并且根据并发流量的大小来动态调整集群机器的数量。

采用分布式系统架构是指将单体应用的多个功能模块拆分为多个子系统，每个子系统以独立进程的方式在不同的机器部署，实现将不同业务功能的请求分发到不同机器上的各个子系统，由各个子系统来独立处理自身请求的目的。

通过分布式系统架构设计可以解决高并发流量都在单体应用集中处理的问题，即如果所有请求流量都集中在单体应用，则对单体应用所运行的机器硬件资源的要求会非常高，增加了企业成本；同时单体应用不同功能的耦合度较高并且运行在同一个进程中，很难针对某个功能，如单独对请求并发量高的功能进行集群部署来实现水平拓展。

不过分布式系统也会遇到单体应用所不存在的问题，一个典型例子是方法调用问题。与单体应用的不同功能模块之间的相互调用都是在一个进程内通过方法调用来完成不同的是，分布式系统的不同子系统之间需要通过网络通信来进行远程方法调用。所以针对某个请求，如果需要多个子系统协作完成，由于存在网络传输延迟，分布式系统的响应时间可能会比单体应用更长。

不过在高并发场景中，由于分布式系统的不同功能拆分为多个独立的子系统，并且各个子系统都是独立部署在不同机器，所以可以通过集群的方式来拓展对应的子系统。子系统的每个部署实例处理一部分请求，故每个部署实例负载较低，可以快速完成请求的处理和响应。

对于单体应用，即使是通过集群来部署，每个部署实例也需要处理所有功能的请求，故每个部署实例的负载还是比较高。特别是在处理高并发请求流量时，单体应用很容易出现由于系统过载而响应缓慢的情况，所以在高并发场景中，虽然增加了网络调用等开销，分布式系统的整体性能还是要高于单体应用。

刚刚提到了集群部署，采用集群部署是指在多台机器，并且一般是在多台硬件资源配置较低的廉价机器上部署同一个业务服务，即以上提到的子系统。通过集群部署可以将对该业务服务的请求流量分散到集群的这多台机器节点上运行的服务实例，每个服务实例处理该服务的部分请求，所有服务实例完成的请求流量的总和构成该业务服务的总吞吐量。其中集群请求流量分发一般会采用负载均衡算法，如轮询、随机、哈希等，将某个请求分发给集群的某个机器节点来处理。

通过集群部署可以加大系统可支撑的并发请求量，并且由于每个机器节点只负责处理部分请求，故系统负载较低，请求处理速度较快，提高了服务的整体性能。除此之外，集群部署还可以提高服务的可用性，因为拥有多台机器提供相同的服务，如果其中某台机器宕机了，其他机器可以继续提供服务，避免了单点故障问题。

一个典型的基于分布式架构设计与集群部署的应用系统的整体架构如图 1.2 所示。

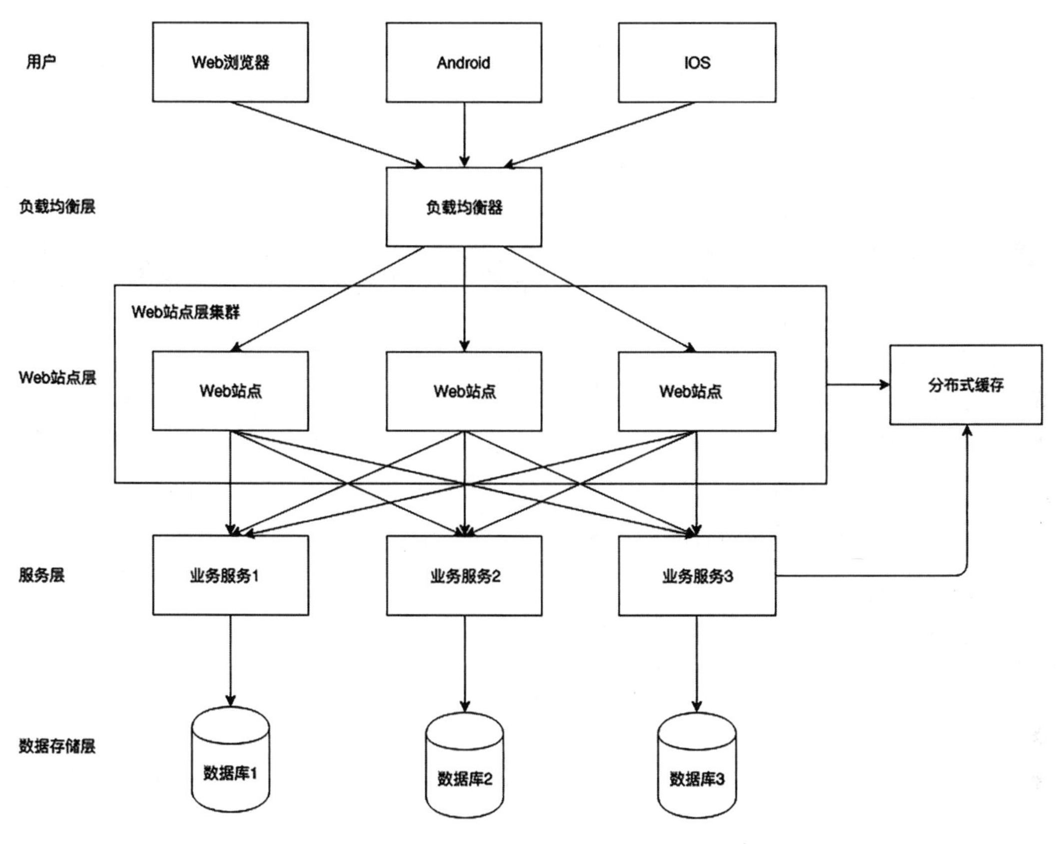

图 1.2　基于分布式架构设计与集群部署的应用系统的整体架构

在架构设计层面，分布式系统架构采用的是一种分层架构，不过与单体应用的分层架构不同，单体应用的分层架构，如典型的 MVC 架构，是代码层面的分层；分布式系统的分层架构是在系统部署层面的分层，一般需要与集群部署结合起来使用。如图 1.2 所示，从上到下依次分为负载均衡层、Web 站点层（API 网关层）、服务层、数据存储层。

其中负载均衡层主要是接收客户端的请求并分发给对应的 Web 站点层集群的某个机器节点来处理。由于负载均衡层不需要进行实际的业务处理，只需要进行请求转发，所以性能较高，可以应对高并发的请求流量。负载均衡的实现方式一般包括软件负载均衡和硬件负载均衡两种，后续章节将进行详细分析。

Web 站点层一般使用集群部署，主要是接收负载均衡层分发过来的请求，然后根据请求的业务特点，调用服务层对应的服务（子系统）来处理该请求。服务层主要是各个业务服务系统，这与单体应用中各个功能模块是对应的。同时不同业务服务之间的调用一般都是在局域网内部完成的，故性能较高。

最后是数据存储层，不同业务服务可以使用自身独立的数据存储，如不同的数据库。这点是对单体应用中所有数据都存储在一个数据库的优化。这样可以分散不同业务服务的数据读写请求到不同的数据库服务器，避免集中式的数据库访问，提高数据的整体读写性能。除此之外，Web 站点层和服务层都可以根据自身业务特点进行缓存设计，通过在内存中存储数据，可以加快数据的访问速度，解决数据库读写或者热点数据读写的性能问题。

1.3 小结

高并发系统是指会被很多用户同时访问的系统，系统在被大量用户访问时，如何保证每个用户的请求都能得到快速响应是高并发系统设计的核心。在进行高并发系统设计时，首先需要通过响应时间、QPS、并发在线用户数等指标来衡量系统的高并发处理能力；然后根据业务特点和这些指标来不断进行应用系统调优，保证应用系统在高并发场景中，依然能够快速处理和响应用户的请求。

高并发应用系统设计一般会从单机高并发和分布式高并发两个角度来考虑。在访问量不大时，通过在单台服务器部署应用系统即可应对这些请求，所以采用单机高并发策略即可。但是在高并发场景中，由于单台机器的硬件资源有限，当并发访问量达到一定程度时，用户请求的响应速度就会越来越慢，所以此时需要进一步采用分布式高并发策略，具体为基于分布式架构进行系统设计，以及结合集群部署来提高系统整体的性能。

第 2 章

2

操作系统多线程基础

本章主要对操作系统多线程的相关知识进行回顾和总结，包括线程的概念、线程与进程的区别以及多线程会面临的一些问题、挑战，以便读者能够更好理解后续章节会介绍到的 Java 多线程编程的相关知识。

操作系统作为计算机硬件资源的管理者，所有应用程序都需要运行它之上，统一由它来为应用程序的运行分配 CPU、内存、磁盘等硬件资源。其中 CPU 负责处理所有的计算任务，是计算机最核心的硬件资源，也是与应用程序并发处理能力最直接相关的硬件资源，所以高效利用 CPU 资源是实现高并发应用程序需要重点考虑的因素。

现代的计算机系统一般都是采用多核 CPU 架构，所以 Java 高并发应用系统设计的一个最基本也是最重要的手段，就是通过 Java 多线程设计来高效利用 CPU 的多个核心，实现请求的并发和并行处理，提高应用程序的并发处理能力。由于 Java 多线程也是需要依赖底层操作系统的线程来实现，所以在讲解 Java 多线程之前，先在本章对操作系统多线程的一些核心知识进行分析，以便读者能够更好地理解后面章节会介绍的 Java 并发编程中涉及的多线程设计、多线程并发与线程安全的相关知识点。

2.1 线程概念

现代操作系统都是多任务操作系统，多任务是指允许多个任务在操作系统上同时运行。其中任务对应到操作系统的专业术语就是进程，所以也可以说是允许多个进程在操作系统上同时运行。进程是一个动态的概念，代表的是程序代码在一个数据集合上的一次运行过程。而每个进程内部可以包含多个线程，每个线程代表的是当前进程的一个单一顺序控制流，不同线程可以同时执行来处理不同的操作，从而实现并发性，其中线程也是 CPU 调度执行的最小单元。

除此之外，由于操作系统也是一个运行于计算机之上的软件系统，而每个应用系统又是运行于操作系统之上，所以每个应用线程都需要基于一个操作系统线程来获取 CPU 资源并执行，应用线程与操作系统线程之间的映射关系也称为操作系统的多线程模型。

2.1.1 ▶ 多任务调度

操作系统允许多个任务同时运行，任务的执行最终都需要交给底层 CPU 的某个核心来执行，而 CPU 核心的数量一般都是少于需要执行的任务数量，所以操作系统需要负责对这些任务进行调度，使得每个任务都可以在 CPU 的某个核心执行。

大部分的操作系统实现，如 Linux、Windows 等，都是采用时间片轮转的抢占式调度方式来实现任务调度，即每个任务在 CPU 的某个核心执行一小段时间后会被强制暂停，然后换另一个任务继续，按照这个规律实现多个任务的轮流执行。这一小段时间就是抢占式调度的时间片。由于每个时间片非常短且每个任务的执行速度都非常快，给用户的感觉是所有任务都是同时执行的，所以这也称为并发执行。

单个 CPU 核心上的任务执行情况如图 2.1 所示，任务 A 和任务 B 在同一个 CPU 核心轮流执行，其中 R 表示在运行，I 表示空闲等待。

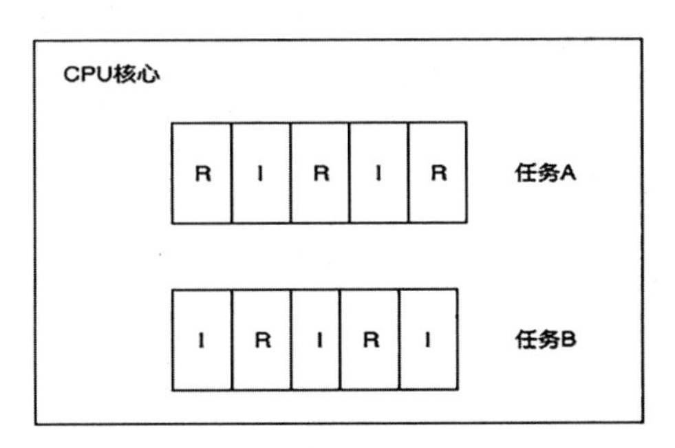

图 2.1　单核 CPU 的任务执行

以上介绍的时间片轮转调度的执行粒度是针对 CPU 的单个核心而言的，对于多核 CPU 的多个核心，则可以在每个核心都独立进行时间片轮转调度来执行任务。在不同核心执行的任务是可以真正做到同时执行的，这种执行就是并行执行。

多核 CPU 上多个任务的并行执行情况如图 2.2 所示，任务 A 和任务 B 可以同时在两个不同的 CPU 核心中执行。不过由于每个 CPU 核心可能还存在其他任务，所以任务 A 和任务 B 有同时处于暂停的状态。

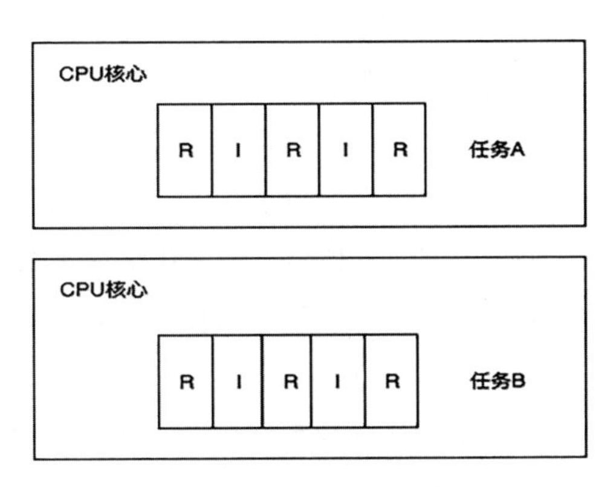

图 2.2　多核 CPU 的任务执行

2.1.2 ▶ 线程与进程的关系

由以上对多任务调度的分析可知，在同一个 CPU 核心执行的多个任务是并发执行的，每个任务执行一小段时间后就需要被暂停，然后在之后的某个时间点重新获得 CPU 时间片继续执行。为了保证任务执行的连贯性，在这个过程中需要对任务的执行状态进行保存，以便后续能够接着之前的执行状态继续执行，这个执行状态也称为上下文，如线程上下文、进程上下文等。

最初的操作系统设计是一个任务对应一个进程，每个进程都会被分配运行所需要的相关硬件资源，如内存、打开的文件描述符等。在运行过程中，当进程的 CPU 时间片用完时，则需要暂停进程和对该进程所使用的内存等资源的状态进行保存，而这个工作也是需要 CPU 来完成的。所以当操作系统的进程非常多时，则需要频繁地进行进程的暂停和对进程所使用的内存等资源的状态进行保存，导致耗费大量的 CPU 时间，而实际进行有效任务计算的 CPU 时间大大减少，造成任务执行缓慢，系统性能降低。

为了降低进程切换时 CPU 用于进程状态保存的时间开销，需要设计一种更加轻量级的进程实现，这种实现就是线程。在一个进程内部可以包含多个线程，这些线程共享其所属进程的内存、打开的文件描述符等硬件资源。由于每个线程是共享进程的硬件资源，自身只需要占用非常少的内存来维护自身的运行时状态，所以线程是一种更加轻量级的进程实现。

有了线程之后，进程只作为系统硬件资源分配的最小单元，不再作为 CPU 调度执行的最小单元，而是将线程作为 CPU 调度执行的最小单元。这样的好处是 CPU 可以将时间片分给线程来执行，当线程的时间片用完需要被暂停时，则只需要保存线程独立的内存状态即可，这相对于保存进程的各种硬件资源的状态而言，CPU 资源开销少非常多。所以这就实现了 CPU 时间可以更多地用在有效的任务计算方面，而不是处理进程切换的状态维护，从而加快了任务的处理速度，提高了系统的整体性能。

除线程切换开销更小外，使用线程的另一个好处是可以充分利用 CPU 的多个核心。因为每个进程内部都可以包含多个线程，每个线程是该进程的一个独立顺序控制流。当 CPU 资源充足时，这多个线程可以同时独立运行在不同的 CPU 核心中，实现真正的并行执行，加快任务的处理速度，从而进一步提高系统的并发处理性能。

关于进程与线程的关系以及两者的内部核心实现如图 2.3 所示。

进程主要包含程序代码、数据集、进程控制块和打开的文件描述符四大运行时数据。在进程内部包含多个线程，这些线程共享该进程的以上运行时数据。每个线程在内部只包含寄存器、方法调用栈和程序计数器（PC）。所以相对于进程而言，线程所需维护的状态更少，更加轻量级，在进行线程上下文切换时的开销更小。

在采用了线程作为 CPU 调度执行的最小单元之后，对应到 2.1.1 节示意图的任务 A 和任务 B 就是两个不同的线程。有了多线程的概念之后，一个进程可以有多个线程同时执行，而不再是所有操作都在该进程中串行执行，从而提高了单个进程的并发处理能力。

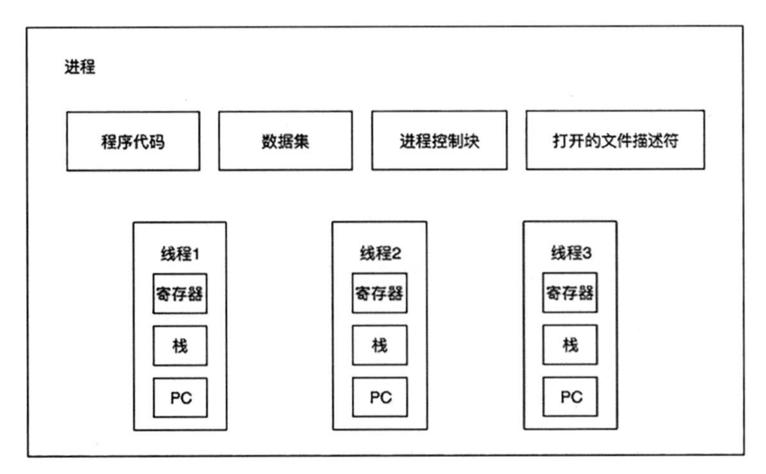

图 2.3　进程与线程的关系及其内部核心实现

2.1.3 ▶ 多线程模型

由操作系统的知识可知，应用系统运行在操作系统之上，应用线程不能直接访问 CPU 等硬件资源，需要通过操作系统来间接访问。计算机、操作系统与应用系统的组成关系如图 2.4 所示。

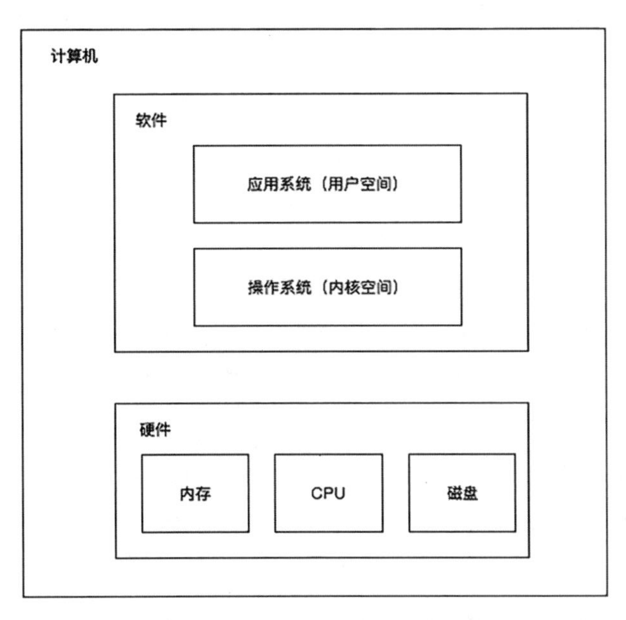

图 2.4　计算机、操作系统与应用系统的组成关系

从以上的计算机、操作系统与应用系统的组成关系可知，每个应用系统线程，或者称为用户线程的执行需要通过操作系统映射到一个操作系统线程，或者称为内核线程，通过内核

线程来间接访问 CPU 等资源。

由于操作系统上面运行着多个应用程序，每个应用程序进程内部可以包含多个用户线程，所以内核线程的数量通常少于用户线程的数量。为了解决这个线程数量差异的问题，需要设计一种用户线程和内核线程之间的映射关系来解决用户线程的调度执行问题，使得每个用户线程都可以关联到一个内核线程来执行，这种映射关系就是操作系统的多线程模型。

操作系统的多线程模型一般包含三种类型，分别为多对一模型、一对一模型和多对多模型。

多对一模型是指所有用户线程映射到同一个内核线程，这个内核线程再关联到一个CPU核心。

多对一线程模型的映射关系如图 2.5 所示，线程 1、线程 2 和线程 3 都映射到同一个内核线程，这个内核线程再使用一个 CPU 核心来执行。

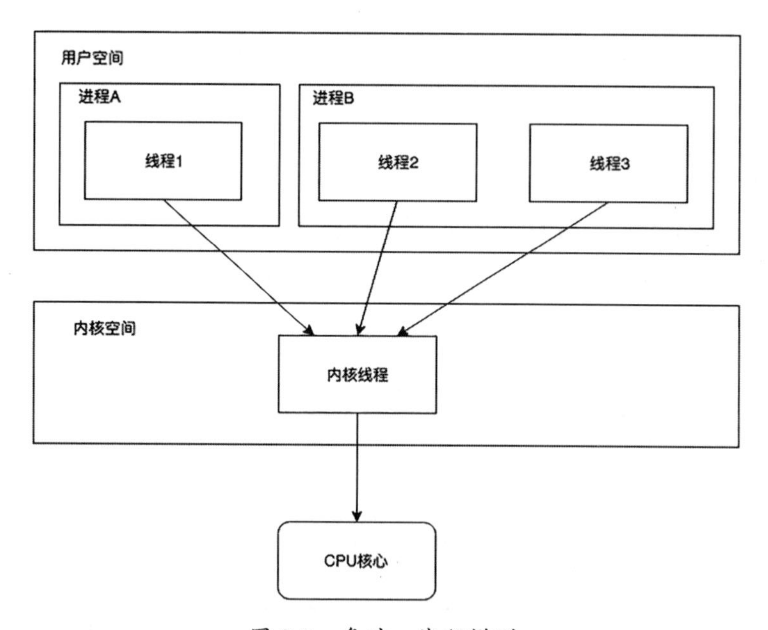

图 2.5　多对一线程模型

多对一模型是早期操作系统使用的一种多线程模型，因为早期计算机的 CPU 一般只有一个核心。多对一模型的好处是可以实现用户线程由应用系统自身的线程库来灵活管理，缺点是如果某个用户线程阻塞了，则会一直占用这个内核线程，导致其他用户线程无法继续执行。

除此之外，这种模型还存在一个问题就是在多核 CPU 架构下，这种模型还是只能使用一个 CPU 核心，无法同时利用 CPU 的其他核心来实现任务的并行处理。所以这种模型的并发性较差，现在操作系统一般不会使用这种多线程模型。

为了解决多对一模型存在的阻塞调用和无法使用 CPU 多核的问题，出现了一对一模型。一对一模型是每个用户线程对应到一个内核线程。在这种模型中，某个用户线程的阻塞不会影响到其他线程的执行，因为其他线程也有对应的内核线程来执行。同时这多个内核线程可以在 CPU 的多个核心同时执行，实现并行处理。所以一对一模型既解决了阻塞问题，也提高了 CPU 资源的利用率。相对于多对一模型，一对一模型的并发性能更高。

一对一模型的线程映射关系如图 2.6 所示，线程 1、线程 2、线程 3 都会使用一个独立的内核线程来执行，操作系统需要为每个用户线程创建一个内核线程。

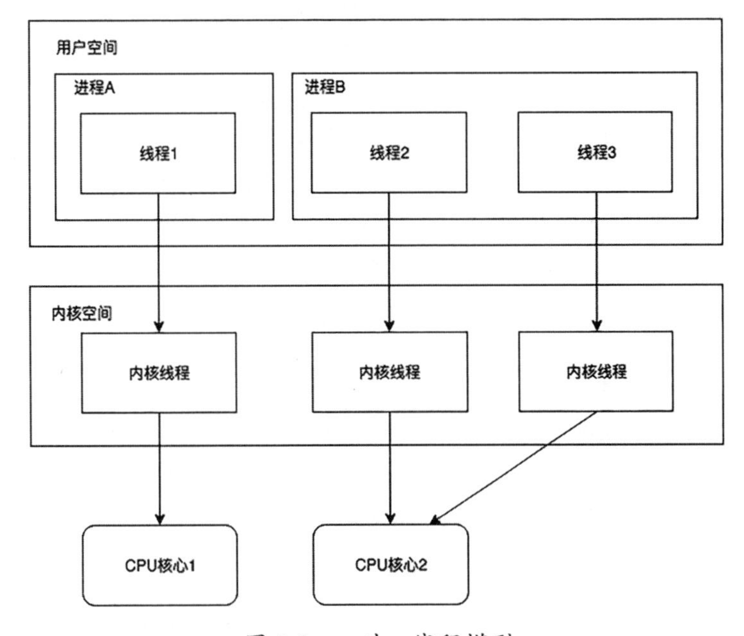

图 2.6　一对一线程模型

不过在一对一模型中，由于每个用户线程都需要使用一个内核线程，当用户线程较多时，会导致需要频繁创建内核线程。而创建内核线程的资源开销是较大的，频繁进行内核线程的创建会反过来影响用户线程的执行性能，所以这种模型一般会限制能够创建的最大线程数量，从而避免资源的过度使用。

为了进一步优化多线程模型，解决多对一模型和一对一模型存在的问题，后来出现了多对多模型。多对多模型主要是实现了内核线程的复用，避免内核线程的频繁创建和销毁，使得每个内核线程可以处理多个用户线程的执行请求。

在具体实现层面，每个内核线程都可以处理多个用户线程的执行请求，多个用户线程也可以在不同的内核线程上处理，从而实现了一种多路复用的机制，即多个用户线程可以基于同等数量或者更少数量的内核线程来执行。

多对多线程模型，既可以充分利用 CPU 的多个核心来实现线程的并发或并行处理，解决多对一模型中阻塞和无法使用多核 CPU 的问题；又实现了内核线程的复用，解决了一对一模型中在用户线程过多时，内核线程的创建开销大，影响整体性能的问题。现代的操作系统大多使用多对多线程模型，其具体运作情况如图 2.7 所示，线程 2 和线程 3 可以复用同一个内核线程来执行。

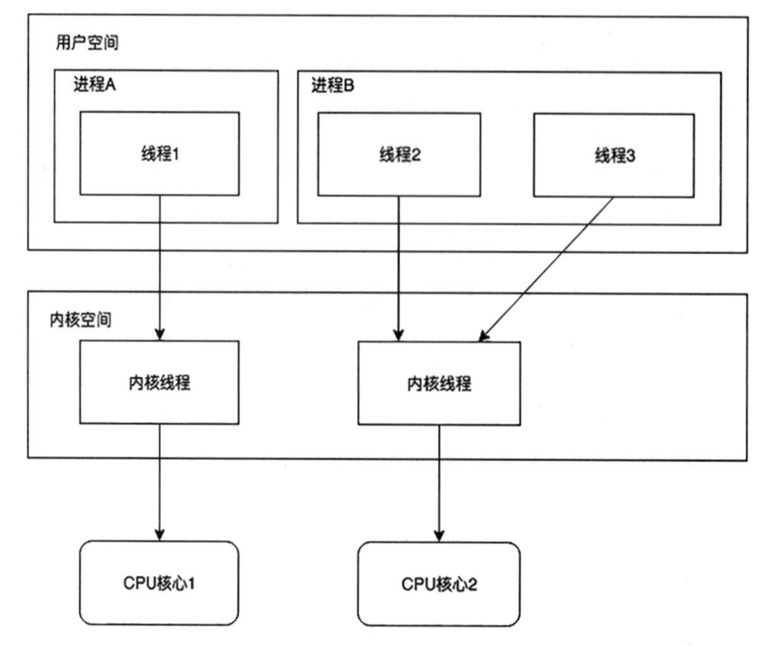

图 2.7 多对多线程模型

以上介绍这三种多线程模型的主要目的是希望读者能够理解每个用户线程是如何通过操作系统这层的处理，最终在CPU执行的。与此同时，需要注意CPU的核心数量通常是有限的，所以不是创建越多的内核线程，应用程序就运行得越快，因为内核线程的创建也存在开销，所以要结合机器的性能高低和压力测试来决定最佳的内核线程数量。

2.2 多线程的挑战

虽然可以通过多线程设计实现对CPU的多个核心的充分利用，从而提高应用的并发处理能力，但是由于多个线程共享进程的内存等硬件资源，所以如果多个线程同时操作一个数据，则可能出现数据不一致性问题。

为了解决多线程并发访问的数据不一致性问题，我们一般会使用互斥锁将多个需要对共享数据进行操作的线程进行同步。不过如果使用不当，也有可能会引发死锁问题。所以相对于单线程序设计，多线程设计对应用开发人员技术水平的要求更高，编程复杂度也更高。

除此之外，虽然多线程的并发和并行处理可以加快应用的处理速度，但是线程数量并不是越多越好。当线程数量远远多于CPU的核心数时，会导致频繁进行线程上下文切换，线程上下文切换与进程的上下文切换类似，也需要消耗CPU资源来对被暂停的线程的状态进行保存。另外，由于每个线程也需要占用一定的内存资源来维护自身状态，所以如果线程数量太多也会造成内存资源消耗过大。

2.2.1 ▶ 数据一致性

由之前的分析可知，每个线程都会有自身独立的寄存器和方法调用栈来存放数据，而与其他线程共享的数据，则一般都是存放在主内存的。对于存放在线程内部的寄存器和方法调用栈中的私有数据而言，由于其他线程无法访问，因而不会存在数据不一致性问题。因为不管是读操作还是会改变数据状态的写操作，都是在该线程内部按顺序完成的，数据不会被其他线程修改。

对于存放在主内存中与同一个进程的其他线程共享的数据，因为这些数据可以被多个线程访问，所以如果多个线程同时对同一个数据进行写操作，则可能会出现不同线程之间的修改操作相互覆盖，导致出现数据不一致性问题。

为了保证进程内共享数据的一致性，避免多个线程同时进行写操作，一般会使用锁来实现任何时候只能存在一个线程对共享数据进行访问。不过使用锁会导致其他线程需要进行上下文切换和阻塞等待，影响应用的并发性能。

锁一般分为互斥锁和共享锁，或者称为写锁和读锁，其中互斥锁主要用于对写操作进行同步，即当某个线程在写数据时，其他线程不能同时对该数据进行读写操作；而共享锁是指多个线程可以同时读共享数据，所以其并发性能高于互斥锁。除使用锁之外，另一种方法是常通过硬件的原子指令来实现共享数据一致性，具体体现到软件层面就是CAS机制，即Compare And Swap，先比较后替换。

CAS机制的工作原理为在一个原子操作中先完成对旧数据的检查，如果符合预期，即没有被其他线程修改过，则进行更新操作；否则更新失败或者对于数字的自增操作则可以继续进行自旋操作来重试。CAS机制由于不需要加锁，或者说是一种乐观锁的实现方式，并发性能方面好于互斥锁。在后面章节会介绍的Java并发包的实现中，解决多线程的线程安全问题，也是大量使用了CAS机制来替代锁。

图2.8是以Java的内存模型JMM来更加直观地展示共享数据在多线程中的处理过程。

首先，被多个线程共享的数据存放在主内存，如图2.8所示的共享变量A和共享变量B。不过为了提高性能，Java线程一般会将共享数据拷贝一份到自身的本地内存，如图2.8的共享变量A在线程1和线程2都有一份数据副本，其中本地内存一般是指线程的寄存器。

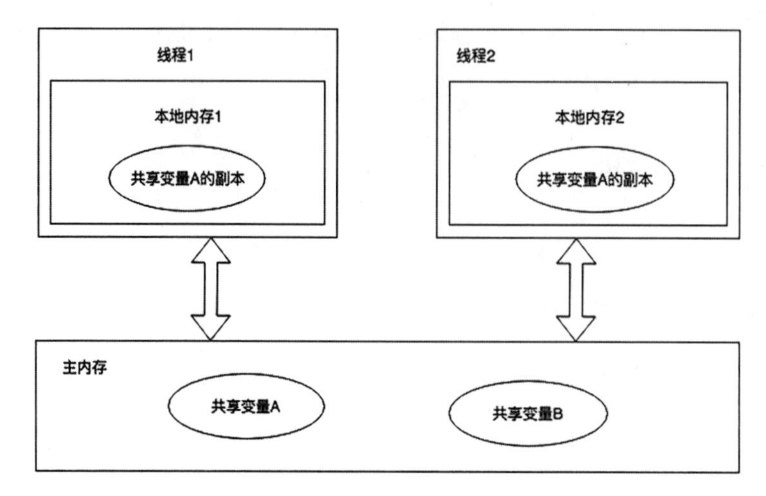

图 2.8　Java 内存模型 JMM

其次，各个线程可以在本地内存对该共享数据进行读写操作，这样就避免了每次都需要去主内存读写共享数据，缩短了数据访问时间。不过由于每个线程都是在操作自身本地内存的共享数据副本，不同线程之间的数据相互不可见。

当出现写操作时，每个线程都是基于线程自身数据副本来进行操作，如图 2.8 中的线程 1 和线程 2，都是基于自身本地内存的共享变量 A 的独立副本来进行操作，然后将修改过的数据副本同步回主内存。此时如果线程 1 和线程 2 同时进行了不同的写操作，然后回写共享数据到主内存，就会出现数据相互覆盖的情况，导致数据不一致。

所以为了保证多线程环境中数据的一致性，需要使用锁或者其他手段来实现线程之间对共享数据的互斥操作和解决共享数据的可见性问题，对于 Java 关于线程可见性方面的解决方法在后续章节再详细分析。

2.2.2 ▶ 死锁问题

为了保证多线程环境下共享数据的一致性问题，我们通常使用锁来同步多个线程对共享数据的访问，保证在任何情况下只能存在一个线程对共享数据进行写操作。但是在使用锁的时候需要注意避免死锁问题。当出现死锁时，持有锁的线程无法继续往下执行，也不会释放已经持有的锁，而其他在等待该锁的线程则会一直阻塞等待，最终导致整个系统出现卡顿，无法继续提供服务。

在多线程环境中，死锁问题通常出现在两个或多个操作需要持有多个不同的锁才能完成，而这些操作之间对于锁的请求顺序刚好相反的场景，如图 2.9 所示。

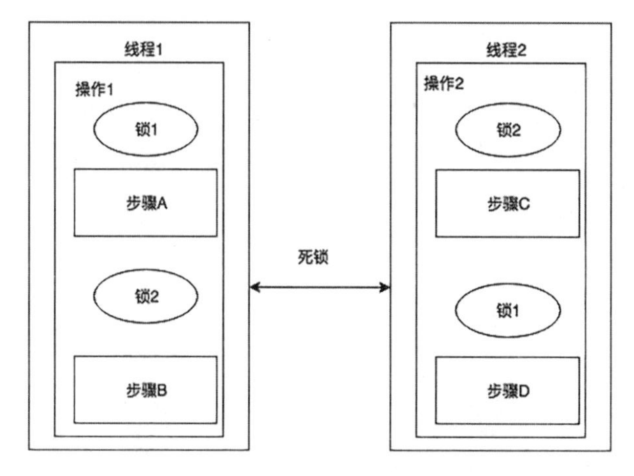

图 2.9　线程死锁问题

操作 1 由步骤 A 和步骤 B 组成，其中完成步骤 A 需要获得锁 1，完成步骤 B 需要获得锁 2，而操作 2 由步骤 C 和步骤 D 组成，其中完成步骤 C 需要获得锁 2，完整步骤 D 需要获得锁 1，即刚好跟操作 1 相反。

如果此时存在线程 1 和线程 2 分别执行了以上两个操作，且执行操作 1 的线程 1 和执行操作 2 的线程 2 同时分别执行完步骤 A 和步骤 C，需要分别继续执行步骤 B 和步骤 D。此时线程 1 需要获取锁 2，而此时锁 2 是被线程 2 持有的，所以线程 1 无法获得锁需要阻塞等待；线程 2 需要获得锁 1，而此时锁 1 是被线程 1 持有的，所以线程 2 也不能继续往下执行，最终导致线程 1 和线程 2 都无限阻塞，出现死锁问题。

在编程时需要注意锁的请求顺序，避免出现多个锁的获取顺序相反导致出现死锁的问题。除此之外，对于锁的请求需要设置超时时间，当等待超时时，线程自动退出并抛出异常通知应用，如果线程持有锁，则自动释放该锁，从而避免整个系统卡死无法提供服务。

2.2.3 ▶ 线程上下文切换与内存开销

由于使用互斥锁进行多线程同步时，只能存在一个线程可以对共享数据进行写操作，其他没有获得锁的线程则需要进入阻塞等待状态，并在之后某个时刻继续竞争获取锁。此时对于进入阻塞等待状态的线程而言，CPU 需要对这些线程的数据状态进行保存并在之后成功获取锁时进行恢复。

除此之外，由于操作系统是基于 CPU 时间片实现的抢占式任务调度，因而当某个线程的时间片用完时，该线程需要换出 CPU 给其他线程执行，此时需要 CPU 对该线程的相关数据状态进行保存，以便在之后重新轮到该线程执行时，该线程能够从之前的数据状态继续往下执行。

针对以上介绍的这些情况，CPU 都需要对线程的数据状态进行保存和恢复，这个过程就是线程的上下文切换。如果线程数量较少，则 CPU 用于执行线程上下文切换的时间开销可以忽略不计，因为需要维护的线程数量少，CPU 用于保存和恢复这些线程的数据状态的时间也少；并且由于线程数量少，进行线程上下文切换的次数也相应地减少。

但正如前文所述，线程的数量并不是越多越好的，当线程数量过多时，不但可能无法提高应用程序的并发处理能力，反而可能由于需要频繁进行线程上下文切换影响应用程序的并发性能，甚至低于单线程的处理性能。

应用程序创建过多的线程，除了会影响 CPU 的使用率之外，还会造成内存资源的大量消耗。虽然线程是轻量级的进程实现，不需要跟进程一样占用较多的硬件资源，但并不是说线程是完全不占用硬件资源的。每个线程也是需要使用寄存器和方法调用栈等内存资源来存放自身运行过程中的私有数据，故当线程数量过多时，也会导致系统的物理内存占用过多。

2.3 小结

现代的操作系统都是多任务系统，支持多个应用程序的同时运行。每个运行于操作系统上的应用程序都是一个进程，进程是指一个应用程序在一个数据集合的一次运行过程。在每个进程内部都可以存在一个或多个线程，这些线程可以同时运行在 CPU 的多个核心上，同时执行不同的操作，从而提高应用程序的并发处理能力。所以高并发系统设计的一个核心点就是如何利用多线程来实现对请求的并发处理。

由于一个进程内部的多个线程是共享这个进程的相关硬件资源的，所以相对于单线程，多线程的编程复杂度更高，需要考虑多个线程对同一个数据进行并发操作时的数据一致性问题。除此之外，如果多个线程之间存在对资源的相互依赖，也可能导致死锁问题，造成整个系统都卡住不动，无法提供服务。与进程一样，创建一个线程也是存在内存开销的，并且多线程的上下文切换也是存在 CPU 时间片开销的，所以线程的数量不是越多越好，而是需要结合服务器的内存、CPU 等硬件资源来设计一个合理的数量。

第3章

3

Java 多线程基础

本章主要介绍了使用 Java 语言进行多线程编程的相关核心类，包括 Thread 类、Runnable 接口、ThreadLocal 类等的用法，线程的执行状态跟踪方法和转换流程，以及介绍 Java 提供的用于实现线程安全的几个关键字的使用，包括 synchronized 关键字、volatile 关键字和 final 关键字的设计原理和用法。

对于高并发 Java 应用系统设计而言，最基础的是对 Java 多线程的使用。在介绍 Java 多线程之前，首先介绍一下 Java 应用程序的执行原理。Java 应用程序通常使用一个静态的 main 方法作为执行入口。Java 虚拟机在加载和执行 Java 应用程序时，首先需要创建一个主线程来执行该应用程序，然后在主线程中找到该静态 main 方法并执行 main 方法的代码，从而开启该应用程序的执行。

对于普通的 Java 应用程序而言，在默认情况下，所有代码都是在主线程中按照代码的定义顺序来执行的。如果前一段代码执行需要很长时间，那么后面的代码就需要等待前面的代码执行完成，所以整个过程是串行化的。

如果前后的代码没有直接联系，如两个基于不同数据集合的计算任务，就可以在主线程中创建两个子线程来分别执行这两个任务，从而实现任务的并行执行，缩短整体的执行时间。对于 Java 企业级应用系统而言，特别是在高并发场景中，一般都会通过多线程来处理不同的用户请求，实现请求的并发处理。

3.1 线程的使用

在企业级 Java 应用系统设计当中，一般很少直接使用 Thread 类来创建子线程，通常是基于 Java 并发包的线程池框架 Executor 提供的 API 和相关工具类来进行多线程编程。Executor 线程池框架在内部封装了 Java 的线程类 Thread，通过 Thread 类来映射操作系统的线程，在应用代码中通过实现 Runnable 接口来定义需要执行的业务逻辑，从而实现了业务逻辑的定义和线程执行的解耦。

3.1.1 ▶ Thread 类的使用

Thread 类是 Java 语言提供的线程类，每个 Thread 类对象实例在执行时会对应到一个操作系统线程，其中 Thread 类对象实例的执行是通过调用其 start 方法来启动的。在启动执行之后，对应的操作系统线程会执行该 Thread 类对象实例的 run 方法，默认情况下 Thread 类的 run 方法什么都不做，故需要继承 Thread 类并重写 run 方法来定义业务逻辑。

Java 多线程最简单的使用方法就是创建一个 Thread 类的继承类，实现其 run 方法来定义业务逻辑。然后再创建该继承类的对象实例并调用其 start 方法来开始执行，具体例子如下，该例子的作用是分别打印主线程和子线程的名字。

```
public class ThreadDemo {
    static class MyThread extends Thread {
        @Override
        public void run() {
            // 打印子线程名字
            System.out.println("child thread name:" + Thread.currentThread().
getName());
        }
    }
    public static void main(String[] args) {
        // 打印主线程名字
        System.out.println("main thread name:" + Thread.currentThread().
getName());
        Thread myThread = new MyThread();
        myThread.start();
    }
}
```

执行结果如下：

```
main thread name: main
child thread name: Thread-0
```

1. 线程的名字

由执行结果可以看出，Java 主线程的名字为 main，子线程的名字为 Thread- 线程编号，如果存在很多子线程时，也可以自定义子线程的名字，从而方便跟踪线程的执行，示例如下：

```
static class MyThread extends Thread {
    public MyThread(String name) {
        super(name);
    }
    @Override
    public void run() {
        // 打印子线程名字
        System.out.println("child thread name:" + Thread.currentThread().
getName());
    }
}
public static void main(String[] args) {
    // 打印主线程名字
    System.out.println("main thread name:" + Thread.currentThread().getName());
    Thread myThread = new MyThread("mythread");
    myThread.start();
}
```

执行结果如下所示，可以看到子线程名字已经变为了 mythread。

```
main thread name: main
child thread name: mythread
```

2. 线程等待 join

在主线程中可以创建多个子线程来实现多个任务的同时执行，此时一般需要在主线程等待这些子线程的执行结果，从而在主线程进一步处理和汇总。在主线程等待多个子线程执行完成的做法是，可以在主线程通过子线程的对象实例来调用其 join 方法，使得主线程阻塞等待，直到子线程执行完成才返回。

join 方法的用法具体例子如下，两个子线程分别计算两个大的数据集合的和，在主线程等待这两个计算结果，然后在主线程计算二者的差异。该例子的应用场景可以是计算两天的订单收入差额。

```
static class SumThread extends Thread {
    private List<Integer> originData;
    private long sum;
    public SumThread(List<Integer> originData) {
        this.originData = originData;
    }
    public Long getSum() {
        return sum;
    }
      @Override
    public void run() {
        // 累加操作
        for (Integer item : originData) {
            sum += item;
        }
    }
  }
public static void main(String[] args) {
      try {
          // 线程 1
          List<Integer> data1 = Arrays.asList(1,2,3);
          SumThread thread1 = new SumThread(data1);
          // 线程 2
          List<Integer> data2 = Arrays.asList(4,5,6);
          SumThread thread2 = new SumThread(data2);
          // 子线程并行计算
          thread1.start();
```

```
            thread2.start();
            // 主线程等待子线程执行完成
            thread1.join();
            thread2.join();
            // 主线程计算差异
            System.out.println(thread1.getSum() - thread2.getSum());
        } catch (InterruptedException e) {
            e.printStackTrace();
        }
    }
```

执行结果如下，值为 -9。

```
-9
Process finished with exit code 0
```

3. 线程暂停 sleep 与 yield

在线程执行过程中，如果 run 方法内部是在一个无限循环中检查某种状态，如消费某个队列的数据或者进行重试某个操作直到成功，为了避免该线程一直占用 CPU 资源，可以调用 sleep 方法来暂停指定时间，让出 CPU 资源给其他线程使用。线程在调用 sleep 休眠之后是可以被其他线程中断的，故需要通过 try/catch 来捕获中断异常 InterruptedException，其中 sleep 是 Thread 类的一个静态方法。

除使用 sleep 方法来使线程暂停外，还可以调用 yield 方法。与 sleep 方法类似，yield 方法也是 Thread 类的一个静态方法。与 sleep 方法不同的是，yield 方法是使调用该方法的线程让出 CPU 资源，然后让同等优先级的线程去竞争获取 CPU 资源来执行。注意这里去竞争 CPU 资源的线程包括调用 yield 方法的线程本身，以及其他跟这个线程优先级相同的线程，所以可能还是该线程会竞争获取到 CPU 资源并继续运行。

除此之外，yield 方法也不能指定暂停的时间长短，而 sleep 方法可以指定暂停多长时间。如下为 sleep 的使用示例，每次调用 sleep 暂停 1 秒。

```
public static void testSleep() {
    while (true) {
        long start = System.currentTimeMillis();
        System.out.println("check something");
        try {
            // 暂停 1 秒，让出 CPU 资源给其他线程竞争
            Thread.sleep(1000);
        } catch (InterruptedException e) {
            e.printStackTrace();
        }
```

```
        System.out.println("const time in ms:" + (System.currentTimeMillis() -
start));
    }
}
```

打印结果如下所示，每次耗时 1000 毫秒左右，即 1 秒左右。

```
check something
const time in ms: 1001
check something
const time in ms: 1005
check something
const time in ms: 1005
check something
```

yield 方法由于不能指定暂停的时间，只是给同等优先级的线程提供竞争 CPU 的机会，并且自身也会继续参与竞争，所以不存在中断终止的情况，不需要捕获中断异常。示例如下：

```
public static void testYield() {
    while (true) {
        long start = System.currentTimeMillis();
        System.out.println("check something");
        // 暂停，让同等优先级的线程竞争获取 CPU，自身也参与竞争
        Thread.yield();
            System.out.println("const time in ms:" + (System.
currentTimeMillis() - start));
    }
}
```

打印结果如下所示。可以看到耗时都是 0 毫秒且瞬间打印了大量日志，说明该线程每次继续运行，yield 方法只有在存在大量同等优先级的线程时，才可能看到暂停的效果。

```
check something
const time in ms: 0
check something
const time in ms: 0
check something
const time in ms: 0
check something
const time in ms: 0
check something
const time in ms: 0
check something
const time in ms: 0
check something
const time in ms: 0
```

4. 线程优先级

由操作系统线程的知识可知，线程一般存在优先级，优先级越高的线程越容易获取 CPU 资源。Thread 类通过 setPriority 方法来设置当前线程的优先级，值的范围为 1 ～ 10，默认值为 5，值越大，优先级越高。优先级越高，被 JVM 调度执行的可能性就越高。如果超出这个范围，则会抛出 IlegalException 的异常。

注意：由于 Java 的线程是依赖于底层操作系统的线程的，Java 线程的优先级也受到底层操作系统的线程优先级的影响，Java 线程的优先级不一定与底层操作系统的线程优先级对等。所以在 Java 程序设计当中，不推荐去设置 Thread 线程的优先级，保持默认优先级即可。同时，如果要控制两个线程的执行顺序，不能依赖线程优先级来控制，因为底层操作系统不一定按照 Java 定义的线程优先级来工作。

5. 线程协作 wait/notify

多个子线程之间如果不是独立存在，而是需要相互协作，如构成生产者消费者模型，此时可以用基于 Object 类的 wait 和 notify 方法来实现线程之间的协作。

编程技巧：实现线程之间的协作看似基础操作，在设计企业级的应用程序时也是依赖这些操作来实现的，如 Dubbo 框架的请求发送、等待响应与获取到响应映射到原始请求就是基于 Object 的 wait 和 notify 实现的，后面章节将详细分析。

例如，消费者线程需要等待生产者线程执行完才能开始执行，二者通过调用一个 Object 类型的对象实例 lock 的 wait 和 notify 来进行协作。即消费者线程调用 wait 等待生产者线程执行完，生产者线程执行完时，调用 notify 来通知消费者线程可以继续往下执行了。具体的实现如下：

```
public class ThreadDemo {
    static class Producer extends Thread {
        private Object lock;
        public Producer(Object lock) {
            this.lock = lock;
        }
        @Override
        public void run() {
            synchronized (lock) {
                try {
                    // 休眠 10 秒，模拟正在进行生产操作
                    System.out.println("Producer start work.");
                    sleep(10000);
                    System.out.println("Producer done.");
```

```
                    // 唤醒其他调用了 lock.wait 阻塞等待的消费者线程
                    lock.notify();
                } catch (InterruptedException e) {
                    e.printStackTrace();
                }
            }
        }
}
    // 消费者线程
    static class Consumer extends Thread {
        private Object lock;
        public Consumer(Object lock) {
            this.lock = lock;
        }
        @Override
        public void run() {
            synchronized (lock) {
                try {
                    System.out.println("Consumer prepare to work.");
                    // 等待生产者线程唤醒
                    lock.wait();
                    System.out.println("Consumer continue work.");
                } catch (InterruptedException e) {
                    e.printStackTrace();
                }
            }
        }
    }
    public static void main(String[] args) {
        Object lock = new Object();
        Consumer consumer = new Consumer(lock);
        consumer.start();
        Producer producer = new Producer(lock);
        producer.start();
    }
}
```

执行结果为：

```
Consumer prepare to work.
Producer start work.
Producer done.
Consumer continue work.
```

主要逻辑为：消费者 Consumer 先开始一些准备工作，刚开始由于生产者 Producer 还没有开始工作，故 Consumer 等待 wait，之后 Producer 开始工作，10 秒后工作完成并通知

Consumer 可以继续工作了。

3.1.2 ▶ Runnable 接口的使用

在通过 Thread 类来定义子线程时，需要创建 Thread 类的子类并重写 run 方法来定义业务逻辑。由于 Java 语言的单继承特性，所以无法在该子类中继续继承其他类来复用其他类的代码。除此之外，通过继承 Thread 类和重写其 run 方法来定义业务逻辑的这种做法，将业务逻辑和 Thread 类耦合在一起。

为了解决以上这两个问题，Java 提供了 Runnable 接口来实现 Thread 类和业务逻辑的解耦。有了 Runnable 接口之后，不用再以通过创建 Thread 类的子类的方式来定义执行逻辑。与此同时，利用 Java 接口支持多继承的特性，可以在 Runnable 接口的实现类中继续继承其他类或接口来添加更多其他功能。

关于 Runnable 接口用法的具体例子如下。定义 Runnable 接口的实现类，该实现类同时实现了两个接口，分别为 Runnable 接口和自定义的 OtherInterface 接口。然后在主线程中创建该实现类的一个对象实例，并且将该对象实例作为 Thread 类的构造函数参数来创建 Thread 类对象实现，最后直接调用 Thread 类的 start 方法启动线程，所以整个过程直接创建 Thread 类的对象实例即可，具体业务逻辑在 Runnable 接口的实现类定义如下：

```
interface OtherInterface {
    void otherMethod();
}
static class MyTask implements Runnable, OtherInterface {
    @Override
    public void run() {
        // 打印子线程名字
         System.out.println("child thread name:" + Thread.currentThread().
getName());
        otherMethod();
    }
    @Override
    public void otherMethod() {
        System.out.println("other method execute");
    }
}
public static void main(String[] args) {
    Thread thread = new Thread(new MyTask());
    thread.start();
}
```

执行结果如下：

```
child thread name: Thread-0
other method execute
```

可能有读者会好奇 Thread 内部是如何调用这个 Runnable 接口实现类的 run 方法的。其实在源码实现层面，Thread 类自身也是实现了 Runnable 接口并在内部定义了一个 Runnable 对象属性，然后可以通过 Thread 类的构造函数传递一个 Runnable 对象实例来对其进行赋值。

在 Thread 类的 run 方法默认实现当中，当该 Runnable 对象属性不为 null 时，则调用该 Runnable 对象实例的 run 方法，具体实现如下：

```
public class Thread implements Runnable {
  // 当前线程所执行的任务定义
  private Runnable target;
  // 省略其他代码
  @Override
  public void run() {
    if (target != null) {
        target.run();
    }
  }
```

编程技巧：对设计模式熟悉的读者可能会发现这其实是使用了静态代理模式。静态代理的定义是与目标对象实现相同的接口并在内部包含一个目标对象的引用，通过构造函数传入实际对象并赋值。所以 Thread 类是 Runnable 接口的一个代理类，代理增强的功能是使用一个子线程而不是使用主线程来执行这个任务。

3.2 线程的状态与状态转换

调用 Thread 类对象实例的 start 方法来启动 Java 线程后，对应的底层操作系统线程不能马上得到 CPU 时间片来执行，需要等待操作系统的调度。所以为了便于跟踪 Java 线程的执行情况，Thread 类定义了一系列的线程状态来表示当前线程的执行情况，同时线程的整个生命周期就是在这些状态之间转换。

在线上应用系统的运行过程当中，当发现服务器的 CPU 使用率特别高，怀疑出现死锁时，可以通过查看线程状态来定位当前正在执行的线程；当一个线程挂起迟迟没有执行完成时，可以查看该线程是在阻塞还是正在执行。

3.2.1 ▶ 线程的状态

在 3.1.1 节介绍 Thread 类的使用时，我们分析了 Thread 类的几个核心方法，通过这些方法来对某个线程对象 Thread 的生命周期进行管理，从而对底层的操作系统线程的运行情况进行控制。为了方便对 Java 线程进行管理和对线程的运行情况进行跟踪，Java 定义了 6 个线程状态来表示线程的当前运行情况，这 6 个状态具体在 Thread 类的内部枚举类 State 中定义，如下所示：

```
// Thread 线程对象的状态
public enum State {
    // 新建状态
    NEW,
    // 可运行状态
    RUNNABLE,
    // 阻塞状态
    BLOCKED,
    // 等待状态
    WAITING,
    // 超时等待状态
    TIMED_WAITING,
    // 终止状态
    TERMINATED;
}
```

1. 新建状态 NEW

新建状态是指创建了 Thread 类对象实例，但是还没有调用 start 方法启动线程时的状态。此时 Thread 对象就是一个普通的 Java 对象，并不会执行任何操作。

2. 可运行状态 RUNNABLE

当调用了 Thread 类对象实例的 start 方法后，Thread 类的线程状态由 NEW 转为 RUNNABLE。如果操作系统的 CPU 此时是空闲的，则该 Thread 类线程对象对应的操作系统线程可以立即获取到 CPU 时间片并执行，此时对应的底层操作系统线程状态为运行中 running。在执行时，如果之前在创建 Thread 类对象实例时，通过构造函数传入了一个 Runnable 接口的实现类对象，则会调用该 Runnable 接口的 run 方法。

如果此时 CPU 繁忙，不能马上分配 CPU 时间片资源来执行该线程，则该线程需要等待操作系统之后的调度来获得 CPU 时间片并执行。此时对应的底层操作系统线程的状态为就绪 ready。

底层操作系统线程通常存在就绪 ready 和运行中 running 两种状态，而对应到 JDK 的线程定义 Thread，则统一使用 RUNNABLE 这种状态来表示。在之后会介绍通过 JDK 的命令工具 jstack 来查看线程的堆栈情况，其中会有一个状态显示，如果某个线程显示为 RUNNABLE，则通常表示该线程正在执行，即运行中 running。

3. 阻塞状态 BLOCKED

当线程处于阻塞状态 BLOCKED 时，线程不能继续往下执行。这种情况主要出现在多个线程访问使用锁保护的共享资源时，线程阻塞等待获取锁资源，如等待进入使用了 synchronized 关键字加锁的方法或者代码块。只有当线程竞争到了该锁资源，才可以继续往下执行，即从阻塞 BLOCKED 状态转换为 RUNNABLE 状态，等待操作系统调度 CPU 获得时间片来执行。

4. 等待状态 WAITING

线程处于等待状态 WAITING 主要出现在与其他线程进行协作的场景中，具体为当前线程等待其他线程执行某种操作来通知和唤醒当前线程。这种场景对应的语义是当前线程由于缺少某些条件而无法继续往下执行，而这些条件需要其他线程来满足。所以当对应的条件满足时，其他线程会通知和唤醒当前线程，从而使得当前线程可以继续执行。一个典型的例子是生产者消费者模型。

在 Thread 类的方法设计中，主要是基于 Object 类的 wait、notify 和 notifyAll 方法实现的线程的生产者消费者模型。其中线程调用 wait 方法时，线程进入等待状态 WAITING。

除此之外，当线程调用 Thread 类的 join 方法或者调用 LockSupport 的静态 park 方法时，线程也会进入等待状态 WAITING。其中 Thread 类的 join 方法，通常用在主线程调用子线程 Thread 对象引用的 join 方法等待该子线程完成的过程。当子线程执行完成时，主线程被唤醒继续往下执行。调用 LockSupport 类的 park 方法导致的线程等待，需要在另一个线程调用对应的 unpark 方法来唤醒该线程。

当线程处于等待状态 WAITING 时，除不能继续往下执行外，还有个特性是如果当前线程持有锁，如在 synchronized 方法内或者 synchronized 同步代码块内部执行时，线程进入了等待状态，则会自动释放锁，这样其他线程可以竞争获取该锁。

5. 超时等待状态 TIMED_WAITING

超时等待状态 TIMED_WAITING 与等待状态 WAITING 功能类似，不同之处在于 WAITING 状态的等待不支持指定等待多长时间，没有超时机制。所以当条件不满足时，线程会无限等待下去。而处于超时等待状态 TIMED_WAITING 的线程，指定了最长等待的时间。

如果超过这个时间，条件还没满足，还没有其他线程来唤醒当前线程，则当前线程会自动唤醒并继续往下执行。

使得线程处于 TIMED_WAITING 超时等待状态的方法调用主要包括：超时版本的 Object 类的 wait 方法、Thread 类的 join 方法和 LockSupport 类的 park 方法。

6. 终止状态 TERMINATED

当 Thread 线程对象对应的线程执行完成时，线程进入终止状态 TERMINATED。进入该状态之后，线程的状态不会再转换回其他状态，对应的 Thread 类对象也会被销毁回收。

3.2.2 ▶ 线程的状态转换

上一小节介绍了 Thread 类的几个线程状态的含义，在线程的整个执行生命周期内，通过调用 Thread 类的相关方法来分别完成获取 CPU 资源并执行、暂停让出 CPU 资源或者执行完成等，这些过程对应到以上这些线程状态之间的转换。

Thread 类的方法调用对应到线程状态的转换的映射关系，如图 3.1 所示。

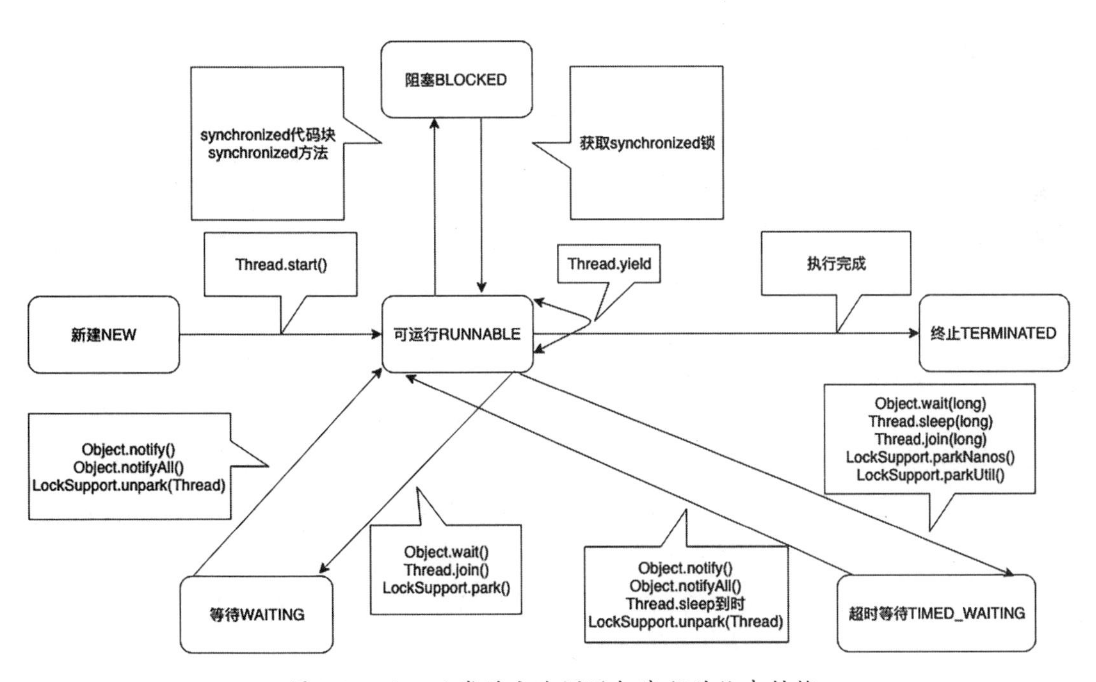

图 3.1 Thread 类的方法调用与线程的状态转换

基于以上线程状态转换示意图，我们可以对 Thread 类的方法调用和线程状态的对应关系进行一个总结，线程状态和对应的转换过程具体如下。

（1）新建状态 NEW：创建 Thread 类对象实例，线程进入新建状态 NEW。

（2）可执行状态 RUNNABLE：调用 Thread 类对象实例的 start 方法从新建状态 NEW 进入到可运行状态 RUNNABLE。此时线程等待操作系统的调度和获取 CPU 时间片来执行。

（3）阻塞状态 BLOCKED：当 Thread 类对象实例需要执行的方法使用 synchronized 加锁或者需要进入使用 synchronized 加锁的代码块时，如果此时 synchronized 对应的锁被其他线程占用了，则当前线程进入阻塞 BLOCKED 状态。当占用锁的线程释放锁，当前线程成功获取 synchronized 同步锁时，线程从阻塞状态 BLOCKED 进入可运行状态 RUNNABLE。

（4）等待状态 WAITING：当 Thread 类对象所执行的方法在内部调用了 Object 对象的 wait 方法，或者调用了 Thread 类对象自身的 join 方法，或者调用 LockSupport 类的 park 方法时，当前 Thread 线程对象进入等待状态 WAITING。

之后当其他线程调用同一个 Object 对象的 notify（当刚好通知到该线程时）或者 notifyAll（通知所有等待的线程，故都会被通知到）方法，或者被等待的线程执行完成从 join 方法返回，或者在方法内部调用了 LockSupport 类的 unpark(thread) 方法时，当前 Thread 线程对象被唤醒，从等待状态 WAITING 进入可运行状态 RUNNABLE。

（5）超时等待状态 TIMED_WAITING：与进入等待状态 WAITING 类似，进入超时等待 TIMED_WAITING 也是使用以上方法，不过使用的是可指定超时时间的版本方法。具体为调用 Object 类对象的 wait(long) 方法，Thread 类对象的 join(long) 方法，LockSupport 类的 parkNanos(this, long) 和 parkUtil 方法，其中 long 为指定超时的时间。

（6）终止状态 TERMINATED：当 Thread 类线程对象执行完对应的任务之后，则不再需要使用了，此时线程进入终止 TERMINATED 状态。当 Thread 类线程对象进入终止状态之后，不能再调用以上任何一个方法，如 Thread 类对象的 start 方法，否则会抛出 java.lang.IllegalStateException 异常。

3.2.3 ▶ JDK 线程状态查看工具

在上一小节中主要介绍了 Thread 类线程对象的相关状态，而了解这些状态的含义和相关的转换规则，主要是为了在生产环境出现线程问题，如代码死循环时，我们能够根据线程的状态定位出产生问题的线程，然后进一步根据该线程所执行的代码找到问题的根源。

所以为了方便查看应用对应的 JVM 进程的线程情况，即线程的堆栈和线程状态情况，JDK 提供了 jstack 这个命令来分析某个 JVM 进程的所有线程的堆栈和状态情况。

例如，在 main 方法中启动两个线程，分别取名为 normalThread 和 deadLoopThread，其中 normalThread 是正常执行的线程，而 deadLoopThread 则是用于模拟出现死循环的线程。首先启动 deadLoopThread 线程，然后在主线程中调用 deadLoopThread 的 join 方法来等待该线程的执行完成，最后调用 normalThread 的 start 方法启动该线程。具体代码如下：

```
public class ThreadStatusDemo {
    public static void main(String[] args) {
        // 死循环线程
        Thread deadLoopThread = new Thread(new Runnable() {
            @Override
            public void run() {
                // 死循环
                while (true) {
                }
            }
        }, "deadLoopThread");
        // 正常线程
        Thread normalThread = new Thread(new Runnable() {
            @Override
            public void run() {
                System.out.println("do something");
            }
        }, "normalThread");
        // 启动线程 deadLoopThread
        deadLoopThread.start();
        try {
            // 等待线程执行完成
            deadLoopThread.join();
        } catch (InterruptedException e) {
            e.printStackTrace();
        }
        // 启动线程 normalThread
        normalThread.start();
    }
}
```

通过执行 main 方法的方式启动这个类，同时使用 jps 命令查看当前系统的 Java 进程，可以发现该演示类对应的进程 ID 为 1418，如下所示：

```
xieyizundeMacBook-Pro:src xieyizun$ jps
1412 Launcher
261
1418 ThreadStatusDemo
```

然后使用 jstack 命令来查看该 Java 进程的线程堆栈情况，具体如下：

```
xieyizundeMacBook-Pro:src xieyizun$ jstack 1418
// 省略其他线程输出打印
// 死循环线程，线程状态为 RUNNABLE
"deadLoopThread" #10 prio=5 os_prio=31 tid=0x00007faad608e000 nid=0x3803
runnable [0x0000700003d2b000]
```

```
    java.lang.Thread.State: RUNNABLE
    at com.yzxie.java.demo.charter3.ThreadStatusDemo$1.run(ThreadStatusDemo.
java:16)
    at java.lang.Thread.run(Thread.java:748)
// 主线程，线程状态为 WAITING
"main" #1 prio=5 os_prio=31 tid=0x00007faad600c800 nid=0x1803 in Object.
wait() [0x0000700002dfe000]
    java.lang.Thread.State: WAITING (on object monitor)
    at java.lang.Object.wait(Native Method)
    - waiting on <0x0000000795787520> (a java.lang.Thread)
    at java.lang.Thread.join(Thread.java:1252)
    - locked <0x0000000795787520> (a java.lang.Thread)
    at java.lang.Thread.join(Thread.java:1326)
    at com.yzxie.java.demo.charter3.ThreadStatusDemo.main(ThreadStatusDemo.
java:35)
```

可以发现存在两个线程，分别为主线程 main 和死循环线程 deapLoopThread。其中主线程 main 的线程状态为 WAITING，而 deadLoopThread 的线程状态为 RUNNABLE，表示 deadLoopThread 线程正在运行中，而 main 线程处于等待状态。

出现这个结果的原因是，先启动了 deapLoopThread 线程并且在主线程调用了 deadLoopThread 的 join 方法，等待 deadLoopThread 执行结束。由于 deadLoopThread 线程是死循环线程，一直在运行而不会结束，故线程状态为 RUNNABLE；main 主线程则一直在 join 方法调用处等待，故状态为 WAITING。

由于一直阻塞在 main 线程的 join 方法调用处，故无法调用到 normalThread 线程对象的 start 方法，所以 normalThread 线程对象的状态一直保持为 NEW。同时因为 jstack 命令不会打印输出状态为 NEW 的线程，所以在以上 jstack 命令的输出中不存在 normalThread 的打印。

关于 jstack 命令的更多使用方法，包含命令参数等，可以通过 jstack -help 来查看相关的使用指引和参数含义。

3.3 线程安全

在多线程编程当中，一个不可避免也是最需要关注的问题就是线程安全。与进程拥有独立的进程空间不一样，一个进程的多个线程是共享该进程资源的。由于 CPU 通常为多核架构，且线程又是并发执行的，所以可能会出现同一时刻存在多个线程同时访问同一个资源的现象。

如果在这些并发执行的线程中，有些执行的是修改操作，则可能会因多个线程同时进行修改而导致数据不一致问题，或者由于 JVM 的内存模型设计是每个线程将共享资源加载到自己的本地内存中，造成某个线程对该共享资源的修改操作，对其他线程不可见，从而出现数据不一致性问题。

为了解决以上线程对共享资源的并发操作而导致的数据不一致性问题，在 JDK 的设计当中，提供了几种方法来协调多个线程之间对共享资源的访问，从而解决并发访问、修改问题，实现线程安全。以下详细分析这几种方法。

3.3.1 ▶ synchronized 关键字与互斥锁

与操作系统通过加互斥锁 Metux 来同步多个线程对共享资源的访问，保证任何时候只有一个线程可以访问共享资源类似，Java 也提供了 synchronized 这个关键字来实现互斥锁，保证多个线程对共享资源的互斥访问。synchronized 关键字的作用主要体现在三个方面。

（1）确保线程互斥地访问同步代码；

（2）保证共享变量的线程可见性；

（3）禁止指令重排。

其中（2）和（3）相当于下一小节会介绍的 volatile 关键字的作用。

1. 互斥锁实现线程同步

在使用层面，synchronized 关键字可以用在方法或代码块中，其中方法包括类的静态方法和类的成员方法。由于 synchronized 关键字在实现层面是结合一个监视器对象 monitor 来实现的，所以在使用的时候需要将某个对象作为监视器对象 monitor，具体分析如下。

（1）类的静态方法：将类对象自身（类型为 java.lang.Class）作为监视器对象 monitor，对该类所有使用了 synchronized 关键字修饰的静态方法进行同步，即任何时候只能存在一个线程调用该类的使用了 synchronized 修饰的静态方法，其他调用了该类的使用了 synchronized 修饰的静态方法的线程需要阻塞，包括该静态方法和其他使用了 synchronized 关键字来同步的静态方法。

（2）类的成员方法：使用类的对象实例作为监视器对象 monitor，则该类所有使用了 synchronized 关键字修饰的成员方法，在任何时刻只能被一个线程访问，其他线程需要阻塞。

（3）代码块：使用某个对象作为监视器对象 monitor，通常为一个普通的 private 成员变量，如 private Object object = new Object()，这样所有使用了该 object 对象的同步代码块，在任何时候只能存在一个线程访问。

下面简单演示一下 synchronized 关键字用在类的静态方法、类的成员方法和代码块上。

由于这三种情况一般使用不同的对象作为监视器对象 monitor，所以不会相互影响。只有使用相同的监视器对象 monitor 的方法或者代码块才会相互影响，需要互斥访问。代码如下：

```
public class SynchronizedDemo {
    // synchronized关键字用在类的静态方法上
    // 使用 SynchronizedDemo 类对象自身作为监视器对象
    public static synchronized void testStaticMethod() {
    }
    // synchronized关键字用在类的成员方法上，
    // 使用 SynchronizedDemo 的对象实例作为监视器对象
    public synchronized void testMemberMethod() {
    }
    // 代码块的监视器对象
    private Object monitor = new Object();
    public void testCodeBlock() {
        synchronized (monitor) {
        }
    }
}
```

2. 实现生产者消费者模型

除作为互斥锁对线程进行同步外，synchronized 关键字还可以与监视器对象 monitor 的 wait、notify 和 notifyAll 方法一起使用，实现线程之间的协作，即实现线程的生产者和消费者模型。参与的多个线程共享一个监视器对象 monitor，在线程持有 synchronized 同步锁时，才能调用监视器 monitor 的 wait、notify 或者 notifyAll 方法。其中 wait 方法用于释放监视器对象 monitor 锁，阻塞休眠，等待其他线程唤醒；notify 方法用于通知和唤醒其中一个阻塞休眠的线程，让该线程去获取 monitor 锁；notifyAll 方法用于通知所有阻塞休眠的线程去竞争 monitor 锁。

synchronized 关键字结合监视器对象 monitor 实现的生产者消费者模型的使用示例如下。生产者线程和消费者线程共享同一个监视器对象 monitor，然后通过调用该监视器对象的 wait 和 notify 方法来进行相互通知和协作。

当没有产品可消费时，消费者线程调用 wait 方法等待生产者线程生成产品。之后生产者线程生成产品并放到队列中，并调用 notify（或者 notifyAll）方法通知和唤醒消费者线程去消费产品。在这个例子中生产者线程每隔 5 秒生产一个产品，故消费者线程每隔 5 秒才能消费到一个产品。

（1）生产者消费者模型的字段定义包括监视器对象 monitor，存放产品的队列 products。具体定义如下：

```
public class SynchronizedProConDemo {
    // 监视器对象，用于对生产者和消费者进行同步
private Object monitor;
    // 存放产品的队列的容量大小
private int capacity;
    // 存储产品的队列
private Queue<String> products;
    public SynchronizedProConDemo(Object monitor, int capacity) {
        this.monitor = monitor;
        this.capacity = capacity;
        // 初始化队列为一个双端队列
        this.products = new ArrayDeque<>(capacity);
    }
    // 省略生产者消费者方法定义
}
```

（2）消费者线程消费产品的方法定义：当等待队列不为空时，则取出队列的产品消费。代码如下：

```
// 消费者消费产品方法定义
public void consume() {
    // 无限循环等待消费产品
while (true) {
    // 加同步锁
        synchronized (monitor) {
            // 当队列不存在任何产品时则消费者等待
            while (products.size() == 0) {
                try {
                    System.out.println("consumer wait at time:" + new Date());
                    // 调用 Object 对象的 wait 方法，进入等待状态 WAITING
                    monitor.wait();
                } catch (InterruptedException e) {
                    e.printStackTrace();
                }
            }
            // 从队列头部取出产品
            String product = products.poll();
            // 通知生产者可以继续生产产品
            monitor.notifyAll();
            // 模拟消费产品
              System.out.println("Consumer get " + product + " at time:" +
new Date());
        }
    }
}
```

（3）生产者线程生产产品的方法定义：当队列满时，等待消费者消费产品；当队列不满时，生产产品并填充到队列，同时通知消费者继续消费。代码如下：

```
// 生产者生产产品
public void produce() {
    // 无限循环
    while (true) {
        // 加同步锁
        synchronized (monitor) {
            // 队列满时，生产者等待
            while (products.size() == capacity) {
                try {
                    System.out.println("producer wait at time:" + new Date());
                    // 调用 Object 的 wait 方法，进入等待状态 WAITING
                    monitor.wait();
                } catch (InterruptedException e) {
                    e.printStackTrace();
                }
            }
            // 模拟生产者生产产品
            System.out.println("producer put product at time:" + new Date());
            // 填充到队列
            products.offer("product");
            // 通知消费者消费
            // 此处使用 notifyAll 方法而不是 notify 方法，
            // 避免通知到生产者自身，导致 " 假死 " 现象
            monitor.notifyAll();
        }
        try {
            // 暂停 5 秒，模拟生产者每隔 5 秒生产一个产品
            Thread.sleep(5000);
        } catch (Exception e) {
            e.printStackTrace();
        }
    }
}
```

（4）main 程序启动主方法定义：生产者线程和消费者线程共享同一个生产者消费者模型对象 producerConsumer，其中队列设置容量为 1。代码如下：

```
public static void main(String[] args) {
// 监视器对象定义
    Object monitor = new Object();
    SynchronizedProConDemo producerConsumer = new SynchronizedProConDemo
```

```
(monitor, 1);
    // 生产者线程
    Thread producerThread = new Thread(new Runnable() {
        @Override
        public void run() {
            producerConsumer.produce();
        }
    });
    // 消费者线程
    Thread consumerThread = new Thread(new Runnable() {
        @Override
        public void run() {
            producerConsumer.consume();
        }
    });
    // 调用 Thread 类的 start 方法，启动生产者线程和消费者线程
    consumerThread.start();
    producerThread.start();
}
```

（5）程序执行每隔 5 秒生产与消费一次，每次都是生产者线程先生产，消费者线程马上消费，消费完进入等待状态。结果如下：

```
// 启动并且第一次生产者生产产品，消费者消费产品，然后等待
consumer wait at time: Sun Jun 16 15:52:14 HKT 2019 // 消费者线程等待
producer put product at time: Sun Jun 16 15:52:14 HKT 2019 // 生产者线程生产
Consumer get product at time: Sun Jun 16 15:52:14 HKT 2019 // 消费者线程消费
consumer wait at time: Sun Jun 16 15:52:14 HKT 2019 // 消费者线程等待
// 第二次生产与消费，间隔为 5 秒
producer put product at time: Sun Jun 16 15:52:19 HKT 2019 // 生产者线程生产
Consumer get product at time: Sun Jun 16 15:52:19 HKT 2019 // 消费者线程消费
consumer wait at time: Sun Jun 16 15:52:19 HKT 2019 // 消费者线程等待
// 第三次生产与消费，间隔为 5 秒
producer put product at time: Sun Jun 16 15:52:24 HKT 2019 // 生产者线程生产
Consumer get product at time: Sun Jun 16 15:52:24 HKT 2019 // 消费者线程消费
consumer wait at time: Sun Jun 16 15:52:24 HKT 2019 // 消费者线程等待
```

由以上这些代码分析可知，synchronized 关键字使用方便，无须在应用代码中显式地执行加锁和解锁操作，只需在对应的方法或者代码块中使用 synchronized 关键字进行修饰即可。在运行时，由 JVM 自身实现自动地加锁和解锁操作。

在并发线程同步的性能方面，synchronized 关键字修饰的范围越小，线程并发度越高，性能越好。所以通常使用同步代码块，而不是同步方法来缩小同步范围、优化并发性能。

3. 实现原理

在 JVM 层面，synchronized 关键字是基于 JVM 提供的 monitorenter 和 monitorexit 字节码指令，以及结合监视器对象 monitor 来实现的。由上面的分析可知，当 synchronized 关键字用在类的静态方法、类的成员方法、代码块时，分别需要以类对象自身、类的对象实例本身、某个普通对象作为对应的监视器对象 monitor。

结合 Java 虚拟机 JVM 的相关知识，任何 Java 类都需要编译成 class 字节码，然后加载到 Java 虚拟机中去执行。在编译一个 Java 类生成对应 class 字节码，当遇到 synchronized 关键字时，会在 synchronized 关键字所修饰的方法或者代码块的开始处增加一个 monitorenter 字节码指令，在方法或者代码块的结束处增加 monitorexit 字节码指令，即使用 monitorenter 和 monitorexit 字节码指令包围该方法或者代码块对应的字节码。

下面以在成员方法内部使用类对象实例自身作为监视器对象 monitor 来分析，这种与在类的成员方法中使用 synchronized 关键字类似，都是使用类对象实例自身作为监视器对象。代码如下：

```
public class SynchronizedTest {
    public void method() {
    // 同步锁修饰代码块
        synchronized (this) {
            System.out.println("Hello world");
        }
    }
}
```

反编译该类对应的 class 字节码文件如下：在成员方法 method 对应的字节码周围使用了 monitorenter 和 monitorexit 字节码指令，具体为 3:monitorenter 和 13:monitorexit，中间主要为 System.out.println() 方法调用的字节码。代码如下：

```
xieyizundeMacBook-Pro:test-classes xyz$ javap -c com.yzxie.easy.log.web.
SynchronizedTest
Compiled from "SynchronizedTest.java"
public class com.yzxie.easy.log.web.SynchronizedTest {
  public com.yzxie.easy.log.web.SynchronizedTest();
    Code:
       0: aload_0
       1: invokespecial #1    // Method java/lang/Object."<init>":()V
       4: return
  public void method();
    Code:
       0: aload_0
       1: dup
```

```
        2: astore_1
        # 方法入口处的 monitorenter 指令
        3: monitorenter #
        # System.out.println 静态方法调用
        4: getstatic     #2    // Field java/lang/System.out:Ljava/io/PrintStream;
        # 字符串 "Hello world"
        7: ldc           #3    // String Hello world
        9: invokevirtual #4    // Method java/io/PrintStream.println:(Ljava/
lang/String;)V
       12: aload_1
       # 方法出口处的 monitorexit 指令
       13: monitorexit
       14: goto          22
       17: astore_2
       18: aload_1
       19: monitorexit
       20: aload_2
       21: athrow
       22: return
     Exception table:
        from    to  target type
           4    14    17   any
          17    20    17   any
}
```

（1）monitorenter 指令：进入同步块。所有线程共享该同步代码和该对象关联的监视器 monitor，当每个线程执行到 monitorenter 指令的时候，会检查对应的 monitor 对象的计数是否为 0。计数是 0，则当前线程成为该 monitor 对象的拥有者，即锁住了该监视器对象 monitor 并递增该对象的计数为 1。之后该线程每调用一次使用了该 monitor 对象作为监视器对象的同步方法时，monitor 对象的计数加一，这里就是 synchronized 关键字作为可重入锁的实现。对于其他线程，当检查到 monitor 对象的计数不为 0 时，知道该 monitor 对象已经被其他线程持有锁住了，故这些线程会阻塞。当该 monitor 的计数重新变为 0 时，这些阻塞的线程会继续竞争成为该 monitor 的拥有者，成功的线程可以访问同步代码。

（2）monitorexit 指令：退出同步块。当持有该监视器对象 monitor 的线程每执行完一个同步代码时，会将 monitor 对象的计数减一。如对于类的对象成员方法，如果该线程调用了多个使用 synchronized 关键字修饰的成员方法，则每个方法执行完之后，对 monitor 对象的计数执行一次减一操作。

当 monitor 对象的计数递减到 0 时，当前线程不再持有该 monitor 对象。其他阻塞的线程此时可以竞争成为该 monitor 的拥有者。

以上介绍了在 Java 虚拟机层面，基于 synchronized 关键字实现同步锁的相关原理。在操作系统层面，synchronized 关键字是基于操作系统的互斥锁 Metux Lock 来实现的。不过操作系统实现线程之间的切换是需要进行线程上下文切换的，即从用户态切换到内核态，所以基于 synchronized 关键字来实现线程同步的成本还是相对较高，性能相对较低。

4. 生产者消费者模型实现

关于 synchronized 关键字的用法部分，我们介绍了使用 synchronized 关键字和结合监视器对象 monitor 来实现生产者消费者模型。在生产者消费者模型的实现当中，通过监视器对象 monitor 的 wait 方法和 notify、notifyAll 方法来实现线程之间的协作都需要在 synchronized 关键字修饰的同步代码内部执行，其主要原因如下。

每个监视器对象 monitor 都会关联一个等待队列和一个同步队列，其中等待队列用于存放调用了 wait 方法的线程，同步队列在存放之前则是存放在等待队列中，当被其他线程调用 notify 或者 notifyAll 方法唤醒，可以去竞争同步锁时，就被转移到同步队列的线程，即由同步队列的线程去竞争该锁。

所以某个线程在执行 wait、notify、notifyAll 方法时，需要该线程成为该监视器对象的拥有者，获取到锁才可以访问 synchronized 关键字包围的同步代码，这样才能有权访问该监视器对象对应的等待队列和同步队列，将线程自身放到该等待队列或者同步队列。

3.3.2 ▶ volatile 关键字与线程可见性

前面章节介绍了基于 synchronized 关键字实现的互斥锁来对多个线程进行同步，保证多个线程对共享资源访问的线程安全性。除提供互斥锁实现外，synchronized 关键字的另外一个功能是实现共享变量的线程可见性。而在 Java 语言实现中，还有另一个关键字是专用于实现线程可见性的，这个关键字就是 volatile 关键字。

1. Java 内存模型与线程可见性

在介绍 volatile 关键字之前，首先介绍一下 Java 的内存模型（JMM）和线程可见性的含义。Java 内存模型是 Java 虚拟机为了屏蔽各种硬件和底层操作系统的内存访问差异，实现 Java 应用程序能以统一的方式来访问各种操作系统平台的内存而设计的一种内存访问模型。Java 的内存模型的基本组成结构如图 3.2 所示。

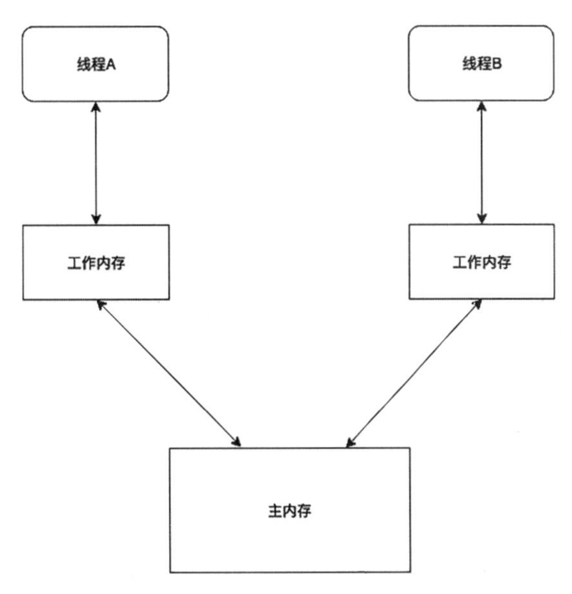

图 3.2　Java 内存模型

由上图可知，每个线程都拥有自己的工作内存，并且该线程的所有操作都是在这个工作内存中完成的，即每个线程都将主内存中的共享数据复制到自身的工作内存来进行操作，所以不同线程之间的操作是相互不可见的。

知识拓展：可以这样理解 Java 内存模型，虽然 Java 内存模型跟操作系统的物理内存和 CPU 的缓存没有必然的联系，但是也可以结合操作系统的相关知识来理解 Java 的内存模型。即 Java 内存模型中线程的工作内存就相当于 CPU 的本地缓存，主内存就相当于操作系统的物理内存。

如果两个线程需要基于这个共享数据来进行协作，如一个线程类似于赛跑的发令员，另外一个线程是赛跑者，发令员线程修改共享变量的状态为“开始跑”，此时由于发令员是对自身的本地内存的数据状态进行修改，而赛跑者也是只看自己本地内存的数据状态，所以该状态的修改对赛跑者是不可见的，从而导致发令员“发令”后，赛跑者还是停留在原地不动，对于程序来说就是不正常运行了。

所以在多线程环境下，为了保证程序的正常运行，对于共享数据需要实现线程可见性。即任何一个线程对该共享数据进行操作后都需要对其他线程可见，保证其他线程可以读到这个共享数据的最新值，从而可以在这个最新值的基础上继续进行操作，实现数据的一致性。

在 Java 语言中，要实现线程可见性这个功能要靠 volatile 关键字。对应到 Java 内存模型就是当某个线程在自身的本地内存中修改了这个使用 volatile 修饰的变量时，需要将这个变量的最新值同步回主内存，同时其他线程的本地内存中的该变量的副本会自动失效，从而需要重新从主内存加载这个变量的值，此时读取到的就是该变量的最新值了。

volatile关键字的一个典型应用就是用于修饰boolean类型的控制开关，即该开关刚开始是关闭的，值为false。一个或多个线程阻塞等待这个开关打开，之后另一个线程设置这个控制开关的值为true来打开这个开关。由于使用了volatile关键字修饰这个开关变量，故这个修改对其他阻塞等待的线程是可见的，所以这些阻塞等待的线程可以马上读到值为true，从而继续运行。

控制开关的具体实现，可以定义一个static类型的控制开关onCtrl来控制是否开始工作。定义一个工作线程workThread来执行工作，在workThread线程内调用doWork方法之前，会先在while循环中无限等待直到开关onCtrl打开。最后在主线程中调用turnOn方法来打开这个控制开关。关于volatile关键字的使用的示例代码如下：

```
public class VolatileDemo {
    // 控制开关默认为关闭的
    // private static boolean onCtrl; // 不使用 volatile 修饰的对比
    private static volatile boolean onCtrl; // 使用 volatile 修饰
    // 设置 onCtrl 的值为 true，表示打开开关
    public void turnOn() {
        onCtrl = true;
    }
    // 定义工作逻辑
    public void doWork() {
        System.out.println("doing work now.");
    }
    // 主方法
    public static void main(String[] args) {
        VolatileDemo demo = new VolatileDemo();
        // 工作线程实例
        Thread workThread = new Thread(new Runnable() {
            @Override
            public void run() {
                // 无限等待直到开关打开
                while (!onCtrl) {}
                // 开关打开后开始工作
                demo.doWork();
            }
        });
        // 启动工作线程
        workThread.start();
        // 主线程休眠 2 秒后，打开开关
        try {
            Thread.sleep(2000);
            // 打开开关
            demo.turnOn();
```

```
            System.out.println("onCtrl is on.");
        } catch (InterruptedException e) {
            e.printStackTrace();
        }
    }
}
```

首先不使用 volatile 关键字来修饰 onCtrl 变量，即打开以上的代码注释，运行程序时，打印“onCtrl is on”后，程序一直阻塞不动。

```
onCtrl is on.
```

当使用 volatile 关键字修饰 onCtrl 变量之后，重新运行程序，打印如下：

```
onCtrl is on.
doing work now.
Process finished with exit code 0
```

可以看到打印了“doing work now.”，并且程序正常终止。所以 doWork 方法前面的无限循环退出了，doWork 方法被调用了，原因是此时 onCtrl 变量使用了 volatile 关键字修饰，工作线程 workThread 读取到了主线程调用 turnOn 方法将开关变量 onCtrl 设置为 true 这个最新值。

2. 不具备原子性

在线程可见性方面，volatile 关键字相对于 synchronized 关键字是一种更加轻量级的实现，所以在功能上，volatile 关键字也没有 synchronized 关键字那么强大。在进行 Java 程序设计时，需要重点关注的是 volatile 关键字并不提供原子性，即对于共享变量的复合操作，volatile 并不能保证整个操作的原子性和线程安全。一个典型的例子就是整数的自增操作，即“++”操作。自增操作由读取、递增一和赋值这三个操作组成。

例如，定义 20 个线程，每个线程调用“++”递增操作累加 10 万次，正常来说最后 sum 的值应为 20×100, 000 = 2000,000，即 200 万。volatile 关键字不具备原子性的示例代码如下：

```
public class VolatileAtomDemo {
    // 累加和，演示 volatile 关键字不具备原子性
    private static volatile int sum = 0;
    // 演示使用线程安全的原子类
    // private static AtomicInteger sum = new AtomicInteger(0);
    public static void main(String[] args) {
        try {
            // 当 20 个线程都递增完成时，在主线程打印累加和 sum
            int times = 20;
  // 使用倒计时同步器来等待所有线程执行完成
            CountDownLatch countDownLatch = new CountDownLatch(times);
```

```
            for (int i = 0; i < times; i++) {
                Thread thread = new Thread(new Runnable() {
                    @Override
                    public void run() {
                        // 每个线程累加100000次
                        for (int i = 0; i < 100000; i++) {
                        // ++操作是复合操作
                            sum++;

                            // 演示线程安全的原子类时使用
                            // sum.incrementAndGet();
                        }
                        // 执行完成，递减通知主线程
                        countDownLatch.countDown();
                    }
                });
                // 线程启动
                thread.start();
            }
            // 在主线程等待所有线程执行完成
            countDownLatch.await();

            // 打印所有线程的累加和
            System.out.println("sum is " + sum);
        } catch (InterruptedException e) {
            e.printStackTrace();
        }
    }
}
```

首先累加和变量sum使用基本类型int，且使用volatile关键字修饰，程序执行打印如下：

```
sum is 1486605
Process finished with exit code 0
```

可以看到值并不是200万，计算错误。所以即便使用了volatile关键字修饰，由于volatile关键字不具备原子性，因此也会出现由于线程的并发修改导致的数据不一致性。

如果想要得到正确的结果，一般会使用Java并发包的线程安全的原子类来实现。如下为使用整数原子类AtomicInteger来定义累加和sum（具体可以打开以上代码的注释来演示），对应的执行打印结果为正确打印200万。

```
sum is 2000000
Process finished with exit code 0
```

3. 禁止指令重排

除了保证线程可见性之外，volatile 关键字还有一个重要的功能就是禁止指令重排。为了提高代码的执行性能，Java 编译器在编译 Java 代码时，或者 CPU 在执行指令时，会进行一个指令重排操作。具体为在不影响单线程执行的前提下，调整没有依赖关系的指令位置，从而使得 CPU 能够更高效地执行这些指令。

指令重排在单线程执行中没有问题，但是在多线程环境中则可能由于指令顺序的前后调整而导致执行出错。一个典型的例子如下：

```
public class VolatileDemo2 {
    private int sum = 1;
    public boolean isUpdate = false;
    // 使用 volatile 修饰避免发生指令重排
    //public volatile boolean isUpdate = false;
    // 内部的 sum 和 isUpdate 没有依赖关系，故可能会进行指令重排
    public void updateSum() {
        // 修改 sum 的值为 2
        sum = 2;
        isUpdate = true;
    }
    public void doWork() {
        updateSum();
        // 如果 updateSum 方法发生了指令重排，即 isUpdate = true 先执行，sum=2 后执行
        // 在这之间其他线程执行了 sum+=1 后，sum 等于 2
        if (isUpdate) {
            sum += 1;
        }
        // 预期结果为 3，不过由于指令重排，则可能为 2
        System.out.println("sum = " + sum);
    }
    // 主方法
    public static void main(String[] args) {
        VolatileDemo2 demo = new VolatileDemo2();
        // 子线程
        Thread thread = new Thread(new Runnable() {
            @Override
            public void run() {
                // 等待 isUpdate 变为 true
                while (!demo.isUpdate) {}

                demo.doWork();
            }
        });
```

```
        // 子线程启动
        thread.start();
        // 主线程
        demo.updateSum();
    }
}
```

核心代码实现为：

（1）定义变量 sum 并初始为 1。

（2）在主方法中，创建一个子线程 thread，在内部等待 isUpdate 变为 true，然后执行 doWork 方法。

（3）在主线程调用 updateSum 方法，更新 sum 的值为 2，同时设置 isUpdate 为 true。

分析：由于 sum 和 isUpdate 没有依赖关系，故在 updateSum 方法中可能会发生指令重排，即 sum=2 和 isUpdate=true 这两个操作反过来。

如果反过来之后，在执行了 isUpdate=true 之后，还没执行 sum=2 之前，子线程由于 isUpdate 变为 true 而退出等待，继续执行 sum += 1 操作，此时 sum 由于还是 1，故结果为 2，而不是预期的 3。如果以上代码对 isUpdate 使用 volatile 关键字修饰，则不会发生指令重排，即在 updateSum 方法中，严格按照先执行 sum=2，再执行 isUpdate=true 的步骤来执行。

所以如果代码中可能存在这种由于指令重排而导致的错误，则可以使用 volatile 关键字对相应的变量进行修饰。此时 Java 编译器在编译这段 Java 代码或者 CPU 在执行这段代码时，不会对该变量的位置与其相邻的其他变量进行调整。

在禁止指令重排的实现层面，主要是通过在使用了 volatile 关键字修饰的变量周围加上内存屏障指令来实现的。关于 JVM 内存屏障的相关指令这里就不继续展开了，有兴趣的读者可以查阅相关资料进一步了解。

3.3.3 ▶ 不可变的 final 关键字与无状态

1. 基于 final 关键字实现对象的不可变

在 Java 多线程编程当中存在线程安全问题，主要是因为多个线程共享了同一个资源，如同一个对象实例，并且每个线程都可能对这个对象实例进行修改操作，所以在多线程并发修改时，可能会出现数据不一致性。不过，如果多个线程只是对共享资源进行读操作，而不会进行修改等写操作，则不会存在线程安全问题的，即不通过额外的加锁操作，多个线程也是可以访问共享变量的。

基于这种背景，如果被多个线程共享的对象是只读、不可变的，则可以使用 Java 的 final

关键字进行修饰。使用 final 关键字修饰某个对象之后，就不能对这个对象进行修改操作了，这个对象也是线程安全的。此时对该对象的访问无须通过 synchronized 关键字来加锁。

在具体使用层面，当使用 final 关键字修饰某个对象时，分为以下几种情况。

（1）对于基本类型的包装类型，如 int、long 等对应的 Integer、Long 类型对象，不可变的语义是其数值不能修改。

（2）如果是其他对象，如我们自定义的 Java 对象或者 Java 语言自身的其他对象类型，则该对象引用不能指向另外一个该类型的其他对象，如 final Object a = new Object()，此时不能执行 a = b 这种操作。但是该对象内部的属性值需要根据属性是否使用 final 关键字修饰来决定是否可以修改。

（3）除了显式使用 final 关键字来修饰某个对象达到不可变之外，Java 语言自身的实现也保证了某些对象类型是不可变的。一个典型的类型就是字符串类型 String。字符串 String 类型的值是不可以修改的，即不能单独修改该字符串的某个字符。如果需要修改，则只能将该 String 对象引用指向另一个完整的字符串。例如，str 是可以正常指向新的字符串“world”的，而 str2 是不可以重新指向“change”的，因为 str2 使用了 final 关键字修饰。所以 String 类型的对象是线程安全的。代码如下：

```
String str = "hello";
str = "world";
final String str2 = "cann’t change";
// 编译报错
str2 = "change";
```

final 关键字用于修饰业务中不可变的对象，这样在多线程中可以放心使用这个对象，而不需要显式加锁操作。不过前提是对象本身确实是不可变的才能使用 final 关键字修饰。如果在业务上，对象本身是可变的，那么 final 关键字就无能为力了，只能通过加锁来实现同步访问。而加锁操作由于会涉及底层操作系统的线程上下文切换，因而开销较大，性能较低。

所以为了应对对象是可变的且加锁性能低下的问题，在 Java 多线程编程当中，还可以基于无状态设计来实现线程安全。

2. 无状态设计

在讲解无状态设计之前，首先来介绍一下线程与方法调用之间的关系。

在 Java 虚拟机的运行时数据区中，通常包含堆、栈和方法区，其中栈是用于存放线程进行方法调用时的相关数据的，包括该方法的方法参数、局部变量、返回值地址等。而在栈中，每个线程都对应一个独立的栈帧，即该栈帧是每个线程的私有数据区域，其他线程不能访问。当线程每进行一次方法调用时，就会将该方法的参数、局部变量、返回值地址等数据入栈。

在方法调用完成之后，进行以上数据的出栈。

由于栈帧是线程私有的区域，不会被其他线程访问，故不存在多线程并发导致的线程安全问题。与此同时，由于任何时候一个线程只能调用一个方法，所以能够保证方法的内容得到顺序执行。以上介绍的线程的方法调用与栈的对应关系如图 3.3 所示。

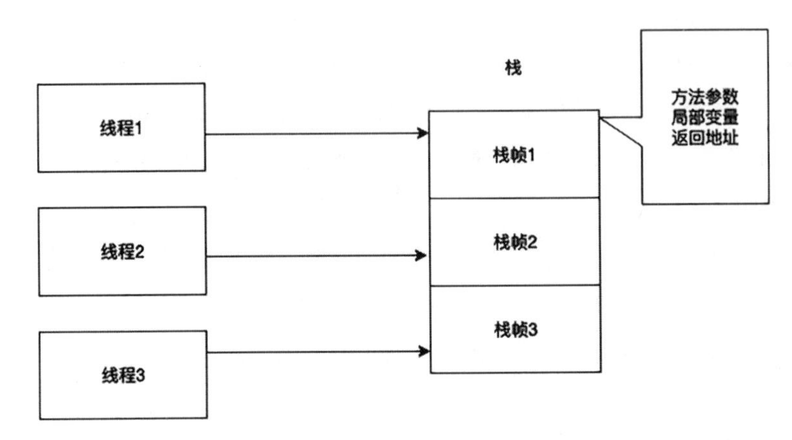

图 3.3　线程方法调用与栈的关系

所以当某个对象被多个线程共享且有多个线程同时调用该对象的某个方法时，如果该方法只包含（1）方法调用时传递进来的参数数据，（2）方法内部定义的局部变量，而不会使用到该对象的成员变量（成员变量也是被多个线程共享的），则该方法是无状态的方法，是线程安全的。因为该方法是基于方法参数和局部变量来进行操作的，而这些数据是线程的栈帧的私有数据，故不会被其他线程访问，不存在线程安全问题。

无状态设计一个最典型的应用就是结合 Spring 框架来进行 Java Web 应用开发。在应用中定义的请求处理器 Controller、服务类 Service 等都是单例的，这些单例对象被服务端的请求处理线程所共享，如被基于 Tomcat 部署的 Java Web 应用使用的多个 Tomcat 工作线程所共享。这些单例类的方法是线程安全的，即不同客户端请求之间不会相互影响，而其中的实现原理就是无状态。

无状态设计体现在 Controller 和 Service 类对象实例的方法都是只包含方法参数数据和内部的局部变量，一般不会使用到对象成员变量（注意这里所指的对象成员变量不包括通过注入，如通过 @Autowired 注解注入的其他 bean 对象 , 如果是注入的 bean，其本身也是线程安全的）。所以每个客户端请求都是基于该客户端提供的请求处理方法参数数据来进行相关处理的，不同请求的客户端数据不会相互影响。

如下是一个用户控制器 UserController 的登录方法 login 的实现，方法参数为当前登录用户。由于是每个服务器处理线程在每次调用这个方法时都是传递独立的用户参数，所以服务器处理线程之间不会相互影响。并且该方法内部也只包含局部变量，所以是一个无状态的方法。代码如下：

```
@PostMapping("/login")
public ResData login(@RequestBody User user) {
    ResData res = new ResData();
    // 认证个体
    Subject currentUser = SecurityUtils.getSubject();
    // 将用户名和密码封装到 UsernamePasswordToken
     UsernamePasswordToken token = new UsernamePasswordToken(user.
getName(), user.getPassword());
    try {
    // 用户登录
        currentUser.login(token);
        // 判断用户是否认证成功
        if (currentUser.isAuthenticated()) {
            res.setData("login succeed.");
        } else {
            res.setData("login failure");
        }
    } catch (AuthenticationException e) {
        LOG.error("login failure {}", e, e.getMessage());
    }
    return res;
}
```

不过，如果在 Controller、Service 等类的方法需要访问该类对象实例的成员变量时，该成员变量就需要保证线程安全，因为这些成员变量被所有服务端处理线程共享，并不是无状态的。具体可以使用 Java 并发包的线程安全类，如线程安全的 ConcurrentHashMap 来替代 HashMap、原子整数类型 AtomicInteger 来替代 Integer 等，具体例子如下。

如下是一个消息发送控制器 MessagePublishController，为了统计当前服务实例所发布的消息的总条数，在 MessagePublishController 类内定义一个 Long 类型的成员变量 broadCastCount。由于 MessagePublishController 的对象实例是单例的，所以 broadCastCount 也是被所有服务端处理线程所共享的。同时由于 broadCastCount 用于统计当前服务实例所发布的消息的总条数，所以是有状态的，故需要使用 Long 类型的原子类型 AtomicLong，并调用 AtomicLong 的 incrementAndGet 方法来完成递增。具体代码定义如下：

```
@RestController
public class MessagePublishController {
    private static final Logger LOG =
    LoggerFactory.getLogger(MessagePublishController.class);
    // 统计当前服务部署实例发布消息的总数
    // 使用 AtomicLong 原子类保证线程安全
    private AtomicLong broadCastCount = new AtomicLong();
    // 消息发送服务引用
```

```
    private WebSocketService webSocketService;
    @Autowired
    public MessagePublishController(WebSocketService webSocketService) {
      this.webSocketService = webSocketService;
    }
    /**
     * 接收客户端发送过来的消息
     * @param message
     */
    @MessageMapping("/groupMessage")
    public void groupMessage(NormalMessage message) {
        if (message != null) {
            // 递增所发送消息总数
            long id = broadCastCount.incrementAndGet();
            // 定义消息体
            JSONObject broadcastMessage = new JSONObject();
            broadcastMessage.put("content", message.getContent());
            // 发布消息
            webSocketService.broadcastMessageToClients(broadcastMessage);
            LOG.info("groupMessage: {}, No.{}", message.getContent(), count);
        }
    }
}
```

3.3.4 ▶ ThreadLocal 线程本地变量

对于被多个线程共享的变量，一般的方式是通过加锁，如使用 synchronized 关键字或者 Java 并发包的 ReentrantLock（后面会详细介绍）来实现线程安全。或者如果该变量对应的类型在 Java 并发包存在线程安全的实现版本，如整数 Integer 对应的 AtomicInteger、HashMap 对应的 ConcurrentHashMap 等，则使用对应的线程安全的实现版本。除此之外，通过无状态设计也可以实现多线程并发访问的线程安全，这样就不用加锁或者使用 Java 并发包的线程安全类，不过这种需要业务场景本身就是无状态。

当需要使用到有状态的共享变量时，除通过加锁、使用线程安全版本的数据类型这些方式来实现有状态变量的线程安全之外，还可以使用 Java 提供的一个特殊的类，这个类就是 ThreadLocal，线程本地变量包装器。

ThreadLocal 是基于空间换时间的思路来设计的，即通过使用 ThreadLocal 对共享变量进行包装，使得每个线程都包含这个共享变量的一个副本，每个线程都对自己的共享变量副本进行操作，这样就实现了这个共享变量对每个线程的独立性，不需要通过加锁来实现线程安全。

注意 不要与线程可见性的线程本地内存弄混，ThreadLocal 包装的共享变量是不需要与其他线程共享和进行协作的，本身就是要实现数据对其他线程不可见。

不过由于每个线程都包含了这个共享变量的一个副本，所以会额外占用一定的内存空间，并且会随着线程数量的增加而增大，特别是如果这个共享变量会占用比较大空间时，如用于存放数据的字典结构 HashMap，则空间会增大更多。所以在选择是否使用 ThreadLocal 时，需要对该共享变量的空间占用进行衡量，如果是简单的数据类型，如整数，则可以使用，否则需要考虑内存占用问题。

1. 用法

在使用层面，类的静态变量或者被多个线程共享的对象实例的内部属性，一般可以通过 ThreadLocal 进行包装来实现线程的独立性和线程安全。

例如，定义一个被所有线程共享的、类型为 Integer 的操作计数器 counter，该计数器主要用于记录每个线程自身完成了多少次操作。

由于每个线程都不一样，而该操作计数器又是被所有线程所共享，所以可以使用 ThreadLocal 对其进行包装来实现每个线程都是对自身的计数器副本进行递增，不同线程不会相互影响。具体的代码如下：

```
public class ThreadLocalDemo {
    // 线程操作计数器，使用 ThreadLocal 包装
    private static ThreadLocal<Integer> counter = new ThreadLocal<Integer>(){
        @Override
        protected Integer initialValue() {
            // 初始值为 0
            return 0;
        }
    };
    public static void main(String[] args) {
        // 线程 1
        Thread thread1 = new Thread(new Runnable() {
            @Override
            public void run() {
                // 递增 100 万次
                for (int i = 0; i < 1000000; i++) {
                    Integer counterVaule = counter.get();
                    // 使用 ThreadLocal 包装后,
                    // 即使使用 ++ 这种复合操作也一样能保证线程安全性
                    counterVaule++;
                    counter.set(counterVaule);
```

```
                }

                // 完成统计后，打印当前线程执行的操作次数
                System.out.println("thread1 counter = " + counter.get());
            }
        });
        // 线程 2
        Thread thread2 = new Thread(new Runnable() {
            @Override
            public void run() {
                // 递增 200 万次
                for (int i = 0; i < 2000000; i++) {
                    Integer counterVaule = counter.get();
                    counterVaule++;
                    counter.set(counterVaule);
                }
                System.out.println("thread2 counter = " + counter.get());
            }
        });

        // 启动线程
        thread1.start();
        thread2.start();
    }
}
```

打印如下：

```
thread1 counter = 1000000
thread2 counter = 2000000
Process finished with exit code 0
```

分析：线程 1 递增了 100 万次，线程 2 递增了 200 万次。即使计数器使用了存在线程安全问题的 Integer 类型，并且使用复合操作“++”进行递增，由于使用了 ThreadLocal 进行包装，使得两个线程都是对自身的操作计数器线程副本进行操作，所以不会影响其他线程，不存在竞争问题。

2. 核心实现原理

在 ThreadLocal 的实现层面，首先是在线程类 Thread 内部会包含一个字典类型的成员变量 threadLocals，定义如下：

```
ThreadLocal.ThreadLocalMap threadLocals = null;
```

可以看出类型是 ThreadLocal.ThreadLocalMap。threadLocals 是用于存放该 Thread 线程对

象所用到的，所有通过 ThreadLocal 包装的变量的集合。

其中这个字典类型是在 ThreadLocal 内部定义的一个静态内部类 ThreadLocalMap，ThreadLocalMap 内部字典结构实现是，key 是 ThreadLocal 对象引用，值为该 ThreadLocal 对象所包装的具体值。由于每个 Thread 线程对象都包含这样一个字典集合，所以实现了每个线程都包含共享变量的一份副本。

由以上分析可知，Thread 类的线程本地变量字典 threadLocals 的类型 ThreadLocalMap 是在 ThreadLocal 中定义的，ThreadLocalMap 的核心定义如下：

```
// 每个线程自身独立的，用于存放线程本地变量值的哈希字典表 map
static class ThreadLocalMap {
    // 链式哈希表的链表节点定义
    static class Entry extends WeakReference<ThreadLocal<?>> {
        // 实际的值
        Object value;
        Entry(ThreadLocal<?> k, Object v) {
            super(k);
            value = v;
        }
    }
    // 链式哈希表对应的数组的初始容量为 16
    private static final int INITIAL_CAPACITY = 16;
    // 链式哈希表的数组实现
    private Entry[] table;
    // 元素个数
    private int size = 0;
    // 拓容的阀值
    private int threshold;
    // 省略其他代码
}
```

分析：可以看出与常用的字典结构 HashMap 类似，也是基于链式哈希表实现的。

（1）ThreadLocal 的值初始化。

当使用 ThreadLocal 对某个变量进行包装时，首先需要对这个变量进行初始化，不过也可以通过调用 set 方法在之后使用时再设值。ThreadLocal 变量的初始化主要是通过其 initialValue 方法来实现的，具体如下：默认实现为返回 null，该方法是 protected 方法，故可以在创建 ThreadLocal 对象时，重写这个方法来自定义初始化逻辑。

```
protected T initialValue() {
    return null;
}
```

重写 initialValue 方法来自定义初始化逻辑，初始化 Integer 类型的线程操作计数器的值为

0 的代码如下：

```
// 线程操作计数器
private static ThreadLocal<Integer> counter = new ThreadLocal<Integer>() {
    @Override
    protected Integer initialValue() {
        // 初始值为 0
        return 0;
    }
};
```

（2）ThreadLocal 的 get 方法：获取线程绑定的值。

初始化值或者调用 set 方法写值之后，在使用时一般会通过 ThreadLocal 的 get 方法来获取该 ThreadLocal 所包装的变量对应的值。

由于每个线程都是获取到与该线程绑定的值，即从该 Thread 线程对象所关联的线程本地变量集合 threadLocals 中获取，所以在 get 方法的内部实现当中，首先需要获取当前调用这个 get 方法的线程的 Thread 对象引用，具体为通过调用 Thread.currentThread() 方法来获取。然后使用当前的 ThreadLocal 对象引用作为 key，从该 Thread 线程对象的成员变量 threadLocals 中获取对应的值，具体实现如下：

```
// 获取值
public T get() {
    // 获取当前调用这个 get 方法的 Thread 线程引用
    Thread t = Thread.currentThread();
    // 每个线程 thread 都包含一个类型为 ThreadLocalMap 的 threadLocals，
    // ThreadLocalMap 用于存放这个线程所包含的所有 ThreadLocal 类的对象实例，
    // 即 ThreadLocal 对象作为 key，值为每个线程独立的业务值 value
    ThreadLocalMap map = getMap(t);
    if (map != null) {
        // 将当前的 ThreadLocal 对象引用 this 作为 key，
        // 从当前线程的 ThreadLocalMap 中获取值 value
        ThreadLocalMap.Entry e = map.getEntry(this);

        // 不为 null，成功获取并返回该值
        if (e != null) {
            @SuppressWarnings("unchecked")
            T result = (T)e.value;
            return result;
        }
    }
    // 默认返回默认值
    return setInitialValue();
}
```

（3）ThreadLocal 的 set 方法：设置线程绑定的值。

set 方法主要是往 Thread 线程对象的 threadLocals 集合中设置该 ThreadLocal 对应的值。set 方法的实现与 get 方法的实现类似，也是先拿到当前调用这个 set 方法的线程的 Thread 对象引用，然后再往该 Thread 对象引用的 threadLocals 集合中设置值。其中 key 为当前的 ThreadLocal 对象引用，值为通过方法参数传递进来的实际的值，具体实现如下：

```
// 设置值
public void set(T value) {
    // 当前调用该方法的线程
    Thread t = Thread.currentThread();
    // 获取这个线程所绑定的 ThreadLocalMap
    ThreadLocalMap map = getMap(t);
    if (map != null)
        // 将当前的 ThreadLocal 对象引用作为 key，实际的值作为 value
        map.set(this, value);
    else
        // 如果当前线程还没有填充过 ThreadLocal 类型的数据，
        // 则首先创建 threadLocals 集合，然后再写值进去
        createMap(t, value);
}
```

3.4 小结

在 Java 语言的实现当中对应到操作系统线程的实现是 Thread 类，通过创建 Thread 类的对象实例并调用其 start 方法来启动线程，然后等待操作系统的调度执行。Thread 类的线程对象实例所执行的任务，是通过创建 Runnable 接口的实现类并实现其 run 方法来定义的。

由于操作系统是基于 CPU 时间片机制来实现任务的抢占式调度的，所以线程会存在一些执行状态，如运行中、等待、阻塞等。同时由于 Thread 类创建的线程对象是基于底层操作系统线程来执行的，所以也存在相应的线程状态。为了方便对 Thread 类的线程对象的运行状态进行查看，JDK 提供了 jstack 命令来查看线程的当前运行状态，从而可以根据线程的运行状态来定位和排查线程相关的问题，如程序卡死、定时任务未执行等问题。

除此之外，多线程并发操作会存在线程安全问题。所以为了保证多线程场景中的数据一致性，Java 提供了 synchronized 关键字来实现互斥锁、volatile 关键字来实现线程之间的数据可见性和避免指令重排、final 关键字来实现数据的不可变，以及基于无状态设计，如使用局

部变量等来避免线程之间的数据共享。最后，基于空间换时间的思路，提供了线程本地变量ThreadLocal类来实现每个线程对于共享数据都有一份自己的数据拷贝，从而实现各自对自己的数据拷贝进行操作，而不会相互影响。

第二部分

进阶篇

第4章

4

Executor 线程池框架

本章主要对Java并发包的线程池实现Executor框架的用法和源码实现进行介绍，包括线程池实现ThreadPoolExecutor，异步执行结果Future，任务周期性执行ScheduledExecutorService以及ForkJoin递归任务分解与并行执行框架。

在第 3 章 Java 多线程基础的学习中，我们介绍了 Java 语言提供 Runnable 接口来实现线程执行和任务定义的分离。不过在使用的时候，还是需要在应用程序中显式定义 Thread 类对象实例并调用其 start 方法来启动线程，这样 Runnable 任务才能得到执行。除此之外，这种机制没有提供线程池机制来实现线程对象的复用，导致需要为每个 Runnable 任务都创建一个 Thread 类对象实例。

为了简化 Java 多线程的使用，在 JDK 1.5 中提供了 Executor 线程执行器框架或者说是线程池框架。通过 Executor 接口的相关实现类来定义一个线程池，然后只需要实现 Runnable 接口定义自己的任务即可，不需要再显式创建 Thread 对象和调用 start 方法来启动线程执行，取而代之的是交给 Executor 定义的线程池，在线程池内部自动调度线程来执行。

除此之外，为了实现任务的周期性执行，Executor 线程池框架的继承体系也存在周期性调度执行线程池的实现，用户可以指定任务周期性执行的频率，之后线程池会自动根据这个频率来周期性地执行这个任务。

4.1 Executor 线程池框架设计概述

在设计与实现层面，Executor 线程池框架会在内部维护一个 Thread 线程池，当有任务提交时，在内部自动调度线程池中的一个空闲线程来执行该任务。同时由于需要执行的任务的数量可能多于线程池的线程数量，所以在内部也会维护一个任务等待队列（工作队列）来存放暂时得不到执行的任务。当有空闲线程时，该线程会从该任务等待队列获取任务并执行。

由于 Executor 线程池框架是基于内部的 Thread 线程池和任务等待队列来实现任务的执行的，所以提交给 Executor 线程池框架执行的任务是异步执行。同时由于是异步执行，所以对于任务的执行结果，Executor 线程池框架可以为每次的任务提交，返回一个 Future 对象给应用程序。应用程序可以通过该 Future 对象来阻塞等待该任务的执行结果，或者在任务执行之前，通过该 Future 对象来取消任务的执行。

总的来说，Executor 线程池框架除了可以实现任务的提交和任务的执行分离，简化 Java 多线程编程的复杂度，还具有以下优点。

（1）通过线程池机制，实现线程复用，避免频繁地进行 Thread 线程对象的创建和销毁，提高了在执行大量任务时的性能，也避免了之前那种对于每个任务都需要显式创建一个 Thread 线程对象来执行的问题。

（2）通过设置内部的 Thread 线程池和任务等待队列的大小，可以根据当前系统资源情况，灵活控制系统的最大资源开销，避免创建过多线程或者在任务等待队列存放过多任务，造成系统资源的过多消耗，如内存、CPU 资源使用过度导致系统宕机。

（3）Executor 线程池框架也提供了审计功能，即提供了任务执行情况的统计功能，如当前的 Executor 线程池实例一共执行了多少个任务。

关于 Executor 线程池框架的使用方法和设计原理，接下来以自下而上的顺序详细分析，以便从设计者的角度来学习。

4.2 Executor 接口与 ExecutorService 接口

前面从宏观的角度介绍了 Executor 线程池框架所提供的功能和相关优点，不过对于没有使用过 Executor 线程池框架或者没有分析过 Executor 线程池框架的设计原理的读者来说，理解起来可能会比较吃力。所以在进一步介绍 Executor 框架的使用方法之前，先介绍一下 Executor 框架的基础类设计，这样在进行编程时，就能更好地知道每个核心方法，如最常用的 execute、submit 方法在哪里定义，有什么区别等。

在 Executor 线程池框架的底层接口设计层面，核心接口包括 Executor 和 ExecutorService，在这两个接口中定义了任务提交的相关方法，具体如下分析。

4.2.1 Executor 接口

Java 语言提倡面向接口编程，所以在这里也是从 Executor 线程池框架的最底层接口 Executor 接口说起。

Executor 接口只包含一个 execute 方法，表示提交任务给线程池执行。execute 方法的参数为 Runnable 接口的实现类，返回值为 void，具体定义如下：

```
public interface Executor {
    // 提交一个任务到线程池异步执行
    void execute(Runnable command);
}
```

具体含义为将应用程序中通过实现 Runnable 接口定义好的任务，使用 execute 方法交给 Executor 线程池框架执行即可。由于返回值为 void，故调用该方法时是不会给应用程序或者调用主线程返回执行结果。

4.2.2 ▶ ExecutorService 接口

Executor 接口只包含一个 execute 方法，这样设计是用于表明 Executor 线程池框架提供的最基础的功能是实现任务的提交和任务的执行分离语义的。

而在实际应用中，只包含这项功能是远远不够的，因为还需要考虑线程池的关闭、任务执行结果的返回等。所以进一步定义了 ExecutorService 接口，ExecutorService 继承于 Executor 接口，核心方法定义如下：

```
// 继承于 Executor 接口
public interface ExecutorService extends Executor {
    // 省略其他方法定义
    // 关闭线程池
    void shutdown();
    // 提交一个任务到线程池，实现异步执行
    // 返回一个 Future 对象，通过该 Future 对象来获取任务执行结果
    Future<?> submit(Runnable task);
    // 与以上的 submit 方法类似，只是方法参数为 Callable，
    // Callable 类的 call 方法自身可以定义返回值，类型由泛型 T 定义
    <T> Future<T> submit(Callable<T> task);
}
```

相对于 Executor 接口，ExecutorService 额外提供了以下方法。

（1）定义了 submit 方法，其中 submit 方法可以返回一个 Future 类型的对象。Future 类提供异步获取任务的执行结果的功能，故可以在应用程序中获取此次提交任务的执行结果。

（2）定义了 shutdown 方法，作用是关闭线程池，禁止应用程序继续往该线程池提交任务。弥补了 Executor 接口的 execute 方法可以被无限调用来提交大量任务，导致资源过度消耗的缺陷。

4.3 ThreadPoolExecutor 线程池

Executor 和 ExecutorService 接口定义了任务提交的相关方法，是 Executor 线程池框架的抽象定义，而 ThreadPoolExecutor 是 Executor 线程池框架的具体实现，是我们在应用程序中定义线程池时最常使用的一个类，是 Executor 线程池框架提供给应用程序使用的一个核心类。ThreadPoolExecutor 的类继承体系结构如图 4.1 所示。

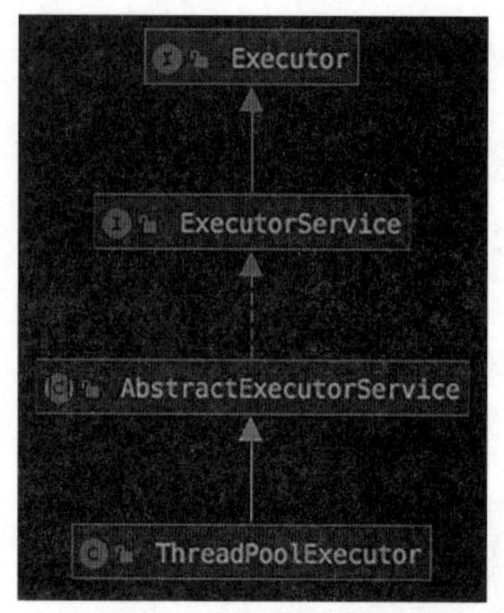

图 4.1　ThreadPoolExecutor 的类继承体系结构

在内部实现层面，ThreadPoolExecutor 维护一个 Thread 线程池和任务等待队列。当应用程序通过调用 ThreadPoolExecutor 对象实例的 execute 方法或者 submit 方法提交一个任务时，ThreadPoolExecutor 对象实例会在内部调度一个空闲的线程来执行该任务。

如果内部的线程池当前没有空闲线程，即所有线程都在执行其他任务，则将该任务放到任务等待队列中去排队等待。在之后线程池存在空闲线程时，会自动从该队列中获取任务并执行。还有一种极端情况是，既没有空闲线程，任务等待队列也没有空闲空间，则使用相应的拒绝策略来拒绝执行这个任务。

4.3.1 ▶ 用法

在使用方面，主要是需要关注 ThreadPoolExecutor 类的构造函数的相关参数的含义，因为需要通过指定这些参数的值来定制一个线程池实现。

ThreadPoolExecutor 根据需要指定的参数的数量的不同，定义了多个版本的构造函数。其中需要指定所有参数，即没有默认参数值的构造函数如下，其他版本的构造函数也是基于这个构造函数来定义的。

```
public ThreadPoolExecutor(int corePoolSize,
                          int maximumPoolSize,
                          long keepAliveTime,
                          TimeUnit unit,
                          BlockingQueue<Runnable> workQueue,
                          ThreadFactory threadFactory,
                          RejectedExecutionHandler handler) {
    // 核心线程数量 corePoolSize 需要大于 0
    if (corePoolSize < 0 ||
        maximumPoolSize <= 0 ||
        // 且最大线程数 maximumPoolSize 需要大于核心线程数 corePoolSize
```

```
        maximumPoolSize < corePoolSize ||
        keepAliveTime < 0)
        // 线程池定义不合理，抛异常退出
        throw new IllegalArgumentException();
    // 任务等待队列，线程工厂，拒绝策略均不能为空
    if (workQueue == null || threadFactory == null || handler == null)
        throw new NullPointerException();
    this.corePoolSize = corePoolSize;
    this.maximumPoolSize = maximumPoolSize;
    // 任务等待队列定义
    this.workQueue = workQueue;
    // keepAliveTime 在内部精确度为纳秒级别
    this.keepAliveTime = unit.toNanos(keepAliveTime);
    // 线程池的线程创建工厂
    this.threadFactory = threadFactory;
    // 任务拒绝控制器
    this.handler = handler;
}
```

构造函数的各参数含义如下。

（1）corePoolSize：线程池的核心大小，即任务需要排队之前的线程池的最大值，如果corePoolSize个线程全部繁忙，则新来的任务需要在任务等待队列排队等待。

（2）maximumPoolSize：线程池的最大值，即线程池最多可以创建这么多个线程。不过如果workQueue使用的是无界队列实现，则该参数无效。

（3）keepAliveTime：当keepAliveTime的值大于0时，如果线程池的线程数量超过corePoolSize个且存在空闲线程，则空闲时间超过了keepAliveTime的线程需要被销毁回收。如果值为0，则在corePoolSize范围之外的线程，只要空闲会被立即销毁回收。在默认情况下，corePoolSize范围内的线程一旦创建，即使是空闲也不会销毁回收的。

（4）workQueue：当前线程池没有空闲线程时，新提交的任务放在该任务等待队列，排队等待空闲线程来执行。

（5）threadFactory：线程池的线程创建工厂类，默认实现类为DefaultThreadFactory。通常需要在该工厂类为线程池的线程指定一个名字，这样在通过jstack命令查看线程堆栈时就可以找到该线程池的线程，方便问题的定位和排查。

（6）RejectedExecutionHandler：任务拒绝策略，是指当线程池没有空闲线程且无法继续创建线程（线程池的线程数量达到maximumPoolSize），队列也排满等待执行的任务，没有空闲空间时，新提交任务的拒绝策略。这是策略模式的一种实现，拒绝策略类型后面会具体分析。

以上构造函数需要传入所有的这些参数，ThreadPoolExecutor类还包含其他几个简化版的构造函数，这些简化版的构造函数，一般都提供了默认的线程创建工厂和默认的任务拒绝策

略，具体可以参考官方 API 文档。

ThreadPoolExecutor 的使用例子如下，定义一个线程池，该线程池只包含一个工作线程。定义一个 Runnable 任务并提交给该线程池执行，具体实现如下：

```
public class ThreadPoolExecutorDemo {
    // 实现 Runnable 接口定义一个任务
    static class PrintTask implements Runnable {
        @Override
        public void run() {
            System.out.println("I am a print task.");
        }
}
    // 主方法
    public static void main(String[] args) {
        // corePoolSize 与 maximumPoolsize 都设置为 1
        // 定义一个只包含单个线程的线程池
        // 任务等待队列使用无界阻塞队列
        ThreadPoolExecutor threadPoolExecutor = new ThreadPoolExecutor(1, 1, 0L,
                TimeUnit.MILLISECONDS,
                new LinkedBlockingQueue<Runnable>());
        // 新建一个任务并提交给线程池执行，使用 execute 方法提交，不需要执行结果
        threadPoolExecutor.execute(new PrintTask());
    }
}
```

使用方法很简单，先创建一个 ThreadPoolExecutor 类的对象实例来定义一个线程池，然后调用该对象实例的 execute 或者 submit 方法来提交任务到该线程池执行。下面具体分析内部核心组件的实现机制。

4.3.2 ▶ 工作线程池

在 ThreadPoolExecutor 的内部实现中，工作线程池主要通过集合类 HashSet 来实现的。我们知道 HashSet 不是线程安全的，这里使用 HashSet 而不会存在线程安全问题，是因为在 ThreadPoolExecutor 内部对 HashSet 集合内部的数据节点的增删，即线程节点的增删，都是需要通过一个 ReentrantLock 来加锁的。

工作线程池的定义如下：

```
// 线程池定义，Worker 为工作线程包装类
private final HashSet<Worker> workers = new HashSet<Worker>();
// 实现线程池的线程增删的线程安全的锁
private final ReentrantLock mainLock = new ReentrantLock();
```

工作线程主要是通过定义一个 Worker 包装类来实现，实现如下：

```
// 工作线程封装类，继承于 AbstractQueuedSynchronizer，即 AQS
private final class Worker
    extends AbstractQueuedSynchronizer
    implements Runnable
{
    // 构造函数，使用一个任务作为参数，该任务是触发该线程创建的任务，即第一个任务
    Worker(Runnable firstTask) {
        // 设置 state 状态为 -1，表示还没开始工作
        setState(-1);
        // 触发创建该工作线程的任务，即执行的第一个任务
        this.firstTask = firstTask;
        // 调用线程工厂创建一个工作线程 Thread
        this.thread = getThreadFactory().newThread(this);
    }
    // 实现 Runnable 接口的 run 方法，定义工作线程的工作逻辑
    public void run() {
        // 具体在 runWorker 方法定义执行任务的逻辑
        runWorker(this);
    }
        // 省略其他代码
  }
```

分析：继承于 AQS，即队列线程同步器 AbstractQueuedSynchronizer，实现了 Runnable 接口。

（1）继承 AQS 的主要目的：基于 AQS 的状态变量 state 来定义当前线程的工作状态，并且可以以线程安全的方式来对该状态进行检查和更新。具体为根据状态变量 state 是否等于 1 来判断当前 worker 线程是在处理任务还是空闲。

（2）实现 Runnable 接口的主要目：将该 worker 线程对象自身作为一个 task 放到 Worker 内部的线程对象 thread 去执行。在 run 方法中定义该工作线程的工作逻辑，具体为调用 runWorker(this) 方法，在 runWorker 方法的实现中，从任务等待队列获取任务并执行。

4.3.3 ▶ 任务的提交

在使用层面，可以根据是否需要获取任务的执行结果来选择调用 execute 或 submit 来提交任务，即如果不需要任务执行结果，则调用 execute 方法，execute 方法的返回值为 void，没有返回值；如果需要获取任务执行结果，则可以使用 submit 方法来提交任务，这样可以获取一个 Future 对象返回值，通过该对象来跟踪这个任务的执行和获取执行结果。

在内部实现层面，任务的提交主要是基于 ThreadPoolExecutor 的 execute 方法实现的。submit 方法也是调用了 execute 来提交任务到线程池。

1. 任务提交 execute 方法定义

execute 方法的定义如下：

```
// Runnable 任务作为方法参数
public void execute(Runnable command) {
    if (command == null)
        throw new NullPointerException();
    // 获取当前线程池的工作线程数量
    int c = ctl.get();
    // 第一步，如果线程池的工作线程数量小于 corePoolSize，说明线程池未满，
    // 则新建一个工作线程来处理 task，然后直接返回
    if (workerCountOf(c) < corePoolSize) {
        if (addWorker(command, true))
            return;
        c = ctl.get();
    }
    // 第二步，以上逻辑未直接返回，
    // 则工作线程数量达到了 corePoolSize，此时需要将任务放入等待队列
    // isRunning 通过判断状态是否是 SHUTDOWN 来决定是否可以继续提交任务到线程池：
    // 1. 否则说明还在运行，即还没调用 shutdown 方法
    // 2. 是则说明调用了 shutdown 或者 shutdownNow
    // 3. 如果是否，则调用 workQueue 的 offer 方法，以非阻塞添加到等待队列，
    // 即成功则返回 true，失败则返回 false
    if (isRunning(c) && workQueue.offer(command)) {
        int recheck = ctl.get();
        if (! isRunning(recheck) && remove(command))
            // 根据任务拒绝策略，拒绝该任务的执行，默认为 AbortPolicy，即抛异常
            reject(command);
        else if (workerCountOf(recheck) == 0)
            addWorker(null, false);
    }
    // 第三步，以上逻辑 isRunning(c) && workQueue.offer(command) 如果返回 false，
    // 则说明添加任务到任务队列失败，等待队列 workQueue 也满了，此时需要结合
    // maximumPoolSize 来判断是否可以继续创建新的线程
    // 调用 addWorker 方法，
    // 第二个参数 core 为 false，
    // 表示使用 maximumPoolSize 而不是 corePoolSize 作为线程池边界
    // 如果当前工作线程的数量小于 maximumPoolSize 则可以继续创建工作线程
    // 否则直接拒绝
    else if (!addWorker(command, false))
        // 拒绝
        reject(command);
}
```

在 execute 方法中，完成了 Executor 框架设计中对 corePoolSize、任务等待队列，maximumPoolSize、拒绝策略相关语义的实现。即对一个新任务的提交，按照以下顺利处理。

（1）当线程池线程数量少于 corePoolSize 时，则创建一个新的线程来执行这个任务，此时不管当前线程池是否存在空闲线程。

（2）当线程池线程数量达到 corePoolSize 时，则将该任务放到任务等待队列 workQueue 中。这样当线程池中之后存在空闲线程时，空闲线程会从这个队列取出任务并处理。

（3）当任务等待队列 workQueue 也满了时，如果线程池当前的工作线程数量少于 maximumPoolSize 个，则可以继续创建新的线程来执行这个任务。

如果工作线程数量超过了 maximumPoolSize，则此时说明提交了太多任务，线程数量也已经达到极限，无法再创建新线程来处理新提交的任务了，则调用 reject 方法，根据具体的任务拒绝策略处理这个任务。任务拒绝策略默认为抛异常实现 AbortPolicy，即在 execute 方法抛异常，所以如果可能存在这种情况，则一般需要在应用代码中捕获该异常，关于任务拒绝策略的更多实现在后面详细分析。

2. addWorker 方法定义：工作线程的创建

由以上代码分析可知，在任务提交时，如果没有空闲线程，则会调用 addWorker 方法来创建新的工作线程。addWorker 方法的具体实现如下：

```
// 第二个参数就是以上介绍的是否是使用 corePoolSize 参数来检查，
// false 表示使用 maximumPoolSize
private boolean addWorker(Runnable firstTask, boolean core) {
    retry:
    // 自旋检查当前的 worker 线程数量，如果可以创建新线程，则递增该数量
    for (;;) {
        int c = ctl.get();
        int rs = runStateOf(c);
        // 第一步，检查线程池状态 rs，如果大于等于 SHUTDOWN，
        // 则说明被 shutdown 或者 shutdownNow 了，不能进行添加任务
        // 此时直接返回 false，提交任务失败
        if (rs >= SHUTDOWN &&
            ! (rs == SHUTDOWN &&
               firstTask == null &&
               ! workQueue.isEmpty()))
            // 直接返回 false，提交任务失败
            return false;
        // 第二步，自旋，通过 CAS 递增线程数量
        for (;;) {
            int wc = workerCountOf(c);
            // 将线程池的线程数量与 corePoolSize 或者 maximumPoolSize 对比，
```

```
            // 判断是否可以新建 worker 线程了，其中最大线程数量不能超过 CAPACITY
            // CAPACITY 对应二进制为：(1 << 29) -1，即 536870899
            if (wc >= CAPACITY ||
                wc >= (core ? corePoolSize : maximumPoolSize))
                return false;
            // 可以创建新线程，则基于 CAS 机制递增当前线程数量
            if (compareAndIncrementWorkerCount(c))
                break retry;
            c = ctl.get();
            if (runStateOf(c) != rs)
                continue retry;
            }
    }
    // 第三步，以上递增线程数量成功，即没有直接返回，则可以创建新的工作线程
    boolean workerStarted = false;
    boolean workerAdded = false;
    Worker w = null;
    // 创建 worker 线程
    try {
    // 创建 Worker 线程包装类对象实例 w，
        // 会在内部通过线程工厂创建一个 Thread 线程对象实例来绑定到该 w 对象
        w = new Worker(firstTask);
        // 获取 Worker 对象实例所绑定的线程实例并放到线程池中
        final Thread t = w.thread;
        if (t != null) {
       // 加锁，保证对 HashSet 填充数据的线程安全
            final ReentrantLock mainLock = this.mainLock;
            mainLock.lock();
            try {
                int rs = runStateOf(ctl.get());
                if (rs < SHUTDOWN ||
                    (rs == SHUTDOWN && firstTask == null)) {
                    if (t.isAlive())
                        throw new IllegalThreadStateException();
                    // 将该新创建的工作线程实例 w 添加到线程池 workers 中
                    workers.add(w);
                    int s = workers.size();
                    if (s > largestPoolSize)
                        largestPoolSize = s;
                    workerAdded = true;
                }
            } finally {
                // 解锁
                mainLock.unlock();
            }
```

```
                // 成功将工作线程添加到线程池
                if (workerAdded) {
                    // 调用 Thread 线程对象的 start 方法，开始这个工作线程的执行
                    t.start();
                    workerStarted = true;
                }
            }
        } finally {
            if (! workerStarted)
                addWorkerFailed(w);
        }
        return workerStarted;
}
```

首先，在第一个自旋中通过比较当前线程池线程数量和 corePoolSize 与 maximumPoolSize 来确定是否可以继续创建线程。

其次，如果可以，则创建 Worker 工作线程包装类对象实例，并在使用 mainLock 加锁的情况下，将该工作线程添加到线程池 workers 中。

最后，调用该工作线程内部的线程 thread 的 start 的方法，开始这个工作线程的执行。

4.3.4 ▶ 任务的执行

工作线程 Worker 主要是在 run 方法中调用 runWorker 方法来定义工作线程的具体工作逻辑，即执行创建该工作线程时提交的第一个任务和从任务等待队列 workQueue 获取其他等待执行的任务并执行。

任务执行对应的 runWorker 方法，主要是在 while 循环中调用 getTask 方法从任务等待队列获取任务。其中 getTask 为阻塞执行的，即如果等待队列没有任务，则阻塞等待。核心源码实现如下：

```
// 工作线程执行任务逻辑定义
final void runWorker(Worker w) {
    // 获取当前执行的线程
    Thread wt = Thread.currentThread();
    // 初始化任务，工作线程是延迟创建的，所以这个是触发创建工作线程的第一个任务
    Runnable task = w.firstTask;
    w.firstTask = null;
    w.unlock();
    boolean completedAbruptly = true;
    try {
        // 在 while 循环中，不断从任务等待队列获取任务，getTask 方法的核心实现为：
        // (1) 当线程池的工作线程数量少于或等于 corePoolSize 时，阻塞获取，
```

```
    //      故无限阻塞在 while 这里，该工作线程不会被回收；
    // (2) 如果大于 corePoolSize，则阻塞指定时间，具体为 keepAliveTime 参数定义的
    //     时间，等待获取任务，如果超时还没有任务，则退出 while，执行到 finally，
    //      此时该工作线程会被回收；
    while (task != null || (task = getTask()) != null) {
        // 运行任务时，需要先加锁，加锁状态表示当前工作线程正在运行，
        // 否则是空闲状态
        w.lock();
        // 状态为 STOP，表示调用过了 shutdownNow，中断终止当前工作线程
        if ((runStateAtLeast(ctl.get(), STOP) ||
             (Thread.interrupted() &&
              runStateAtLeast(ctl.get(), STOP))) &&
            !wt.isInterrupted())
            // 中断 worker 线程，尝试停止当前正在执行的任务
            wt.interrupt();
        try {
            beforeExecute(wt, task);
            Throwable thrown = null;
            try {
                // 调用任务 task 的 run 方法来执行该任务
                task.run();
            } catch (RuntimeException x) {
                thrown = x; throw x;
            } catch (Error x) {
                thrown = x; throw x;
            } catch (Throwable x) {
                thrown = x; throw new Error(x);
            } finally {
                afterExecute(task, thrown);
            }
        } finally {
            task = null;
            w.completedTasks++;
            // 释放锁，回归空闲状态
            // 即将 Worker 类从 AQS 继承而来的 state 修改为 0
            w.unlock();
        }
    }
    completedAbruptly = false;
  } finally {
    // 处理不在 corePoolSize 范围的工作线程，空闲的时候需要关闭
    processWorkerExit(w, completedAbruptly);
  }
}
```

由以上逻辑分析可知，runWorker 方法主要是在 while 循环中调用 getTask 方法从任务等待队列获取任务并执行，如果当前队列不存在任务，则阻塞等待；否则取出该任务，调用其 run 方法，从而完成任务的业务逻辑的执行。

在 getTask 方法中，实现从任务等待队列 workQueue 阻塞等待获取任务。同时这里也是实现了不在 corePoolSize 范围内的线程的超时清理回收机制的核心。

getTask 方法的具体实现如下所示：

```
private Runnable getTask() {
    // 判断是否超时
    boolean timedOut = false;
    // 自旋
    for (;;) {
        int c = ctl.get();
        int rs = runStateOf(c);
        // 状态为 SHUTDOWN，说明调用过了 shutdown 方法，此时不再接受新提交的任务
        // 状态为 STOP，说明调用过了 shutdownNow，或者如果任务队列为空，
        // 此时不再从队列取任务来执行了
        if (rs >= SHUTDOWN && (rs >= STOP || workQueue.isEmpty())) {
            decrementWorkerCount();
            return null;
        }
        int wc = workerCountOf(c);

        // 判断是否需要回收 corePoolSize 范围内的线程，
        // 以及线程池的线程数量是否大于 corePoolSize
        // 如果以上任何一个成立，则需要基于 keepAliveTime 来淘汰多余的空闲线程
        boolean timed = allowCoreThreadTimeOut || wc > corePoolSize;
        if ((wc > maximumPoolSize || (timed && timedOut))
            && (wc > 1 || workQueue.isEmpty())) {
            if (compareAndDecrementWorkerCount(c))
                return null;
            continue;
        }
        try {
            //（1）如果 timed 为 true，说明线程池的线程数量大于 corePoolSize
            //   或者在 corePoolSize 范围的空闲线程也可以被回收，
            //   则使用 poll 阻塞指定时间 keepAliveTime，从任务队列取任务，超时返回；

            //（2）否则使用 take 无限阻塞从任务队列取任务，
            // 因为此时线程池的线程数量还没达到 corePoolSize，
            // 新来的任务是新建工作线程来处理的，
            // 已经存在的工作线程只需阻塞在这里等待线程池的线程数量达到corePoolSize时，
            // 需要开始往队列填充任务，此时这些正在等待的线程可以继续执行。
```

```
            Runnable r = timed ?
                workQueue.poll(keepAliveTime, TimeUnit.NANOSECONDS) :
                workQueue.take();
            if (r != null)
                return r;
            timedOut = true;
        } catch (InterruptedException retry) {
            timedOut = false;
        }
    }
}
```

如果线程池当前工作线程的数量超过了 corePoolSize，则调用 workQueue.poll (keepAliveTime, TimeUnit.NANOSECONDS) 方法，即阻塞 keepAliveTime 时间，如果时间超时后还是没有任务，则返回 null。此时在 runWorker 方法中获取到 getTask 方法的返回值 null，退出 while 循环，进入 finally 代码块，调用 processWorkerExit 方法来关闭这个空闲的工作线程。否则调用工作队列的 take 方法，无限阻塞等待任务队列有任务过来，线程自身不会被销毁回收。

4.3.5 ▶ 任务的执行结果

如果需要获取任务的执行结果，则需要通过 ThreadPoolExecutor 的 submit 方法来提交任务。submit 方法会返回一个 Future 接口的实现类对象，具体为 FutureTask。submit 方法在 ThreadPoolExecutor 的基类，即抽象类 AbstractExecutorService 中定义，如下所示：

```
public Future<?> submit(Runnable task) {
    if (task == null) throw new NullPointerException();
    // 将应用代码中的任务 task 包装成一个 FutureTask，然后交给线程池执行
    // 线程池调度一个线程来调用 FutureTask 的 run 方法，
    // 在 FutureTask 的 run 方法中调用 task 的 run 方法，完成任务的执行
    RunnableFuture<Void> ftask = newTaskFor(task, null);
    // 提交给线程池执行
    execute(ftask);

    // 返回这个包装了 task 的 FutureTask 给应用代码
    // 在应用代码中可以通过 get 来获取执行结果，或者调用 cancel 方法来取消任务的执行
    return ftask;
}
protected <T> RunnableFuture<T>    newTaskFor(Runnable runnable, T value) {
    return new FutureTask<T>(runnable, value);
}
```

分析：将任务 task 包装成了 FutureTask 对象实例，然后通过 execute 方法提交到线程池，最后返回这个 FutureTask 对象实例给应用代码。关于 Future 和 FutureTask 的设计，如何通过 get 获取执行结果，通过 cannel 取消任务执行的实现原理，在后面会详细分析。

4.3.6 ▶ 任务拒绝策略

当线程池无法继续创建新的工作线程（此时线程池的线程数量达到了 maximumPoolSize）并且任务等待队列都满了，没有空闲空间时，对于新提交的任务需要通过调用 reject 方法来使用对应的拒绝策略来处理。

ThreadPoolExecutor 提供了以下四种任务拒绝策略。

（1）抛 Abort 异常：AbortPolicy；

（2）在主线程中直接执行该任务：CallerRunsPolicy；

（3）默默丢弃不做任务操作：DiscardPolicy；

（4）从任务等待队列移除等待最久的任务：DiscardOldestPolicy，即移除任务等待队列的队列头的任务。

默认任务拒绝策略是抛 Abort 异常 AbortPolicy。以上这四种策略的源码实现如下：

```
// 抛异常策略
public static class AbortPolicy implements RejectedExecutionHandler {
    public void rejectedExecution(Runnable r, ThreadPoolExecutor e) {
        // 调用 throw 抛 RejectedExecutionException 异常
        throw new RejectedExecutionException("Task " + r.toString() +
                                             " rejected from " +
                                             e.toString());
    }
}
// 在主线程执行任务策略
public static class CallerRunsPolicy implements RejectedExecutionHandler {
    public void rejectedExecution(Runnable r, ThreadPoolExecutor e) {
        if (!e.isShutdown()) {
            // 在主线程调用 task 的 run 方法，执行该任务
            r.run();
        }
    }
}
// 默默丢弃策略
public static class DiscardPolicy implements RejectedExecutionHandler {
    public void rejectedExecution(Runnable r, ThreadPoolExecutor e) {
    // 方法为空，什么都不做
    }
}
```

```
// 剔除等待最久的任务来腾出空间策略
public static class DiscardOldestPolicy implements RejectedExecutionHandler {
    public void rejectedExecution(Runnable r, ThreadPoolExecutor e) {
        if (!e.isShutdown()) {
            // 从线程池的任务等待队列的头部删除一个任务
            e.getQueue().poll();
            // 添加该新任务到队列尾部
            e.execute(r);
        }
    }
}
```

4.3.7 ▶ 线程池的关闭

线程池的关闭主要包括平滑关闭和暴力关闭两种，对应的方法分别为 shutdown 和 shutdownNow。在这两个方法的内部主要是通过 runState 状态变量来做控制的，具体分析如下。

1. shutdown 方法：平滑关闭

平滑关闭，停止新任务的提交，但是会等待正在排队的任务和正在执行的任务都执行完成。源码实现如下：

```
public void shutdown() {
    final ReentrantLock mainLock = this.mainLock;
    // 加锁
    mainLock.lock();
    try {
        checkShutdownAccess();
        // 设置 runState 的值为 SHUTDOWN,
        // 表示不能新添加任务了，不过之前添加和正在运行的任务可以运行完
        advanceRunState(SHUTDOWN);
        // 中断空闲的工作线程
        interruptIdleWorkers();
        onShutdown();
    } finally {
        mainLock.unlock();
    }
    tryTerminate();
}
```

将 runState 设置为 SHUTDOWN，从而可以和其他方法进行协作，如处理新提交任务的 execute 方法会检查 runState 的状态，如果发现是 SHUTDOWN 则不会再接收这个新任务。同时会中断空闲线程。

2. shutdownNow：暴力关闭

暴力关闭，停止新任务的提交，中断正在执行任务的线程，停止排队任务的执行和尝试停止正在执行的任务。源码实现如下：

```
public List<Runnable> shutdownNow() {
    List<Runnable> tasks;
    final ReentrantLock mainLock = this.mainLock;
    // 加锁
    mainLock.lock();
    try {
        checkShutdownAccess();
        // STOP 表示不能添加新任务，同时之前添加的任务也不再安排执行，
        // 还有就是需要中断正在执行任务的线程
        advanceRunState(STOP);

        // 中断线程池的所有线程，不管是空闲还是正在执行任务的线程
        interruptWorkers();
        tasks = drainQueue();
    } finally {
        mainLock.unlock();
    }
    tryTerminate();
    return tasks;
}
```

与 shutdown 方法只是先停止新任务的提交，但是会等待所有已成功提交的任务都执行完不同的是，shutdownNow 方法会中断所有的工作线程，包括正在执行任务的线程，所以会导致已成功提交的任务也无法执行完成。

4.4 Future 任务的异步结果

Executor 线程池框架由于是通过内部的线程池的线程来调度执行提交的任务，故任务是异步执行的。如果是不需要执行结果的任务，则在主线程直接返回即可。而有些任务是需要获取执行结果。例如，该任务是计算任务需要获取计算结果，故在 Executor 派生接口 ExecutorService 接口中定义了带返回结果的提交方法 submit，方法返回值为 Future 接口的实现类对象。

Future 接口的核心方法定义包括以下三种。

（1）异步获取任务执行结果的方法：get；

（2）取消任务执行的方法：cancel；

（3）获取任务执行状态的方法：isCancelled 和 isDone。

示例如下：

```
public interface Future<V> {
    // 取消任务的执行
    // 方法参数 mayInterruptIfRunning 用于控制如果任务正在执行，
    // 是否中断对应的执行线程来取消该任务
    // 如果成功取消 1，则 isCancelled 和 isDoned 都返回 true。
    boolean cancel(boolean mayInterruptIfRunning);
    // 任务是否取消
    boolean isCancelled();
    // 正常执行，被取消，异常退出都返回 true
    boolean isDone();
    // 阻塞等待获取结果，可能抛出的异常：
    // CancellationException：任务被取消
    // ExecutionException：任务执行异常
    // InterruptedException：该等待结果线程被中断
    V get() throws InterruptedException, ExecutionException;
    // 阻塞等待获取结果，支持超时机制，除了以上异常还包括超时异常 TimeoutException
    V get(long timeout, TimeUnit unit)
        throws InterruptedException, ExecutionException, TimeoutException;
}
```

4.4.1 ▶ 任务的执行结果 FutureTask

Future 接口的主要实现类为 FutureTask，FutureTask 类直接实现了 RunnableFuture 接口，通过 RunnableFuture 接口间接实现了 Runnable 和 Future 接口。故 FutureTask 的对象实例可以作为 Runnable 任务提交到 Executor 内部的线程池中去执行，然后通过自身来获取任务执行结果或者取消任务执行。代码如下：

```
// 实现了 RunnableFuture 接口
public class FutureTask<V> implements RunnableFuture<V> {
    ...
}
// 继承了 Runnable 接口和 Future 接口
public interface RunnableFuture<V> extends Runnable, Future<V> {
    void run();
}
```

FutureTask 对象实例是被 ThreadPoolExecutor 内部的线程池的某个工作线程和阻塞等待获取结果的应用主线程所共享，故 ThreadPoolExecutor 内部线程池的工作线程在执行完这个任务后，可以通过 FutureTask 对象实例来通知和唤醒调用了 get 方法阻塞等待执行结果的应用主线程。同时应用主线程也可以取消该任务的执行，然后通过该 FutureTask 对象实例来通知工作线程。

在具体实现层面，线程池的工作线程和应用主线程之间是通过状态变量 state 来互相通知对方当前任务的执行状态。具体为工作线程在执行任务后，通过设置 state 为 NORMAL 表示成功执行，为 EXCEPTIONAL 表示执行异常。state 状态枚举定义如下：

```
// 状态转换过程
/*
 * NEW -> COMPLETING -> NORMAL
 * NEW -> COMPLETING -> EXCEPTIONAL
 * NEW -> CANCELLED
 * NEW -> INTERRUPTING -> INTERRUPTED
 */
private volatile int state;
// 新增的任务
private static final int NEW          = 0;
// 任务正在执行
private static final int COMPLETING   = 1;
// 任务是正常执行结束
private static final int NORMAL       = 2;
// 任务不是正常执行结束
private static final int EXCEPTIONAL  = 3;
private static final int CANCELLED    = 4;
private static final int INTERRUPTING = 5;
private static final int INTERRUPTED  = 6;
```

4.4.2 ▶ 任务的提交与返回执行结果

在应用主线程中调用 submit 方法提交任务到 Executor 线程池框架内部的线程池，并调用异步结果封装类 FutureTask 的 get 方法阻塞获取任务执行结果。

在 Executor 线程池框架的内部实现中，创建或者调度线程池的一个空闲工作线程来执行该任务，在任务执行完成之后工作线程通知应用主线程。此时应用主线程从 FutureTask 对象实例的 get 方法返回，获取到任务的执行结果。如果应用主线程希望取消该任务的执行，则可以调用 FutureTask 对象实例的 cancel 方法。

1. 提交任务到 Executor 线程池

ThreadPoolExecutor 继承于抽象类 AbstractExecutorService，在应用代码中调用 ThreadPoolExecutor 的对象实例的 submit 方法提交任务，对应 AbstractExecutorService 的 submit 方法实现如下：

```
protected <T> RunnableFuture<T> newTaskFor(Callable<T> callable) {
    return new FutureTask<T>(callable);
}
public Future<?> submit(Runnable task) {
    if (task == null) throw new NullPointerException();
    // 将应用代码中的任务 task 包装成一个 FutureTask，然后调用 execute 方法交给线程池
    // 执行线程池调度一个线程来调用 FutureTask 的 run 方法，
    // 在 FutureTask 的 run 方法中调用 task 的 run 方法，从而完成任务逻辑的执行
    RunnableFuture<Void> ftask = newTaskFor(task, null);
    // 异步提交直接返回
    execute(ftask);
    // 返回这个包装了 task 的 FutureTask 给主线程
    // 在应用代码中可以通过调用 get 方法来阻塞获取任务执行结果
    return ftask;
}
```

创建一个 FutureTask 对象来包装应用定义的 Runnable 接口实现类 task，调用 execute 方法将该对象交给内部的线程池去执行，最后返回该 FutureTask 对象引用给应用主线程。

2. 应用主线程调用 get 等待执行结果

在 FutureTask 中的 get 方法实现如下：

```
// 阻塞版本的 get
public V get() throws InterruptedException, ExecutionException {
    int s = state;
    // 状态还是处于未完成，即 NEW 或者 COMPLETING
    if (s <= COMPLETING)
        // 线程休眠，等待执行结果
        s = awaitDone(false, 0L);
    // 休眠返回了，调用 report 获取任务的执行结果
    return report(s);
}
```

分析：任务状态 state 小于等于 COMPLETING 表示任务还没开始执行或者正在执行，则应用主线程调用 awaitDone 阻塞休眠，等待 Executor 的工作线程执行任务并通知唤醒该应用主线程。awaitDone 的方法实现如下：

```
private int awaitDone(boolean timed, long nanos)
    throws InterruptedException {
    final long deadline = timed ? System.nanoTime() + nanos : 0L;
    // 线程等待节点
    WaitNode q = null;
    boolean queued = false;
    // 自旋，休眠等待结果
    for (;;) {
        // 如果等待线程自身被中断了，则移除自身对应的等待节点
        if (Thread.interrupted()) {
            removeWaiter(q);
            throw new InterruptedException();
        }
        int s = state;
        // 任务执行完成，可能成功或者失败
        // 在 set 方法中，将状态从 COMPLETING 变成了 NORMAL，
        // 并调用 finishCompletion 唤醒等待线程集合的所有线程，
        // NORMAL 大于 COMPLETING，故可以返回了。
        // 另外其他不是正常执行而结束的情况，
        // 如 CANCELED, INTERRUPTED, EXCEPTIONAL 等也是在这里返回
        if (s > COMPLETING) {
            if (q != null)
                q.thread = null;
            return s;
        }

        // 任务正在执行
        else if (s == COMPLETING)

            // 调用 Thread.yield 方法，让出 CPU，
            // 但是马上又去竞争，从而可以继续检查任务是否完成
            Thread.yield();
        else if (q == null)
            // 下一轮自旋到下一个 else if (!queued)，然后入队 waiters
            q = new WaitNode();
        else if (!queued)
            // 入队等待执行结果
            queued = UNSAFE.compareAndSwapObject(this, waitersOffset,
                                                 q.next = waiters, q);
        else if (timed) {
            // 超时退出
            nanos = deadline - System.nanoTime();
            if (nanos <= 0L) {
                removeWaiter(q);
                return state;
```

```
            }
            LockSupport.parkNanos(this, nanos);
        }
        else
            // 被 finishCompletion 唤醒，自旋回到 for 循环重新往下执行
            LockSupport.park(this);
    }
}
```

在 FutureTask 内部维护了一个单向链表 waiters，用于存放当前等待该任务执行结果的线程，在任务执行完成时，遍历该链表，唤醒每个等待线程。如下所示：

```
private volatile WaitNode waiters;
static final class WaitNode {
    // 单向链表节点定义
    volatile Thread thread;
    volatile WaitNode next;
    // thread 为调用 get 方法的线程，通常为主线程
    WaitNode() { thread = Thread.currentThread(); }
}
```

3. 工作线程执行任务

工作线程执行该任务时，会调用该任务的 run 方法，即 FutureTask 的 run 方法。FutureTask 的 run 方法定义如下：

```
public void run() {
    // 赋值 runner，指向线程池中当前执行这个 task 的线程
    if (state != NEW ||
        !UNSAFE.compareAndSwapObject(this, runnerOffset,
                                     null, Thread.currentThread()))
        return;
    try {
        Callable<V> c = callable;
        if (c != null && state == NEW) {
            V result;
            boolean ran;
            try {
                // 应用代码的 task 的 run 方法执行
                result = c.call();
                ran = true;
            } catch (Throwable ex) {
                result = null;
                ran = false;
```

```
                setException(ex);
            }
            // 执行成功设置结果 result，并通知 get 方法
            if (ran)
                set(result);
        }
    } finally {
        runner = null;
        int s = state;
        // 被中断了
        if (s >= INTERRUPTING)
            handlePossibleCancellationInterrupt(s);
    }
}
```

分析：首先检查任务状态 state 是否为 NEW，如果是，即还没执行过也没有被取消，则往下执行。执行完成之后，产生执行结果 result，调用 set 方法来处理这个结果。

set 方法的定义如下：将任务的执行结果赋值给 FutureTask 的成员变量 outcome，更新任务执行状态 state 为 NORMAL，最后调用 finishCompletion 通知所有等待这个任务执行结果的线程。如下所示：

```
protected void set(V v) {
    // 基于 CAS 机制来修改状态，从 NEW 修改为 COMPLETING
    if (UNSAFE.compareAndSwapInt(this, stateOffset, NEW, COMPLETING)) {
    // 执行结果赋值
        outcome = v;
        UNSAFE.putOrderedInt(this, stateOffset, NORMAL);
        // 唤醒调用 get 方法等待结果的线程
        finishCompletion();
    }
}
```

finishCompletion 的实现如下，遍历存放任务等待线程的链表，使用 LockSupport.unpart 唤醒对应的线程，然后将该等待线程从链表中移除。

```
private void finishCompletion() {
    // assert state > COMPLETING;
    // waiters 为调用了 get 方法的线程集合，通常为主线程
    // 遍历 waiters 列表
    for (WaitNode q; (q = waiters) != null;) {
        if (UNSAFE.compareAndSwapObject(this, waitersOffset, q, null)) {
            for (;;) {
                Thread t = q.thread;
```

```
                if (t != null) {
                    q.thread = null;
                    // 唤醒等待线程，即调用了 get 方法的线程
                    LockSupport.unpark(t);
                }
                // 移出这个被唤醒的线程节点
                WaitNode next = q.next;
                if (next == null)
                    break;
                q.next = null;
                q = next;
            }
            break;
        }
    }
    // 执行完成
    done();
    callable = null;
}
```

最后回到 FutureTask 的 get 方法。应用主线程从 awaitDone 阻塞返回后，通过 report 方法来检测执行状态并返回任务执行结果。具体如下：

```
public V get() throws InterruptedException, ExecutionException {
    int s = state;
    if (s <= COMPLETING)
        // 休眠等待执行结果
        s = awaitDone(false, 0L);
    // 休眠返回了，调用 report 获取结果
    return report(s);
}
private V report(int s) throws ExecutionException {
    // outcome 为任务的执行结果
    Object x = outcome;
    // 正常执行完成
    if (s == NORMAL)
        return (V)x;
    // 任务执行出现了异常，不是正常完成，则抛异常
    if (s >= CANCELLED)
        throw new CancellationException();
    throw new ExecutionException((Throwable)x);
}
```

4. 应用主线程取消任务

在应用主线程中，可以通过调用 FutureTask 的 cancel 方法在该任务执行之前，取消该任务的执行。

cancel 方法主要是更新任务的状态 state 为 INTERRUPTING 或者 CANCELLED，然后根据 mayInterruptIfRunning 来决定已经在执行的任务，是否中断对应的工作线程来中止该任务的执行。

最后调用 finishCompletion 方法来唤醒等待这个任务执行结果的线程，避免该任务被取消后，这些线程还在阻塞等待结果。具体定义如下：

```
public boolean cancel(boolean mayInterruptIfRunning) {
    // 只能取消还没被执行的 task，即 state 为 NEW 表示还没执行
    if (!(state == NEW &&
          UNSAFE.compareAndSwapInt(this, stateOffset, NEW,
              mayInterruptIfRunning ? INTERRUPTING : CANCELLED)))
        return false;
    try {
        // 如果执行完上面检查，执行到这里，
        // 刚好线程池分配了一个工作线程来执行这个任务，
        // 则根据 mayInterruptIfRunning 来判断在运行时，是否可以中断该执行线程
        if (mayInterruptIfRunning) {
            try {
                Thread t = runner;
                // 中断当前的执行线程，这样线程池在之后会补回来一个执行线程
                if (t != null)
                    t.interrupt();
            } finally {
                UNSAFE.putOrderedInt(this, stateOffset, INTERRUPTED);
            }
        }
    } finally {
        // 唤醒调用了 get 方法等待获取该任务的结果的线程，
        // 避免该任务被取消了，这些线程还在等待。
        finishCompletion();
    }
    return true;
}
```

对应到工作线程执行这个任务，在调用 FutureTask 的 run 方法时，先检查任务的状态 state，如果发现不是 NEW，即可能是 CANCELLED、INTERRUPTING 等，则直接返回，退出该任务的执行，从而与以上的 cancel 方法配合完成任务的取消。具体实现如下：

```
public void run() {
    // 检查任务状态 state，如果不是 NEW，则直接返回，
    // 因为此时该任务可能处于以下几种状态之一：正在被其他线程执行、已经被取消、执行出现
       异常或者已经正常执行完成
    if (state != NEW || !UNSAFE.compareAndSwapObject(this, runnerOffset,
                                        null, Thread.currentThread()))
        return;
    }
    // 省略其他代码
}
```

4.5 ScheduledExecutorService 任务周期性执行

在 JDK 1.5 之前，对于任务的定时或周期性执行，一般是使用 java.util 包提供的 Timer 类来实现。不过 Timer 类存在以下一些缺陷。

（1）Timer 内部只有一个线程，所有任务都在这个线程执行，所以会相互影响。即如果有两个不同的任务，第一个任务执行太久则会导致第二个任务等待太久。

（2）在执行过程中，如果有一个任务发生异常则会导致线程退出，所有的任务都停止执行。

（3）Timer 类依赖系统时间来执行，故如果系统时间发生变化，则任务的执行也会发生改变。

针对以上缺陷，JDK 1.5 基于 Executor 线程池框架定义了周期性任务执行线程池框架 ScheduledExecutorService。ScheduledExecutorService 接口的具体实现类为 ScheduledThreadPoolExecutor，ScheduledThreadPoolExecutor 周期线程池解决了 Timer 的以上缺陷，即可以定义包含多个线程的线程池来同时执行多个任务，从而提高了并发性能。同时某个任务的异常不影响其他任务的执行，执行周期性任务依赖于时间间隔而不是系统时间。

4.5.1 ▶ 用法

ScheduledExecutorService 继承于 ExecutorService，主要提供任务的延迟和周期性执行功能。在方法方面，主要提供了 schedule、scheduleAtFixedRate、scheduleWithFixedDelay 三个方法，分别用于延迟执行任务，以特定频率周期性执行任务，以特定延迟周期性执行任务，方法定义如下：

```
public interface ScheduledExecutorService extends ExecutorService {
    // 延迟 delay 时间执行
```

```
    public ScheduledFuture<?> schedule(Runnable command,
                                       long delay, TimeUnit unit);
    public <V> ScheduledFuture<V> schedule(Callable<V> callable,
                                           long delay, TimeUnit unit);
    // 固定频率周期性执行
    public ScheduledFuture<?> scheduleAtFixedRate(Runnable command,
                                                  long initialDelay,
                                                  long period,
                                                  TimeUnit unit);
    // 固定延迟周期性执行
    public ScheduledFuture<?> scheduleWithFixedDelay(Runnable command,
                                                     long initialDelay,
                                                     long delay,
                                                     TimeUnit unit);
}
```

在使用时，除需要关注以上三个方法外，还需要关注 ScheduledThreadPoolExecutor 的构造函数。在创建 ScheduledThreadPoolExecutor 对象实例时，通常可以指定线程池大小 corePoolSize，不过 maximumPoolSize 使用默认的 Integer.MAX_VALUE，keepAliveTime 默认为 0，具体实现如下：

```
// 指定 corePoolSize
public ScheduledThreadPoolExecutor(int corePoolSize) {
    super(corePoolSize, Integer.MAX_VALUE, 0, NANOSECONDS,
          new DelayedWorkQueue());
}
// 指定 corePoolSize 和线程创建工厂
public ScheduledThreadPoolExecutor(int corePoolSize,
                                   ThreadFactory threadFactory) {
    super(corePoolSize, Integer.MAX_VALUE, 0, NANOSECONDS,
          new DelayedWorkQueue(), threadFactory);
}
// 指定 corePoolSize 和任务拒绝策略实现
public ScheduledThreadPoolExecutor(int corePoolSize,
                                   RejectedExecutionHandler handler) {
    super(corePoolSize, Integer.MAX_VALUE, 0, NANOSECONDS,
          new DelayedWorkQueue(), handler);
}
// 指定 corePoolSize，线程创建工厂和任务拒绝策略实现
public ScheduledThreadPoolExecutor(int corePoolSize,
                                   ThreadFactory threadFactory,
                                   RejectedExecutionHandler handler) {
    super(corePoolSize, Integer.MAX_VALUE, 0, NANOSECONDS,
          new DelayedWorkQueue(), threadFactory, handler);
}
```

其中使用的队列为DelayedWorkQueue，为无界队列。该队列内部使用了一个初始容量为16的数组，之后每次拓容为原来的1.5倍，最大容量为Integer.MAX_VALUE。

4.5.2 ▶ 固定频率与固定延迟执行

scheduleAtFixedRate方法：以给定的频率周期性执行，分别为initialDelay、initialDelay+period、initialDelay+2period等，以此类推。

如果出现越界，如在initialDelay+period时，线程执行时间过长，超过了initialDelay+2period的时间点，则下一次从initialDelay+3*period开始执行，不会出现重叠问题，即遵循happen-before原则。

如果线程池存在多个线程，则任务的每次执行可能在不同的线程当中。周期性执行的任务如果在执行期间抛了异常而没有捕获，则之后不会继续执行这个任务，即该任务会停止执行，不会再周期性执行了。对于异常没有捕获的情况的处理，scheduleWithFixedDelay也是一样的，具体原因在下一小节详细分析。

scheduleWithFixedDelay方法：每次执行相隔delay时间，即第一次延迟initialDelay执行，执行完之后等待delay时间后执行第二次，以此类推，跟每次执行的时间长短无关。

4.5.3 ▶ 周期性任务停止执行的原因

scheduleAtFixedRate和scheduleWithFixedDelay在执行周期性任务过程当中，如果任务自身抛了异常而没有捕获，则会导致scheduleAtFixedRate和scheduleWithFixedDelay不会继续周期性执行该任务，即该任务停止执行。具体实现原理如下。

ScheduledThreadPoolExecutor内部定义了一个内部类ScheduledFutureTask，ScheduledFutureTask继承于FutureTask，实现了RunnableScheduledFuture接口由该内部类来对任务进行封装，提供周期性执行的功能，ScheduledFutureTask的类定义如下：

```
private class ScheduledFutureTask<V>
        extends FutureTask<V> implements RunnableScheduledFuture<V> {
        // 省略其他代码
}
```

ScheduledFutureTask的run方法实现如下：

```
public void run() {
    // 判断是否需要周期性执行
    boolean periodic = isPeriodic();
    if (!canRunInCurrentRunState(periodic))
```

```
        cancel(false);
    else if (!periodic)
        ScheduledFutureTask.super.run();
    // 周期性任务执行，返回 true 则说明此次执行成功，
    // 否则不再设置下次执行时间，故不再执行
    else if (ScheduledFutureTask.super.runAndReset()) {
        // 调用 setNextRunTime 设置下次执行时间
        setNextRunTime();
        reExecutePeriodic(outerTask);
    }
}
```

分析：主要在 runAndReset 方法中执行该周期性任务，如果执行成功则返回 true 并调用 setNextRunTime 设置下次执行时间；如果该方法返回 false，则不再调用 setNextRunTime 设置下次执行时间，故该周期性任务停止执行。

runAndReset 方法的实现如下：

```
protected boolean runAndReset() {
    // 如果任务状态不是 NEW，则直接返回 false
    if (state != NEW ||
        !UNSAFE.compareAndSwapObject(this, runnerOffset,
                                     null, Thread.currentThread()))
        return false;
    boolean ran = false;
    int s = state;
    try {

        Callable<V> c = callable;
        if (c != null && s == NEW) {
            try {
                // 执行任务
                c.call();
                ran = true;
            } catch (Throwable ex) {
                // 执行出现异常，则捕获异常，设置 state 为 EXCEPTIONAL
                setException(ex);
            }
        }
    } finally {
        // 重置任务状态，如果抛了异常，
        // 即在 setException 中已经将 state 更新为了 EXCEPTIONAL
        // 则 c.call() 方法后面的 ran = true 没有执行，此时 ran 还是 false
        s = state;
        if (s >= INTERRUPTING)
```

```
            handlePossibleCancellationInterrupt(s);
    }
    return ran && s == NEW;
}
```

分析：执行任务，在成功执行时，则 ran 为 true，state 的值还是 NEW，故方法返回值为 true。

但是如果在执行过程中，即 c.call() 调用时，出现了异常，则 ran 设置为 false，并在 catch 块中通过 setExeception 处理。在 setException 中将 state 更新为了 EXCEPTIONAL，同时唤醒等待该任务结果的线程，则最终的 ran && s == NEW 为 false，导致 runAndReset 方法返回 false，由上面 run 的分析可知，该周期任务不再执行。

setException 方法的定义如下：

```
protected void setException(Throwable t) {
    if (UNSAFE.compareAndSwapInt(this, stateOffset, NEW, COMPLETING)) {
        // 设置执行结果为异常 t
        outcome = t;
        // 将 state 更新为 EXCEPTIONAL
        UNSAFE.putOrderedInt(this, stateOffset, EXCEPTIONAL); // final state
        // 唤醒阻塞等待该任务执行结果的线程
        finishCompletion();
    }
}
```

分析：将 state 更新为 EXCEPTIONAL，以便阻塞等待该任务执行结果的线程直到发生了异常，同时调用 finishCompletion 唤醒这些等待线程。

4.6 Executors 线程池创建工具

在 Executor 线程池框架中，为了简化 ThreadPoolExecutor 的使用，提供了 Executors 这个工具类来创建特定版本的线程池 ThreadPoolExecutor 对象。即在 Executors 工具类中提供了线程池 ThreadPoolExecutor 对象创建时所需的默认参数，通过方法名称来表明特定的实现，从而简化了线程池 ThreadPoolExecutor 的创建。

Executors 工具类主要关注线程池的线程数量和任务等待队列的定义。具体分为线程数量固定，等待队列无界和线程数量无界两种类型。

其中线程数量固定，等待队列无界主要用于任务实时性要求不是很高的应用场景。由于线程数固定，故不会因为提交任务太多而导致创建大量线程。线程数量无界主要用于任务实时性要求较高的应用场景，对每一个提交的任务都调度一个空闲线程或者创建一个新线程来执行，所以当提交任务太多时需要创建大量的线程。

4.6.1 ▶ 固定线程池，无界队列

线程池的核心线程数 corePoolSize 和最大线程数 maximumPoolSize 固定且相同，任务等待队列为使用无界队列，无界队列实现为 LinkedBlockingQueue。具体可以指定线程数量 nThreads 和线程创建工厂来实现 threadFactory。其中指定线程工厂主要是指定该线程工厂创建的线程的名字，从而方便通过 jstack 命令来查看和跟踪该线程池的线程运行情况。

具体的方法定义为 newFixedThreadPool，如下所示：

```
// nThreads 线程数量为 corePoolSize 和 maximumPoolSize
public static ExecutorService newFixedThreadPool(int nThreads) {
    return new ThreadPoolExecutor(nThreads, nThreads,
                                  0L, TimeUnit.MILLISECONDS,
                                  new LinkedBlockingQueue<Runnable>());
}
// 指定线程创建工厂，如自定义线程名称，方便问题排查
public static ExecutorService newFixedThreadPool(int nThreads,
ThreadFactory threadFactory) {
    return new ThreadPoolExecutor(nThreads, nThreads,
                                  0L, TimeUnit.MILLISECONDS,
                                  new LinkedBlockingQueue<Runnable>(),
                                  threadFactory);
}
```

单线程线程池：指定线程池只有一个工作线程，任务等待队列为无界。由于只有一个线程，所以如果该线程挂了，在内部会自动创建一个新的线程来继续执行任务。具体的方法定义为 newSingleThreadExecutor，如下所示：

```
public static ExecutorService newSingleThreadExecutor() {
    return new FinalizableDelegatedExecutorService
        // core 和 maximunPoolSize 均为 1，keepAliveTime 为 0 表示不回收线程，
        // 任务等待队列为 LinkedBlockingQueue
        (new ThreadPoolExecutor(1, 1,
                                0L, TimeUnit.MILLISECONDS,
                                new LinkedBlockingQueue<Runnable>()));
}
// 指定线程创建工厂，如自定义线程名称，方便问题排查
public static ExecutorService newSingleThreadExecutor(ThreadFactory
threadFactory) {
    return new FinalizableDelegatedExecutorService
```

```
        (new ThreadPoolExecutor(1, 1,
                                0L, TimeUnit.MILLISECONDS,
                                new LinkedBlockingQueue<Runnable>(),
                                threadFactory));
}
```

4.6.2 ▶ 无界线程池

线程池无界，等待队列为空，这个版本通常用于任务实时性要求高，机器 CPU 资源充足的场景。具体的方法定义为 newCachedThreadPool，如下所示：

```
public static ExecutorService newCachedThreadPool() {
    // corePoolSize 为 0，maximumPoolSize 为 Integer.MAX_VALUE
    // keepAliveTime 为 60 秒，即如果一个线程空闲超过 60 秒，则会被销毁回收
    // 任务等待队列实现为 SynchronousQueue，容量为 0，不存放任务，只起同步作用
    return new ThreadPoolExecutor(0, Integer.MAX_VALUE,
                                  60L, TimeUnit.SECONDS,
                                  new SynchronousQueue<Runnable>());
}
public static ExecutorService newCachedThreadPool(ThreadFactory threadFactory) {
    return new ThreadPoolExecutor(0, Integer.MAX_VALUE,
                                  60L, TimeUnit.SECONDS,
                                  new SynchronousQueue<Runnable>(),
                                  threadFactory);
}
```

线程池数量的核心定义 corePoolSize 为 0，最大线程数量定义 maximumPoolSize 为 Integer.MAX_VALUE，所以每提交一个任务，由于 corePoolSize 为 0，则首先将该任务交给队列，如果此时存在空闲线程则空闲线程从队列直接获取，如果不存在空闲线程，则创建一个新的线程（因为队列是 SynchronousQueue，容量为空，只是起到将任务交给等待线程的作用，即任务和等待线程之间的同步）来执行这个任务，直到线程池数量达到 Integer.MAX_VALUE。

keepAliveTime 为 60 秒，空闲线程超过 60 秒没有执行任务，则被回收。任务等待队列使用同步队列 SynchronousQueue，该队列内部不存放数据，即每次追加一个任务，如果存在线程等待获取，则交给该等待线程。否则对于队列添加方法，如果是非阻塞版本则直接返回 false，如果是阻塞版本则阻塞等待。

在 ThreadPoolExecutor 中使用的是队列的 offer 非阻塞版本，如果不存在空闲等待线程则直接返回 false，之后进入直接创建一个新的线程来执行的逻辑。这里使用该队列的主要作用是实现线程池线程的复用，即空闲线程就是等待线程，实现 Cached 的语义，并且最多等待

60 秒，即缓存线程 60 秒。

结合前面关于 ThreadPoolExecutor 的分析，整个工作过程为：每提交一个新任务，由于 corePoolSize 为 0，故先放入等待队列，由于使用的是同步队列 SynchronousQueue 且使用队列元素添加方法是 offer 方法，以非阻塞追加数据到队列，如果此时线程池存在空闲线程，则交给其中一个空闲线程执行，否则追加队列失败。如果追加队列失败，则继续判断当前线程池数量是否超过 maximumPoolSize，如果没有则创建一个新工作线程来执行这个任务，否则拒绝执行。

由于 keepAliveTime 为 60 秒，corePoolSize 为 0，所以如果某个工作线程超过 60 秒没有处理任务，则被销毁回收。

4.6.3 ▶ 任务周期性执行线程池

对于任务周期性执行线程池，核心关注的是任务的定时执行或者周期性执行，任务数量一般不会太多和不会存在大量任务同时执行的场景。所以在 Executors 工具类中主要提供了对 corePoolSize 参数进行定制的方法，对应的线程池实现类为 ScheduledThreadPoolExecutor。ScheduledThreadPoolExecutor 的构造函数定义如下：

```
public ScheduledThreadPoolExecutor(int corePoolSize,
                                   ThreadFactory threadFactory) {
    // 指定 corePoolSize 和线程工厂
    super(corePoolSize, Integer.MAX_VALUE, 0, NANOSECONDS,
          new DelayedWorkQueue(), threadFactory);
}
```

所以只需要指定 corePoolSize 的个数即可，在 Executors 工具类中提供了单线程和多线程版本两个方法。

1. 单线程版本

corePoolSize 等于 1，即线程数为 1 的调度线程池。如果该线程挂了，则会自动创建一个新的线程继续执行接下来的任务。每个新提交的任务都会放到队列中，直到队列满了，则创建新线程。不过由于是无界队列，所以是不会满的。

具体方法定义为 newSingleThreadScheduledExecutor，如下所示：

```
// 单线程周期性任务执行线程池
public static ScheduledExecutorService newSingleThreadScheduledExecutor()
{
    return new DelegatedScheduledExecutorService
        (new ScheduledThreadPoolExecutor(1));
```

```
}
public static ScheduledExecutorService
    newSingleThreadScheduledExecutor(ThreadFactory threadFactory) {
    // 指定线程池的线程数量为 1
    return new DelegatedScheduledExecutorService
        (new ScheduledThreadPoolExecutor(1, threadFactory));
}
```

注意：周期性任务的每次执行可以在同一个线程，也可以在不同的线程，但是周期性频率是保持有序的。如果某次执行任务抛了异常，则之后该任务不会再继续执行，所以一般需要在任务中进行异常捕获，否则会悄悄停止执行。如果是工作线程自身问题线程挂掉，则会新建一个工作线程继续执行任务。

2. 指定线程版本

指定 corePoolSize 的数量，通常用于一个周期性线程池需要执行多个不同的周期性任务的场景，通过多个线程来避免不同任务在一个线程内排队的问题。具体在 newScheduledThreadPool 方法定义，定义如下：

```
public static ScheduledExecutorService newScheduledThreadPool(int
corePoolSize) {
    return new ScheduledThreadPoolExecutor(corePoolSize);
}
public static ScheduledExecutorService newScheduledThreadPool(
        int corePoolSize, ThreadFactory threadFactory) {
    // 指定 corePoolSize 个线程
    return new ScheduledThreadPoolExecutor(corePoolSize, threadFactory);
}
```

4.7 ForkJoin 任务分解与并行执行框架

ForkJoin 任务分解与并行执行框架是 JDK 1.7 推出的，其主要目的是实现任务的自动化递归拆分，即支持将一个大任务递归拆分成多个小任务，然后交给线程池的多个线程实现并行处理，并在所有线程都执行完成之后，自动汇总执行结果。这样就不需要在应用代码中手动实现任务的递归拆分和汇总。ForkJoin 框架可以简化在多线程环境下，递归拆解任务并结合多线程实现并行处理的编程难度。

简单来说，ForkJoin 框架是对递归算法的多线程实现，即支持将每个拆分出来的最小单元使用一个线程来处理，实现并行计算。

从任务的角度来看，一个大任务拆分成多个小任务，小任务可以继续拆分为更小的任务，以此类推。由于任务数量通常多于线程池的线程数量，故这些拆分出来的小任务会被分配到多个工作队列当中等待线程处理，每个工作队列会分配一个工作线程来处理。

从线程池的角度来看，ForkJoinPool 线程池内的线程会关联这些工作队列，即负责处理关联的工作队列中的任务。同时线程之间支持任务的窃取，即空闲线程可以从其他线程的工作队列窃取任务来处理，从而提高线程的效率。在线程的任务窃取方面，为了减少线程竞争，工作队列为基于双端队列实现，即工作队列的拥有者线程从队列的头部获取任务，窃取任务的线程从队列尾部窃取。

4.7.1 ▶ 用法

在使用层面，主要包含工作线程池 ForkJoinPool 的对象实例的创建，以及根据业务需求定义任务实现。任务的定义通过继承 ForkJoinTask 并实现 exec 方法来实现。如果需要递归拆分任务，则可以继承 RecursiveTask 并实现其 compute 方法来定义任务的处理逻辑。

首先以斐波那契问题为例来讲解。斐波那契数列的公式定义为：$f(n) = f(n\text{-}1) + f(n\text{-}2)$，$n>=2$，其中 $f(0)=0$，$f(1)=1$，即 0、1、1、2、3、5、8、13、21。实现代码如下：

```
public class ForkJoinDemo1 {
    // 实现版本 1
    private static class FibonacciTask extends RecursiveTask<Integer> {
        // n 为斐波那契数列的第几项
        final int n;
        FibonacciTask(int n) { this.n = n; }
        protected Integer compute() {
            // 递归的退出条件
            if (n <= 1)
               return n;
            FibonacciTask f1 = new FibonacciTask(n - 1);
            // 调用 fork 方法，分解出子任务
            f1.fork();
            FibonacciTask f2 = new FibonacciTask(n - 2);
            // f2 不分解
            return f2.compute() + f1.join();
        }
    }
    // 实现版本 2
    private static class FibonacciTask2 extends RecursiveTask<Integer> {
        // n 为斐波那契数列的第几项
```

```
        final int n;
        FibonacciTask2(int n) { this.n = n; }
        @Override
        protected Integer compute() {
        // 递归的退出条件
            if (n <= 1)
                return n;
            FibonacciTask2 f1 = new FibonacciTask2(n - 1);
            // 调用 fork 方法，分解出子任务
            f1.fork();
            FibonacciTask2 f2 = new FibonacciTask2(n - 2);
            // 调用 fork 方法，分解出子任务
            f2.fork();

            // 汇总
            return f2.join() + f1.join();
        }
    }
    public static void main(String[] args) {
        ForkJoinPool forkJoinPool = new ForkJoinPool();
        // 第 8 项为 21，故最终打印都是 21
        // 任务 1
        FibonacciTask task = new FibonacciTask(8);
        // 任务 2
        FibonacciTask2 task2 = new FibonacciTask2(8);
        int result1 = forkJoinPool.invoke(task);
        int result2 = forkJoinPool.invoke(task2);
        System.out.println("task1:" + result1);
        System.out.println("task2:" + result2);

        // 停止任务的继续提交
        forkJoinPool.shutdown();
    }
```

打印结果如下：

```
task1: 21
task2: 21
Process finished with exit code 0
```

均为 21，符合预期。分析：对于 $f(n)=f(n-1)+f(n-2)$ 这个任务，实现版本 1 为 $f(n-1)$ 这个任务是调用 fork 方法来分解出子任务来计算，然后调用 join 方法等待子任务执行完成；$f(n-2)$ 这个任务是直接调用 compute 方法进行计算，而不再分解出子任务来计算。

实现版本 2 为 $f(n-1)$ 和 $f(n-2)$ 这两个任务都是首先调用 fork 方法分解出子任务，然后调用 join 方法等待子任务执行结束，汇总结果。

如果计算 1 到 n 的和：$f(n) = 1+2+3+\cdots+n$，与上一个例子不同的是，这里只需要定义一个任务即可，具体实现如下：

```
public class ForkJoinDemo2 {
    // 累加 1 到 n 的顺序数组：f(n) = 1+2+..+n
    private static class SumNums extends RecursiveTask<Integer> {
        private int n;
        private int result;
        public SumNums(int n) {
            this.n = n;
        }
        @Override
        protected Integer compute() {
        // 停止分解的条件
            if (n == 0) {
                return n;
            }
            SumNums s = new SumNums(n-1);
            // 递归分解为子任务
            s.fork();
            // 等待子任务执行完成
            return s.join() + n;
        }
    }
    public static void main(String[] args) {
        ForkJoinPool forkJoinPool = new ForkJoinPool();
        int n = 5;
        // 计算 1 到 n 的和
        SumNums task3 = new SumNums(n);
        // 启动任务执行
        int result3 = forkJoinPool.invoke(task3);
        System.out.println("f(n)=1+2+..+n:n = " + n + ", result = " +result3);
        // 关闭线程池，此处需要等待所有任务执行完成
        forkJoinPool.shutdown();
    }
}
```

打印结果如下：

```
f(n)=1+2+..+n:n = 5, result = 15

Process finished with exit code 0
```

n=5，即 1+2+3+4+5=15，符合预期。

4.7.2 ▶ ForkJoinPool 线程池

从上面的例子可以看出，ForkJoinPool 是 ForkJoin 框架的核心类，是线程池的定义。ForkJoinPool 继承于 AbstractExecutorService，所以也是 Executor 接口的一个实现类，在 ForkJoinPool 内部维护了一个任务队列处理器数组 workQueues，也就是 ForkJoinPool 内部的工作线程池。ForkJoinPool 线程池的定义如下：

```
// 继承于 AbstractExecutorService
public class ForkJoinPool extends AbstractExecutorService {
    public static final ForkJoinWorkerThreadFactory
        defaultForkJoinWorkerThreadFactory;
    static final ForkJoinPool common;
    // 省略其他代码
    // 任务队列处理器集合（工作线程池）
    volatile WorkQueue[] workQueues;
    // 工作线程的创建工厂
    final ForkJoinWorkerThreadFactory factory;
    final UncaughtExceptionHandler ueh;
    final String workerNamePrefix;
    volatile AtomicLong stealCounter;
    // 工作队列处理器
    static final class WorkQueue {
        // 省略其他代码
    }
}
```

任务队列处理器 workQueues 数组的每个元素是从一个任务队列处理器来的，类型为 WorkQueue。在 WorkQueue 内部，WorkQueue 封装了一个工作线程和一个任务数组，其中任务数组的元素类型为 ForkJoinTask，工作线程在 ForkJoinWorkerThread 定义，默认由该工作线程处理该任务数组中的任务。

4.7.3 ▶ WorkQueue 任务队列处理器

由 ForkJoin 框架的设计可知，每个任务队列会绑定一个线程来处理，这个实现体现在代码实现层面就是 WorkQueue 的设计，我们可以称这个类为任务队列处理器。

任务队列处理器 WorkQueue 作为 ForkJoinPool 的一个内部类实现，主要包含一个类型为 ForkJoinTask 的任务数组 array，用以来存放任务，一个工作线程 ForkJoinWorkerThread 来处理该任务数组中的任务。定义如下：

```
static final class WorkQueue {
    // 省略其他代码
    // 任务列表，延迟初始化，大小为 2 的 N 次方
    ForkJoinTask<?>[] array;
    // 线程池引用
    final ForkJoinPool pool;
    // 该任务数组的工作线程
    // 在 ForkJoinWorkerThread 内部封装 Thread 线程对象
    final ForkJoinWorkerThread owner;
    // 构造函数定义
    WorkQueue(ForkJoinPool pool, ForkJoinWorkerThread owner) {
        this.pool = pool;
        this.owner = owner;
        base = top = INITIAL_QUEUE_CAPACITY >>> 1;
    }
    // 省略其他代码
    // 将任务追加到任务处理器内部的任务数组中
    final void push(ForkJoinTask<?> task) {
        ForkJoinTask<?>[] a; ForkJoinPool p;
        int b = base, s = top, n;
        if ((a = array) != null) {
            // 将任务放到任务数组尾部
            int m = a.length - 1;
            U.putOrderedObject(a, ((m & s) << ASHIFT) + ABASE, task);
            U.putOrderedInt(this, QTOP, s + 1);

            // 添加成功
            if ((n = s - b) <= 1) {
                if ((p = pool) != null)
                    // 通知 ForkJoinPool 有新任务提交了
                    // 如当前的任务处理线程不够，
                    // 则 ForkJoinPool 会创建新的工作线程来处理任务
                    p.signalWork(p.workQueues, this);
            }
            else if (n >= m)
                growArray();
        }
    }
}
```

1. 任务队列处理器 WorkQueue 和工作线程 ForkJoinWorkerThread 的创建

由以上分析可知，ForkJoinPool 的工作线程池是 WorkQueues，即任务队列处理器集合，每个任务队列对应一个工作线程。具体为每个任务队列处理器 WorkQueue 都包含一个工作线程

ForkJoinWorkerThread 和一个 ForkJoinTask 任务数组。所以工作线程 ForkJoinWorkerThread 的创建，其实就对应到任务队列处理器 WorkQueue 的创建。

该过程对应的底层实现方法为 ForkJoinPool 的 tryAddWorker 方法。在 tryAddWorker 方法的实现中，调用 createWorker 创建一个任务队列处理器 WorkQueue 和工作线程 ForkJoinWorkerThread。具体为先创建工作线程 ForkJoinWorkerThread，然后再创建一个任务队列处理器 WorkQueue 来包装这个工作线程，最后注册到 ForkJoinPool 的线程池 workQueues 中。具体实现代码如下：

```
// 由 ForkJoinPool 在当前工作线程不够时，调用该方法创建工作线程
private void tryAddWorker(long c) {
    boolean add = false;
    do {
        // 省略其他代码
            if (add) {
                // 创建一个工作线程 ForkJoinWorkerThread
                // 并在其构造函数回调中创建 WorkQueue 来包装该工作线程
                // 最后注册到线程池 ForkJoinPool 的 workQueues 中
                createWorker();
                break;
            }

    } while (((c = ctl) & ADD_WORKER) != 0L && (int)c == 0);
}
// 创建一个 ForkJoinWorkerThread 工作线程，并启动该线程
private boolean createWorker() {
    ForkJoinWorkerThreadFactory fac = factory;
    Throwable ex = null;
    ForkJoinWorkerThread wt = null;
    try {
        // 创建工作线程
        // 将 ForkJoinPool 自身引用作为构造函数的参数
        if (fac != null && (wt = fac.newThread(this)) != null) {
            // 启动工作线程
            wt.start();
            return true;
        }
    } catch (Throwable rex) {
        ex = rex;
    }
    deregisterWorker(wt, ex);
    return false;
}
```

2. ForkJoinWorkerThread 工作线程

由上面的分析可知，工作线程注册到 ForkJoinPool 的线程池 workQueues 是在工作线程 ForkJoinWorkerThread 的构造函数的回调中进行的，ForkJoinWorkerThread 的定义如下：

```
public class ForkJoinWorkerThread extends Thread {
    // 工作线程池引用
    final ForkJoinPool pool;

    // 任务队列处理器引用
    final ForkJoinPool.WorkQueue workQueue;
    protected ForkJoinWorkerThread(ForkJoinPool pool) {
        super("aForkJoinWorkerThread");
        this.pool = pool;
        // 回调注册到 ForkJoinPool 的线程池当中
        this.workQueue = pool.registerWorker(this);
    }
    // 省略其他代码
}
```

ForkJoinPool 的 registerWorker 的实现如下，创建一个 WorkQueue 对象来包装该工作线程，然后添加到 ForkJoinPool 的线程池 workQueues 中，即注册到线程池中，具体实现如下：

```
// 将工作线程注册到线程池 ForkJoinPool 中
// 其中会创建一个任务队列管理器 WorkQueue 来包装这个工作线程
final WorkQueue registerWorker(ForkJoinWorkerThread wt) {
    // 省略其他代码
    // 为该工作线程创建一个任务队列处理器，
    // 在该任务队列处理器内部保存该工作线程需要处理的任务
    WorkQueue w = new WorkQueue(this, wt);
    int i = 0;
    int mode = config & MODE_MASK;
    // 加锁
    int rs = lockRunState();
    try {
        WorkQueue[] ws; int n;
        if ((ws = workQueues) != null && (n = ws.length) > 0) {
            // 省略计算数组下标 i 的代码
            // 将该新的任务队列处理器 w 放到线程池 workQueues 中
            ws[i] = w;
        }
    } finally {
        // 解锁
        unlockRunState(rs, rs & ~RSLOCK);
```

```
    }
    wt.setName(workerNamePrefix.concat(Integer.toString(i >>> 1)));
    return w;
}
```

3. ForkJoinTask 任务的提交

ForkJoinPool 提供了以下方法来进行任务的提交，其中任务可以是普通任务 Runnable 和递归分解任务，如 ForkJoinTask 或者 RecursiveTask。

对于返回结果，主要包括需要返回结果和不需要返回结果的版本。如果是递归分解的任务，则返回的是所有子任务的结果的汇总，类似于递归函数的返回值。具体实现代码如下：

```
// 返回结果为任务最终的计算结果，即所有递归产生的小任务的计算结果的汇总
public <T> T invoke(ForkJoinTask<T> task) {
    if (task == null)
        throw new NullPointerException();
    externalPush(task);
    return task.join();
}
// 不需要计算结果，递归执行该任务即可
public void execute(ForkJoinTask<?> task) {
    if (task == null)
        throw new NullPointerException();
    externalPush(task);
}
// 单个普通任务
public void execute(Runnable task) {
    if (task == null)
        throw new NullPointerException();
    ForkJoinTask<?> job;
    if (task instanceof ForkJoinTask<?>) // avoid re-wrap
        job = (ForkJoinTask<?>) task;
    else
        job = new ForkJoinTask.RunnableExecuteAction(task);
    externalPush(job);
}
// 返回递归任务自身引用
public <T> ForkJoinTask<T> submit(ForkJoinTask<T> task) {
    if (task == null)
        throw new NullPointerException();
    externalPush(task);
    return task;
```

```
}
// 将一个普通任务包装成一个递归任务来执行，并返回该递归任务的引用
public <T> ForkJoinTask<T> submit(Callable<T> task) {
    ForkJoinTask<T> job = new ForkJoinTask.AdaptedCallable<T>(task);
    externalPush(job);
    return job;
}
// 需要结果的普通任务，放在 result 中
public <T> ForkJoinTask<T> submit(Runnable task, T result) {
    ForkJoinTask<T> job = new ForkJoinTask.AdaptedRunnable<T>(task, result);
    externalPush(job);
    return job;
}
// 需要结果的普通任务
public ForkJoinTask<?> submit(Runnable task) {
    if (task == null)
        throw new NullPointerException();
    ForkJoinTask<?> job;
    if (task instanceof ForkJoinTask<?>) // avoid re-wrap
        job = (ForkJoinTask<?>) task;
    else
        job = new ForkJoinTask.AdaptedRunnableAction(task);
    externalPush(job);
    return job;
}
```

4.7.4 ▶ ForkJoinTask 递归任务

ForkJoinTask 是 ForkJoin 框架中任务分解语义的实现类，提供了任务拆分为子任务，获取子任务执行结果的方法实现。ForkJoinTask 为一个抽象类，由应用代码继承该类来定义任务的拆分条件等。核心方法包括 fork、join、invoke 和抽象方法 exec，其中 exec 方法由子类实现来定义该任务的执行逻辑。ForkJoinTask 的定义如下：

```
// 支持将该任务分解为更小的任务，汇总各个子任务的结果，提供了任务递归分解的语义实现
public abstract class ForkJoinTask<V> implements Future<V>, Serializable {
    // 分解子任务
    public final ForkJoinTask<V> fork() {
        Thread t;
        if ((t = Thread.currentThread()) instanceof ForkJoinWorkerThread)
            ((ForkJoinWorkerThread)t).workQueue.push(this);
        else
            ForkJoinPool.common.externalPush(this);
```

```
        return this;
    }
    // 阻塞等待子任务返回结果
    public final V join() {
        int s;
        if ((s = doJoin() & DONE_MASK) != NORMAL)
            reportException(s);
        return getRawResult();
    }
    // 执行当前任务
    public final V invoke() {
        int s;
        if ((s = doInvoke() & DONE_MASK) != NORMAL)
            reportException(s);
        return getRawResult();
    }
    // 应用类实现该方法定义任务处理逻辑
    protected abstract boolean exec();
    ...
}
```

RecursiveTask 为递归任务拆分体系中的最小任务单元，即在 RecursiveTask 中不再执行任务分解，而是执行任务的计算，生成该最小任务单元的计算结果。这是一个抽象类，由具体任务实现 compute 方法来定义任务计算逻辑，类定义如下：

```
public abstract class RecursiveTask<V> extends ForkJoinTask<V> {
    // 最小任务的计算结果
    V result;
    // 抽象方法，由应用代码定义任务计算、处理逻辑，返回计算结果
    protected abstract V compute();
    public final V getRawResult() {
        return result;
    }
    protected final void setRawResult(V value) {
        result = value;
    }
    // ForkJoinPool 对每个任务调用的是这个方法
    protected final boolean exec() {
        result = compute();
        return true;
    }
}
```

4.8 小结

Java 并发包的 Executor 线程池框架首先解决了线程的复用问题，避免频繁地进行线程创建，减少了系统的资源开销，提高了应用程序的性能。其次，是实现了任务的定义与执行的分离解耦，简化了多线程的编程难度，即我们只需要实现 Runnable 接口并根据业务需要来定义任务的执行逻辑，然后交给线程池执行，不需要对每个任务都创建一个 Thread 线程类对象来执行。

Executor 接口的核心实现类是 ThreadPoolExecutor，该类包含了几个核心参数以便用开发人员可以灵活地进行线程池定制，具体包括核心线程数 corePoolSize、最大线程数 maximumPoolSize、任务队列 workQueue、线程创建工厂 threadFactory、任务拒绝策略 RejectExecutionHandler 等。

虽然应用开发人员可以定制这些参数，但是还略显烦琐，所以 Java 并发包进一步提高了 Executors 静态工具类的性能。在该类内部的每个静态方法都可以创建一个线程池，用户直接使用即可。该类典型的方法包括 newCachedThreadPool、newFixedThreadPool 等。除此之外，Executor 线程池框架还提供了周期性任务执行的实现，具体在 ScheduledExecutorService 接口定义。

由于任务提交到线程池来执行是一种异步的执行方式，所以当应用程序需要获取该任务的执行结果时，就需要基于 Future 接口的相关实现类来阻塞等待。Executor 接口的实现类提供了一个 submit 方法，调用该方法提交任务时，会返回一个 Future 接口实现类对象，应用程序只需要调用这个返回值的 get 方法阻塞等待获取执行结果。

最后，对于一个大任务需要拆解为多个小任务，或者进行多级递归分解的场景，Java 并发包也提供了 ForkJoin 任务分解与并行执行框架来简化实现，使得应用开发人员不需要一个个手动分解任务放到线程池去执行。

第 5 章

Java 线程安全字典

本章主要对 Java 线程安全的字典集合相关核心类的用法和源码实现原理进行介绍，包括 Hashtable、同步字典 SynchronizedMap、Java 并发包的 ConcurrentHashMap，以及线程安全有序字典 ConcurrentSkipListMap 和通过该类派生出来的有序集合实现 ConcurrentSkipListSet。

字典类是 Java 编程中使用最频繁的类，如 HashMap、TreeMap 等。不过这些类不是线程安全的，如果多个线程共享同一个对象实例，在进行并发操作时可能会出现数据不一致或线程死锁问题。HashMap 的内部由于是采用链表来解决冲突问题的，故如果一个线程调用 get 方法获取数据，另一个线程调用 put 方法填充数据，当发生 rehash 拓容时，由于链表结构发生了变化，则可能导致调用 get 的线程发生死锁，CPU 使用率飙升到 100%。

如果要解决多线程并发编程中字典类的线程安全问题，最简单的方法就是使用第 3 章中介绍的 synchronized 关键字来进行线程同步。即对 HashMap 等字典类的每个方法，如 get 方法获取数据，put 方法填充数据都进行同步，保证任何时候只有一个线程在对共享的对象实例进行操作。不过这种方式会使得程序的并发性大大下降，导致性能问题。

为了实现对字典类并发操作的线程安全和高性能，在 JDK 1.5 开始提供的并发包 java.util.concurrent 中，提供了 ConcurrentHashMap 等线程安全的并发字典来替代 HashMap 在多线程编程中使用。ConcurrentHashMap 在使用方面与 HashMap 差不多，不过不需要在应用程序中使用 synchronized 关键字进行显式同步。ConcurrentHashMap 在内部实现中对于有线程安全问题的操作进行了同步处理。接下来将详细介绍 Java 中线程安全字典的各种实现。

5.1 Hashtable 全同步 Map

Hashtable 是同步版本的 HashMap，内部数据结构与 HashMap 一样，也是使用链式哈希来实现的，即数组 + 链表（JDK 1.8 版本的 HashMap 新增了数组 + 红黑树的优化）。

Hashtable 通过对每个方法都使用 synchronized 关键字修饰来进行线程同步和实现线程安全。由于是在方法级别使用 synchronized 关键字，所以是使用 Hashtable 对象实例自身作为监视器对象 monitor，故多个线程对 Hashtable 对象实例的读读、读写、写写操作都是互斥的，即任何时候只能存在一个线程对 Hashtable 对象实例进行访问，所以 Hashtable 的并发性能是较低的。

5.1.1 ▶ 用法

由于 Hashtable 是线程安全的，故多个线程可以共享同一个 Hashtable 对象实例并可以对其进行并发操作。

相关使用方法的例子如下：

```
public class HashTableDemo {
    public static void main(String[] args) {
```

```
        // 创建一个 Hashtable 对象实例
        final Hashtable<String, String> hashTable = new Hashtable<String,
String>();
        // 线程 thread1 和线程 thread2 共享同一个 Hashtable 对象
        Thread thread1 = new Thread(new Runnable() {
            public void run() {
                hashTable.put("key1", "val1");
            }
        });
        Thread thread2 = new Thread(new Runnable() {
            public void run() {
                System.out.println(hashTable.get("key1"));
            }
        });
        // 启动线程
        thread1.start();
        thread2.start();
    }
}
```

如果需要使用线程安全的 HashMap，则优先考虑使用 ConcurrentHashMap，或者使用 Collections.synchronizedMap 将 HashMap 包装成线程安全的 SynchronizedMap，此时所有操作都是与 HashMap 一样。

除 synchronized 关键字导致的性能问题外，与 Hashtable 相比 ConcurrentHashMap 和 HashMap 在内部实现方面也更加高效，如根据 key 的哈希值计算某个键值对节点在哈希表 table 数组的下标的实现，Hashtable 是使用 % 取余，而 ConcurrentHashMap 和 HashMap 都是使用位运算，效率更高，所以整体性能也高于 Hashtable。

5.1.2 ▶ 源码实现

Hashtable 内部的链式哈希表的链表节点定义如下：

```
private static class Entry<K,V> implements Map.Entry<K,V> {
    // 键 key 对应的 hash 值，使用 final 修饰
    final int hash;
    // 类型为泛型 K 的键 key
    final K key;
    // 类型为泛型 V 的值 value
    V value;
    // 链表节点的下一个节点
    Entry<K,V> next;
    // 省略其他代码
}
```

分析：与 HashMap 一样都是实现了 Map.Entry 接口。哈希值 hash 和键 key 都是使用 final 修饰，表示不可变。值 value 和下一个链表节点 next 都没有使用 volatile 修饰，因为 synchronized 关键字同时可以实现线程同步和保证线程可见性。

为了保证多个线程对 Hashtable 内部存放的数据进行并发读写时的线程安全性，Hashtable 的 get、put 等方法均需要使用 synchronized 关键字修饰，实现对线程的同步，具体如下。

（1）get 方法：获取指定 key 对应的值 value。先根据 key 的 hash 值与数组长度取模，从而确定该 key 所在的链表的头结点，然后遍历该链表直到找到该 key 或者不存在返回 null。

```
// get 读操作
public synchronized V get(Object key) {
    Entry<?,?> tab[] = table;
    int hash = key.hashCode();
    // % 取模运算，HashMap 是通过位运算取模，性能较高
    int index = (hash & 0x7FFFFFFF) % tab.length;
    // 遍历链表节点 tab[index]，查找对应的 key
    for (Entry<?,?> e = tab[index] ; e != null ; e = e.next) {
        // 使用哈希值 hash 和键 key 进行相等性比较
        if ((e.hash == hash) && e.key.equals(key)) {
            return (V)e.value;
        }
    }
    return null;
}
```

（2）put 方法：填充指定的键值对数据到字典。对于新增的键值对数据对应的链表节点，是在链表的头部追加，即每次新添加的节点成为链表的头结点。在头部添加节点的好处是不需要遍历完整个链表放到链表尾部，提高性能。

```
// put 写操作
public synchronized V put(K key, V value) {
    if (value == null) {
        throw new NullPointerException();
    }
    Entry<?,?> tab[] = table;
    int hash = key.hashCode();
    // 使用 % 取余运算来计算该 key 对应的数组下标
    int index = (hash & 0x7FFFFFFF) % tab.length;
    // key 已经存在，更新值 val 即可
    Entry<K,V> entry = (Entry<K,V>)tab[index];
    for(; entry != null ; entry = entry.next) {
        // 使用哈希值 hash 和键 key 进行相等性比较
        if ((entry.hash == hash) && entry.key.equals(key)) {
            V old = entry.value;
```

```
            entry.value = value;

            // 返回旧值
            return old;
        }
    }
    // key 不存在，新增节点
    addEntry(hash, key, value, index);
    return null;
}
// 新增键值对数据
private void addEntry(int hash, K key, V value, int index) {
    // modCount 用于迭代器的快速失败 fail-fast
    modCount++;
    Entry<?,?> tab[] = table;
    if (count >= threshold) {
        // 元素个数大于阀值 threshold 时，进行拓容操作
        rehash();
       // 使用 hash 值与数组 tab 长度进行取模 % 运算，
       // 获取存放该键值对数据的链表的头结点
       // 其中链表头结点都存放在数组中，所以需要获取数组下标 index
        tab = table;
        hash = key.hashCode();
        index = (hash & 0x7FFFFFFF) % tab.length;
    }
    // 链表原来的头结点
    Entry<K,V> e = (Entry<K,V>) tab[index];
    // 其中 Entry 构造函数的第四个参数 e 为 next
    // 所以新添加的节点成为是链表头结点
    tab[index] = new Entry<>(hash, key, value, e);
    count++;
}
```

5.2 SynchronizedMap 同步器 Map

SynchronizedMap 是包装器设计模式的一种运用，在内部包装了一个 Map 接口实现类的对象引用，通过该对象引用来对被包装的对象进行实际的数据读写操作。该对象引用所指向的是外部传递进来的，需要进行线程同步的 Map 接口实现类的对象实例。

在 SynchronizedMap 的内部实现层面，是使用 synchronized 关键字和一个监视器对象 monitor 来对这个被包装的 Map 接口实现类的对象实例的各种操作进行同步。

由 Hashtable 的分析可知，虽然两者都是使用 synchronized 关键字进行线程同步，但是 HashMap 的相关操作实现比 Hashtable 更加高效，如根据 key 的 hash 值计算该 key 落在数组哪个位置，即哪个链表，Hashtable 是基于取模运算 %，而 HashMap 是基于位运算。

所以如果在应用中刚开始使用了 HashMap，后来发现存在线程安全问题，可以对该 HashMap 对象实例使用 SynchronizedMap 进行统一包装，而不需要在应用代码中对每个调用了 HashMap 的方法的地方都显式加上 synchronized 关键字进行线程同步。

5.2.1 ▶ 用法

在使用方面，由于 SynchronizedMap 是集合工具类 Collections 的一个内部私有类，故需要通过调用 Collections 的静态方法 synchronizedMap 来对指定的 Map 对象进行包装。

在应用代码中，使用 Collections.synchronizedMap 对指定的 Map 接口实现类对象进行包装之后，可以跟没有包装前一样，调用该被包装的 Map 接口实现类对象的各个方法，其中包括 synchronizedMap 方法返回的包装器对象。

Collections.synchronized 方法的使用示例如下：

```
public class SynchronizedMapDemo {
    public static void main(String[] args) {
        // 创建一个 HashMap 对象实例
        HashMap<String, String> hashMap = new HashMap<>();
        // 调用 Collections.synchronizedMap 方法
        // 将以上的 HashMap 对象实例包装为线程安全的实现
          final Map<String, String> safeMap = Collections.synchronizedMap
(hashMap);
        // 线程 thread1 和线程 thread2 共享同一个 safeMap 对象
        Thread thread1 = new Thread(new Runnable() {
            public void run() {
                safeMap.put("key1", "val1");
            }
        });
        Thread thread2 = new Thread(new Runnable() {
            public void run() {
                System.out.println(safeMap.get("key1"));
            }
        });
        // 启动线程
        thread1.start();
        thread2.start();
    }
}
```

5.2.2 ▶ 源码实现

SynchronizedMap 是在集合工具类 Collections 内部定义的，具体定义如下：

```
// 实现 Map 接口
private static class SynchronizedMap<K,V>
    implements Map<K,V>, Serializable {
    // Map 对象引用，使用 final 修饰
    private final Map<K,V> m;
    // 监视器对象，与 synchronized 关键字结合使用
    final Object mutex;
    SynchronizedMap(Map<K,V> m) {
        this.m = Objects.requireNonNull(m);
        // 使用自身对象引用作为监视器对象
        mutex = this;
    }
    // 使用外部的 mutex 对象作为监视器对象
    SynchronizedMap(Map<K,V> m, Object mutex) {
        this.m = m;
        this.mutex = mutex;
    }
    // 省略其他代码
}
```

分析：实现了 Map 接口，故可以提供 Map 接口定义的所有操作。定义了一个被包装的 Map 接口实现类对象引用 m，一个监视器对象 mutex，其中 synchronized 关键字是基于监视器对象 mutex 来对所有操作进行同步的，从而实现线程之间的互斥访问和线程安全。

对于 Map 接口的每个方法实现，SynchronizedMap 都是使用 synchronized 关键字和结合 mutex 对象对 Map 接口实现类对象引用 m 进行同步访问，实现线程安全。get 和 put 方法的实现如下：

```
// 读操作
public V get(Object key) {
    // 实际是对对象引用 m 进行操作
     synchronized (mutex) {return m.get(key);}
}
// 写操作
public V put(K key, V value) {
      synchronized (mutex) {return m.put(key, value);}
}
```

Collections.synchronizedMap 方法的定义如下，将传入的 Map 接口实现类对象引用 m 作为参数创建一个 SynchronizedMap 包装器对象实例并返回给应用。

```
public static <K,V> Map<K,V> synchronizedMap(Map<K,V> m) {
    // 创建一个SynchronizedMap对象实例来包装m
    return new SynchronizedMap<>(m);
}
```

5.3 ConcurrentHashMap并发Map

ConcurrentHashMap是线程安全的HashMap实现，提供与Hashtable和SynchronizedMap一样的线程安全特性，不过ConcurrentHashMap的并发性能更高。ConcurrentHashMap是从JDK 1.5开始提供的，在JDK 1.8中有了较大改动和更大的性能提升。

与HashMap不同的是，除了线程安全特性之外，HashMap的key和value都支持空值null，而Hashtable和ConcurrentHashMap的key和value都不允许是空值null。

与Hashtable和SynchronizedMap不同的是，ConcurrentHashMap不需要对所有需要线程安全保证的方法都使用synchronized关键字来进行加锁同步。同时Hashtable和SynchronizedMap的synchronized关键字加锁会导致任何时候都只能存在一个线程对其进行读写操作，所以并发性能较低。

在内部实现层面，JDK 1.8以前的ConcurrentHashMap是使用可重入锁ReentrantLock来进行线程同步，实现线程安全的。在JDK 1.8及之后的版本中，是基于CAS机制和自旋，并结合synchronized关键字来实现线程安全。其中CAS机制和自旋重试基于硬件提供的原子特性来实现无锁化，所以性能较高。ConcurrentHashMap可以支持多个线程同时进行读写操作，提高了并发读写性能。

5.3.1 ▶ 用法

在使用方面，ConcurrentHashMap与HashMap完全一样，都是实现了Map接口定义的相关方法，不同之处就是ConcurrentHashMap是线程安全的。

> **注意** ConcurrentHashMap的线程安全主要集中体现在读写key的时候，即多个线程可以同时增删改查同一个key，而不需要额外进行加锁，如加synchronized关键字或者可重入锁ReentrantLock。但是对于值value，则没有线程安全的保证，如果存在多个线程对值value进行并发操作，则需要额外进行加锁来实现线程同步。这点也是很多新手容易忽略的地方。

对 key 的操作是线程安全的，而值 value 却没有线程安全的保证。如果值 value 为不可变类型对象，如 String 类型，或者是不需要更新 value 的值，即不需要取出来进行额外操作，如不需要对 Integer 数据进行递增后再写回去，则值 value 是线程安全的，因为不可变。

但是如果值 value 是集合类型，则需要使用线程安全的集合实现。如 Set 接口的实现类不能使用 HashSet，而应该使用线程安全的 ConcurrentSkipListSet，关于 ConcurrentSkipListSet 的实现原理将在 5.4 节进行分析。如果值 value 是 Integer 类型，并且存在多个线程需要取出该 Integer 类型的 value，然后递增并写回去，则需要使用线程安全的 AtomicInteger。具体通过以下实例详细分析。

1. 值 value 为集合类型 HashSet 和 ConcurrentSkipListSet

ConcurrentHashMap 的一个常见运用就是用于实现本地缓存。

如下为实现一个订阅了某个主题的所有客户端 ID 的本地缓存，使用 Set 接口实现类对象作为 value，用于存放订阅了某个主题的所有客户端的设备 ID，key 为主题名称：

```
static void testSetValue() {
    final AtomicInteger counter = new AtomicInteger();
    // 本地缓存定义，key 为 String 类型，value 为 Set 类型
    final ConcurrentHashMap<String, Set<String>> subscribeCache =
    new ConcurrentHashMap<>();
    // 订阅主题
    final String topic = "mytopic";
    // 线程 producer 负责填充缓存 subscribeCache
    Thread producer = new Thread(new Runnable() {
        @Override
        public void run() {
            while (true) {
                Set<String> devices = subscribeCache.get(topic);
                if (devices == null) {
                    // HashSet 不是线程安全的
                    // devices = new HashSet<>();
                    // ConcurrentSkipListSet 为线程安全的
                    devices = new ConcurrentSkipListSet<>();
                    subscribeCache.put(topic, devices);
                }
                // 模拟生成客户端设备 ID
                devices.add("device" + counter.incrementAndGet());

                // 每隔 2 秒写入一次
                try {
                    Thread.sleep(2000);
```

```
                } catch (InterruptedException e) {
                    e.printStackTrace();
                }
            }
        }
    });

    // 线程 consumer 负责读取缓存 subscribeCache
    Thread consumer = new Thread(new Runnable() {
        @Override
        public void run() {
            while (subscribeCache.size() > 0) {
                // 打印整个 value 的值，内部会使用 Set 接口实现类的迭代器
                System.out.println(subscribeCache.get(topic));
                // 每隔 2 秒读取一次
                try {
                    Thread.sleep(2000);
                } catch (InterruptedException e) {
                    e.printStackTrace();
                }
            }
        }
    });

    // 启动线程
    producer.start();
    consumer.start();
}
```

（1）首先以 HashSet 作为值 value（以上代码已经注释掉了），由于 HashSet 不是线程安全的，而两个线程都是每隔 2 秒操作一次，故存在并发操作问题。

线程 producer 执行写操作，线程 consumer 执行读操作并调用 System.out.println 方法打印整个 value，即 HashSet 集合内的所有元素。由于需要通过 HashSet 的迭代器来遍历所有元素，而 HashSet 又不是线程安全的，故出现并发修改异常 java.util.ConcurrentModificationException。

具体结果打印如下，println 打印类型为 HashSet 的 value 时，由于需要使用 HashSet 的迭代器遍历该集合，故出现了并发修改异常 java.util.ConcurrentModificationException。

```
[device1]
[device1, device2]
[device1, device2, device3, device4]
// 第三次打印时，出现并发修改异常
Exception in thread "Thread-1" java.util.ConcurrentModificationException
    at java.util.HashMap$HashIterator.nextNode(HashMap.java:1442)
```

```
    at java.util.HashMap$KeyIterator.next(HashMap.java:1466)
    at java.util.AbstractCollection.toString(AbstractCollection.java:461)
    at java.lang.String.valueOf(String.java:2994)
    at java.io.PrintStream.println(PrintStream.java:821)
    at com.yzxie.java.demo.charter5.ConcurrentHashMapDemo$2.run
(ConcurrentHashMapDemo.java:49)
    at java.lang.Thread.run(Thread.java:748)
```

（2）在将值 value 修改为 ConcurrentSkipListSet 之后，由于 ConcurrentSkipListSet 是线程安全的，故结果正常打印，不会再出现并发修改异常，打印结果如下：

```
[device1]
[device1, device2]
[device1, device2, device3]
[device1, device2, device3]
[device1, device2, device3, device4]
[device1, device2, device3, device4, device5]
```

2. 值 value 为 Integer 与 AtomicInteger

如果多个线程同时需要取出 Integer 类型的值 value，然后递增，则需要使用线程安全的 AtomicInteger，否则会出现最终结果不可预测的情况。

例如，两个线程同时开始，并且每隔 2 秒递增一次，每个递增 10 次，计数器初始值为 0。如果是线程安全，则两个线程总共递增了 20 次，预期的结果为 20。示例代码如下：

```
static void testInteger() {
    // 非线程安全版本
    // 计数器
    // final Integer counter = new Integer(0);
    // ConcurrentHashMap<String, Integer> counterMap = new ConcurrentHashMap<>(1);
    // 线程安全版本
    final AtomicInteger counter = new AtomicInteger(0);
    ConcurrentHashMap<String, AtomicInteger> counterMap = new ConcurrentHashMap<>(1);
    counterMap.put("counter", counter);
    // 控制两个线程同时启动的开关
    CountDownLatch starter = new CountDownLatch(1);
    // 两个线程共享同一个 counterMap 对象，并且每隔 2 秒递增一次，模拟并发递增的情况
    Thread thread1 = new Thread(new CounterTask(starter, counterMap));
    Thread thread2 = new Thread(new CounterTask(starter, counterMap));
    thread1.start();
    thread2.start();
     // 同时启动
    starter.countDown();
    // 在主线程等待以上两个线程执行完成
```

```
    try {
        thread1.join();
        thread2.join();
    } catch (InterruptedException e) {
        e.printStackTrace();
    }
    // 打印最后结果
    System.out.println(counterMap.get("counter"));
}
// 计数任务定义
private static class CounterTask implements Runnable  {
    // 启动控制开关
    private CountDownLatch starter;
    // value 为 Integer 类型
    // private ConcurrentHashMap<String, Integer> counterMap;
    // value 为 AtomicInteger 类型
    private ConcurrentHashMap<String, AtomicInteger> counterMap;
    CounterTask(CountDownLatch starter,
        ConcurrentHashMap<String, AtomicInteger> counterMap) {
        this.starter = starter;
        this.counterMap = counterMap;
    }
    @Override
    public void run() {
        try {
            // 等待主线程通知开始执行
            starter.await();
            for (int i = 0; i < 10; i++) {
                // 非线程安全的 Integer 递增
                // Integer counter = counterMap.get("counter");
                // counterMap.put("counter", ++counter);
                // 线程安全的 AtomicInteger 递增
                AtomicInteger counter = counterMap.get("counter");
                counter.incrementAndGet();
                counterMap.put("counter", counter);
                System.out.println(Thread.currentThread().getName()
                                 + ":" + counterMap.get("counter"));
                // 每隔 2 秒递增一次
                Thread.sleep(2000);
            }
        } catch (InterruptedException e) {
            e.printStackTrace();
        }
    }
}
```

（1）首先使用 Integer 类型的 value（以上代码已经注释掉了），线程 thread1 和 thread2 各递增 10 次，如果没有并发问题，则结果是 20。 但是使用的是非线程安全的 Integer 类型的 value，测试打印为 14，不是预期的 20，所以出现了线程安全问题。具体打印如下：

```
Thread-0:1
Thread-1:1
Thread-0:2
Thread-1:2
Thread-0:3
Thread-1:4
Thread-0:5
Thread-1:5
Thread-1:6
Thread-0:6
Thread-1:7
Thread-0:8
Thread-1:9
Thread-0:10
Thread-0:11
Thread-1:11
Thread-0:12
Thread-1:13
Thread-1:14
Thread-0:14
14
```

（2）然后替换为使用原子类 AtomicInteger，由于 AtomicInteger 自身是线程安全的，故最终结果为 20，符合预期。具体打印如下：

```
Thread-1:1
Thread-0:2
Thread-1:4
Thread-0:4
Thread-1:6
Thread-0:6
Thread-1:8
Thread-0:8
Thread-0:10
Thread-1:10
Thread-0:12
Thread-1:12
Thread-1:14
Thread-0:14
Thread-1:15
Thread-0:16
```

```
Thread-1:18
Thread-0:18
Thread-1:20
Thread-0:20
20
```

5.3.2 ▶ JDK 1.7 源码实现

在 HashMap 的实现当中，内部是使用一个链式哈希表来实现的，即链表结点 Node 组成的数组 table。在 JDK 1.7 中，ConcurrentHashMap 是使用多个哈希表，也称为多个分段锁来实现的。具体为通过定义一个 Segment 来封装一个哈希表，其中 Segment 继承于 ReentrantLock，故自带锁的功能。所以每个分段锁 Segment 相当于一个 HashMap，只是结合使用了 ReentrantLock 来进行加锁实现并发控制和线程安全。

JDK 1.7 版本的基于分段锁 Segment 的 ConcurrentHashMap 的核心定义如下：

```
public class ConcurrentHashMap<K, V> extends AbstractMap<K, V>
        implements ConcurrentMap<K, V>, Serializable {
    // segments 数组的默认容量
    static final int DEFAULT_INITIAL_CAPACITY = 16;
    // segments 数组，即分段锁数组
    final Segment<K,V>[] segments;
    // 省略其他代码
}
```

其中 segments 数组用来存放 ConcurrentHashMap 的所有键值对数据，每个 Segment 存放所有键值对的一部分。该数组的默认大小为 16，也称为并发级别，即默认最多支持 16 个线程同时进行操作。

1. 分段锁的定义

分段锁 Segment 的定义如下：

```
// 继承于 ReentrantLock 锁
static final class Segment<K,V> extends ReentrantLock implements
Serializable {
    // 数组 + 链表结构，即链式哈希
    transient volatile HashEntry<K,V>[] table;
    // 省略其他代码
}
```

Segment 是 ConcurrentHashMap 的一个静态内部类，继承于 ReentrantLock，故 Segment 本身就是一个锁实现，可以直接调用父类 ReentrantLock 的 lock 和 unlock 等方法进行加锁和

解锁。在内部定义了一个 HashEntry 数组 table，通过使用每个键值对的 key 的 hash 值与数组大小进行位运算，将 hash 值相同的键值对都放在同一个链表中。

其中数组 table 使用 volatile 关键字修饰，保证某个线程新增链表节点并放到 table 数组时，如新增链表头结点或者在已经存在的链表新增一个节点，对其他线程可见。

链表节点 HashEntry 的定义如下：

```
static final class HashEntry<K,V> {
    // hash 和 key 均使用 final 修饰为不可变
    final int hash;
    // 键值对数据的 key，使用 final 修饰
    final K key;
    // 键值对数据的 value
    // volatile 修饰 value 和 next 保证线程可见性
    volatile V value;
    // 下一个链表节点
     volatile HashEntry<K,V> next;
    // 省略其他代码
}
```

分析：包含键值对 key 和 value 定义，key 的 hash 值，所在链表的下一个节点 next。该链表中的所有节点的 hash 都是相同的。其中 hash 和 key 均使用 final 修饰表示不可变，value 和 next 使用 volatile 修饰，保证对其操作的线程可见性。

2. 容量计算

在创建 ConcurrentHashMap 对象实例时，我们可以指定 ConcurrentHashMap 的整体容量大小。在 ConcurrentHashMap 的内部实现当中，由于数据是存储在 Segments 数组的，具体为存放在 Segments 数组的每个 Segment 分段锁内部的哈希表实现 table 数组里面。所以需要根据应用程序指定的整体大小来确定 Segment 数组的大小和 Segment 内部的 HashEntry 数组 table 的大小。

在实现层面，需要保证 Segment 数组的大小和 Segment 内部的 HashEntry 数组的大小都符合是 2 的 n 次方的约束。这个约束是因为需要通过使用键 key 的 hash 值来进行位运算，从而计算某个键值对属于哪个 Segment 和属于该 Segment 内部的 HashEntry 数组 table 的哪个位置的链表。

Segment 数组和 HashEntry 数组的容量计算是在 ConcurrentHashMap 的构造函数中完成的，具体实现如下：

```
public ConcurrentHashMap(int initialCapacity,
                         float loadFactor, int concurrencyLevel) {
```

```
    if (!(loadFactor > 0) || initialCapacity < 0 || concurrencyLevel <= 0)
        throw new IllegalArgumentException();
    // segments 数组的最大大小不能超过 MAX_SEGMENTS
    // MAX_SEGMENTS 大小为 1 << 16, 即 65536
    if (concurrencyLevel > MAX_SEGMENTS)
        concurrencyLevel = MAX_SEGMENTS;
    int sshift = 0;
    int ssize = 1;
    // ssize : segments 数组的大小, 不能小于 concurrencyLevel, 默认为 16
    while (ssize < concurrencyLevel) {
        ++sshift;
        ssize <<= 1;
    }
    this.segmentShift = 32 - sshift;
    this.segmentMask = ssize - 1;
    // 整体容量的最大大小不能超过 MAXIMUM_CAPACITY
    // MAXIMUM_CAPACITY = 1 << 30, 即 1073741824
    if (initialCapacity > MAXIMUM_CAPACITY)
        initialCapacity = MAXIMUM_CAPACITY;
    // initialCapacity 为整体大小,
    // ssize 为 segments 数组的大小
    // c 则为 Segment 内部的 HashEntry 数组 table 的大小
    // c 是根据 initialCapacity / ssize 得到,
    // 即整体容量大小除以 Segment 数组的数量, 则
    // 得到每个 Segment 内部的 table 的大小
    int c = initialCapacity / ssize;
    if (c * ssize < initialCapacity)
        ++c;
    // c 可能不符合 2 的 n 次方的规定, 故需要调整, 使用 cap 来表示
    // cap : Segment 内部 HashEntry 数组的大小,
    // 最小为 MIN_SEGMENT_TABLE_CAPACITY, 默认为 2
    int cap = MIN_SEGMENT_TABLE_CAPACITY;
    // 保证 cap 是 2 的 n 次方
    while (cap < c)
        cap <<= 1;
    // HashEntry 数组的大小为 cap
    Segment<K,V> s0 =
        new Segment<K,V>(loadFactor, (int)(cap * loadFactor),
                    (HashEntry<K,V>[])new HashEntry[cap]);
    // 创建大小为 ssize 的 segments 数组
    Segment<K,V>[] ss = (Segment<K,V>[])new Segment[ssize];
    UNSAFE.putOrderedObject(ss, SBASE, s0);
    this.segments = ss;
}
```

分析：构造函数的参数分别为整体容量大小 initialCapacity、拓容因子 loadFactor 和并发级别 concurrencyLevel。其中 Segment 数组的大小由并发级别 concurrencyLevel 计算得到。即如果 concurrenyLevel 的值是 2 的 *n* 次方，则 Segment 数组的大小就等于 concurrencyLevel，否则重新计算，直到得到刚好大于 concurrencyLevel 的且符合 2 的 *n* 次方的值，此时使用该值作为 Segment 数组的大小。

每个 Segment 内部的 HashEntry 数组 table 的大小使用整体容量大小 initialCapacity 除以 Segment 数组大小得到。如果得到的结果不满足 2 的 *n* 次方，则往上调整，使得 HashEntry 数组的大小符合 2 的 *n* 次方的约束，从而方便进行位运算，提高性能。

3. 线程并发控制

由以上 ConcurrentHashMap 的构造函数的分析可知，并发级别是由 concurrencyLevel 参数规定的，具体为通过创建大小为 concurrencyLevel 的 Segment 数组来实现。

如果使用其他版本的构造函数，不指定 concurrencyLevel 的值，则默认通过 DEFAULT_CONCURRENCY_LEVEL 来定义 Segment 数组的大小，默认为 16，即创建大小为 16 的 Segment 数组。这样在任何时刻最多可以支持 16 个线程同时对 ConcurrentHashMap 进行写操作，此时每个 Segment 都可以有一个线程在进行写操作。

虽然 Segment 数组的大小可以由应用程序通过在 ConcurrentHashMap 的构造函数中传入 concurrencyLevel 参数来指定，不过也不能是无限大的，最大值为 MAX_SEGMENTS，即 65536，具体值通过如下常数定义：

```
// 默认并发级别
static final int DEFAULT_CONCURRENCY_LEVEL = 16;
// 最大并发级别，即 65536
static final int MAX_SEGMENTS = 1 << 16;
```

4. 添加键值对：put 方法

添加键值对数据到 ConcurrentHashMap 主要分为两个过程。

（1）首先通过键 key 的 hash 值确定 Segment 数组的下标，即需要往哪个 segment 存放该键值对数据；

（2）确定好 segment 之后，则调用该 segment 的 put 方法，写到该 segment 内部的 HashEntry 数组 table 的某个链表中。链表的确定也是根据 key 的 hash 值和 segment 内部的 HashEntry 数组 table 的大小，通过位运算取模得到的。

对于以上两个过程，过程（1）在 ConcurrentHashMap 中执行 put 操作确定 Segment 数组的下标是没有加锁的；而过程（2）在 Segment 中执行 put 操作来确定对应的 HashEntry 链表节点，并在该链表添加该键值对对应的链表节点，通过 ReentrantLock 加锁。

过程（1）源码实现如下：

```
public V put(K key, V value) {
    Segment<K,V> s;
    if (value == null)
        throw new NullPointerException();
    int hash = hash(key);
    int j = (hash >>> segmentShift) & segmentMask;
    // 根据 key 的 hash 值，确定具体的 Segment，不需要加锁，因为在后面的 put 方法会加锁
    if ((s = (Segment<K,V>)UNSAFE.getObject
         (segments, (j << SSHIFT) + SBASE)) == null)
        // 保证 Segment 对象存在
        s = ensureSegment(j);
    // 往该 segment 实例设值，即往 Segment 内部的 table 数组的某个链表节点设值
    return s.put(key, hash, value, false);
}
```

过程（2）首先获取 lock 锁，然后根据 key 的 hash 值，获取在 segment 内部的 HashEntry 数组 table 的下标，从而获取对应的链表，具体为链表头。源码实现如下：

```
// onlyIfAbsent 参数如果为 true，则表示只有没添加过该键值对才进行添加操作
final V put(K key, int hash, V value, boolean onlyIfAbsent) {
    // tryLock：非阻塞获取 lock，如果当前没有其他线程持有该 Segment 的锁，
    // 则返回 null，继续往下执行。

    // scanAndLockForPut：该 segment 锁被其他线程持有了，
    // 则非阻塞重试 3 次，超过 3 次则阻塞等待锁。之后返回对应的链表节点。
    HashEntry<K,V> node = tryLock() ? null :
        scanAndLockForPut(key, hash, value);
    V oldValue;
    try {
        HashEntry<K,V>[] tab = table;
        // 通过位运算确定该键值对所在的链表的数组下标
        int index = (tab.length - 1) & hash;
        // 链表头结点
        HashEntry<K,V> first = entryAt(tab, index);
        for (HashEntry<K,V> e = first;;) {
            // 已经存在，则更新值 value
            if (e != null) {
                K k;
                if ((k = e.key) == key ||
                    (e.hash == hash && key.equals(k))) {
                    // 更新
                    oldValue = e.value;
```

```
                if (!onlyIfAbsent) {
                    e.value = value;
                   // 更新 value 时，也递增 modCount，
                   // 而在 HashMap 中是结构性修改才递增。
                    ++modCount;
                }
                break;
            }
            e = e.next;
        }
        else {
            // 注意新增节点时，是在头部添加的，即最后添加的节点是链表头结点
            // 这个与 HashMap 是不一样的，HashMap 是在链表尾部新增节点。
            if (node != null)
                node.setNext(first);
            else
                node = new HashEntry<K,V>(hash, key, value, first);
            int c = count + 1;
            if (c > threshold && tab.length < MAXIMUM_CAPACITY)
                // 拓容
                rehash(node);
            else
                // 当前新增的该节点作为链表头结点放在哈希表 table 数组中
                setEntryAt(tab, index, node);
            ++modCount;
            // 递增当前整体的元素个数
            count = c;
            oldValue = null;
            break;
        }
    }
  } finally {
    // 释放 lock 锁
    unlock();
  }
  // 返回旧值
  return oldValue;
}
```

由以上源码分析可知，put 操作通过加锁来避免并发修改是通过调用 scanAndLockForPut 方法来实现的。scanAndLockForPut 的源码实现如下：

```
private HashEntry<K,V> scanAndLockForPut(K key, int hash, V value) {
    HashEntry<K,V> first = entryForHash(this, hash);
    HashEntry<K,V> e = first;
```

```
    HashEntry<K,V> node = null;
    int retries = -1;
    // 非阻塞自旋获取 lock 锁
    while (!tryLock()) {
        HashEntry<K,V> f;
        // 达到最大重试次数，无法继续重试了
        if (retries < 0) {
            if (e == null) {
                if (node == null)
                    node = new HashEntry<K,V>(hash, key, value, null);
                retries = 0;
            }
            else if (key.equals(e.key))
                retries = 0;
            else
                e = e.next;
        }
        // MAX_SCAN_RETRIES 为 2，尝试 3 次后，则当前线程阻塞等待 lock 锁
        else if (++retries > MAX_SCAN_RETRIES) {
            // 阻塞加锁
            lock();
            break;
        }
        else if ((retries & 1) == 0 &&
                 (f = entryForHash(this, hash)) != first) {
            e = first = f;
            retries = -1;
        }
    }
    return node;
}
```

加锁过程分析：

在 while 循环中，首先通过调用 tryLock 方法以非阻塞的方式获取锁，成功则返回 true，失败则返回 false。如果返回 false，则说明该互斥锁被其他线程持有，继续调用 tryLock 方法以非阻塞的方式重试 3 次，如果超过 3 次还没有获取成功，则调用 lock 方法以阻塞的方式等待锁。

之后成功获取到互斥锁，则首先获取当前需要写的键值对对应的链表的头节点，遍历查找获取之前已经存在的链表节点，或者创建一个新的链表节点并返回给 put 方法。执行完成之后释放锁，故其他线程可以继续对该 Segment 进行操作。

5. 查找键值对：get 方法

get 操作主要用于获取指定的 key 对应的 value，get 读操作是不需要加锁的，而是通过使用 UNSAFE 类提供的 volatile 版本的 getObejcVolatile 方法来保证线程可见性，从而可以读取到其他线程的修改结果。

get 方法的实现源码如下：

```
public V get(Object key) {
    Segment<K,V> s;
    HashEntry<K,V>[] tab;
    int h = hash(key);
    long u = (((h >>> segmentShift) & segmentMask) << SSHIFT) + SBASE;
    // 获取 segment
    if ((s = (Segment<K,V>)UNSAFE.getObjectVolatile(segments, u)) != null &&
        (tab = s.table) != null) {
        // 通过 hash 值计算哈希表 table 数组的下标，从而获取对应链表的头结点
        // 从链表头结点遍历链表
        for (HashEntry<K,V> e = (HashEntry<K,V>) UNSAFE.getObjectVolatile
                (tab, ((long)(((tab.length - 1) & h)) << TSHIFT) + TBASE);
             e != null; e = e.next) {
            K k;
            // 在链表找到该 key 对应的键值对，则返回其 value
            if ((k = e.key) == key || (e.hash == h && key.equals(k)))
                return e.value;
        }
    }
    // 以上查找没有找到，返回 null
    return null;
}
```

（1）通过 key 的 hash 值，调用 UNSAFE.getObjectVolatile 方法，由于是 volatile 版本，可以实现线程之间的可见性（遵循 happend-before 原则），故可以从最新的 segments 数组中获取该 key 所在的 segment；

（2）然后根据 key 的 hash 值，获取该 segment 内部的 HashEntry 数组 table 的下标，从而获取该 key 所在的链表的头结点。然后从链表头结点开始遍历该链表，如果最终没有找到，则返回 null 或者找到对应的链表节点，则返回该链表节点的 value。

6. 键值对个数计算：size 方法

size 方法主要是计算当前 HashMap 对象实例中存放的键值对的总个数，即累加 Segment 数组的每个 Segment 内部的哈希表 HashEntry 数组 tables 内的所有链表的所有链表节点的个数。该操作需要遍历 Segment 数组的每个 Segment 和每个 Segment 内部的 HashEntry 数组。

size 方法的源码实现如下：

```
public int size() {
    // 所有的 segments
    final Segment<K,V>[] segments = this.segments;
    int size;
    boolean overflow;
    // 累加 modCounts，这个在每次计算都是重置为 0
    long sum;
    // 记录前一次累加的 modCounts
    long last = 0L;
    int retries = -1;
    try {
        for (;;) {
            // RETRIES_BEFORE_LOCK 值为 2
            // retries 初始值为 -1
            // retries++ == RETRIES_BEFORE_LOCK，表示已经是第三次了，
            // 故需要加锁，前两次计算 modCounts 不一样，即期间有写操作。
            if (retries++ == RETRIES_BEFORE_LOCK) {
                for (int j = 0; j < segments.length; ++j)
                  // 每个 segment 都加锁，此时不能执行写操作了
                   ensureSegment(j).lock();              }
            // sum 重置为 0
            sum = 0L;
            size = 0;
            overflow = false;
            // 遍历每个 segment
            for (int j = 0; j < segments.length; ++j) {
                Segment<K,V> seg = segmentAt(segments, j);
                if (seg != null) {
                    // 累加各个 segment 的 modCount，以便与上一次的 modCount 进行比较，
                    // 看在这期间是否对 segment 修改过
                    sum += seg.modCount;
                    // segment 使用 count 记录该 segment 内部的所有链表的所有节点的总个数
                    int c = seg.count;
                    // size 为记录所有节点的个数，用于作为返回值，使用 size += c 来累加
                    if (c < 0 || (size += c) < 0)
                        overflow = true;
                }
            }
            // 前后两次都相等，
            // 则说明在这期间没有写的操作，
            // 故可以直接返回了
            if (sum == last)
                break;
```

```
                last = sum;
            }
        } finally {
            // retries 大于 RETRIES_BEFORE_LOCK,
            // 说明加锁计算过了，需要释放锁
            if (retries > RETRIES_BEFORE_LOCK) {
                for (int j = 0; j < segments.length; ++j)
                    segmentAt(segments, j).unlock();
            }
        }
        return overflow ? Integer.MAX_VALUE : size;
    }
```

分析：刚开始是不需要对 Segment 数组加锁的，重复计算两次，如果前后两次计算 Map 都没有修改过，即前后两次计算结果相同，则说明在这个过程中没有其他线程调用过 put 和 remove 操作，则直接返回计算结果。如果其他线程修改过了，则再加锁计算一次。如果不存在并发修改，则说明该方法效率较高，否则需要加锁，效率较低。

5.3.3 ▶ JDK 1.8 源码实现

在 JDK 1.7 版本中，主要通过定义 Segment 分段锁来实现多个线程对 ConcurrentHashMap 的数据的并发读写操作。整个 ConcurrentHashMap 由多个 Segment 组成，每个 Segment 保存整个 ConcurrentHashMap 的一部分数据，具体保存在 Segment 内部的 HashEntry 数组中。同时 Segment 结合 ReentrantLock，即 Segment 继承于 ReentrantLock，来实现写互斥、读共享，具体为有多少个 Segment，则在任何时候都可以最多支持这么多个线程同时进行写操作，任意多个线程进行读操作。对写操作使用 ReentrantLock 来进行加锁，读操作不加锁，通过 volatile 来实现线程之间的可见性。

在 JDK 1.8 版本中对 ConcurrentHashMap 的性能进行了进一步的优化，去掉了 Segment 分段锁的设计。新的设计在数据结构方面，则是跟 HashMap 一样，使用一个哈希表 table 数组，即数组 + 链表或者数组 + 红黑树；在线程安全方面，结合 CAS 机制、自旋和 synchronized 关键字来实现，其中 CAS 机制底层依赖 JDK 的 UNSAFE 类所提供的硬件级别的原子操作。与 HashMap 不同的是，ConcurrentHashMap 对哈希表 table 数组和链表节点的值 value、next 指针等都使用 volatile 关键字来修饰，从而实现线程可见性。

1. 核心字段

在 JDK 1.8 中，ConcurrentHashMap 的核心字段如下：

```
// 链式哈希表
transient volatile Node<K,V>[] table;

// 当前所有键值对个数统计
private transient volatile long baseCount;
private transient volatile CounterCell[] counterCells;
```

哈希表 table 数组：与 HashMap 一样也是使用一个 Node 类型的数组 table 来定义的，不同之处是使用 volatile 关键字修饰该数组，保证该数组中节点的修改操作对其他线程可见。

baseCount 和 counterCells：这两个字段是对 JDK 1.7 的 size 方法的优化，通过这两个字段来记录当前 ConcurrentHashMap 存在多少个元素。具体为在进行链表节点的增删时，默认更新 baseCount 的值即可。如果同时存在多个线程对链表节点进行并发增删操作，则放弃更新 baseCount，而是在 counterCells 数组中添加一个 CounterCell。之后在调用 size 方法计算当前存在的所有键值对的数量时，遍历并累加 counterCells 数组，然后再与 baseCount 相加。

链表节点 Node 的定义如下：包含键值对 key 与 value，指向链表下一个节点 next 指针，key 的哈希值 hash。其中 key 和 hash 均使用 final 关键字修饰，保持不可变；value 和 next 均使用 volatile 关键字修饰保证线程的可见性。

```
static class Node<K,V> implements Map.Entry<K,V> {
    // key 的哈希值
    final int hash;
    // 键
    final K key;
    // 值
    volatile V val;
    // 下一个链表节点
    volatile Node<K,V> next;
    // 省略其他代码
}
```

2. 核心方法

UNSAFE 类提供硬件级别的原子操作，主要定义了获取和新增单个链表节点 Node 的方法。具体为基于 UNSAFE 类提供的硬件级别的原子操作来保证线程安全，而不是通过加锁机制，如 synchronized 关键字或者 ReentrantLock 重入锁来实现，从而实现获取和新增链表节点的无锁化。源码实现如下：

```
// 原子获取链表节点
static final <K,V> Node<K,V> tabAt(Node<K,V>[] tab, int i) {
    return (Node<K,V>)U.getObjectVolatile(tab, ((long)i << ASHIFT) + ABASE);
```

```
}
// CAS 更新或新增链表节点
static final <K,V> boolean casTabAt(Node<K,V>[] tab, int i,
                                    Node<K,V> c, Node<K,V> v) {
    return U.compareAndSwapObject(tab, ((long)i << ASHIFT) + ABASE, c, v);
}
// 原子新增链表节点
static final <K,V> void setTabAt(Node<K,V>[] tab, int i, Node<K,V> v) {
    U.putObjectVolatile(tab, ((long)i << ASHIFT) + ABASE, v);
}
```

3. 写操作：put 方法

写操作是 put 方法定义，不过 put 方法在内部调用 putVal 方法，故主要在 putVal 方法定义写操作的逻辑。putVal 的实现逻辑与 HashMap 的 putVal 基本一致，只是相关操作，如获取链表节点或新增链表（链表还不存在，在数组中新增链表的头结点），都会使用到 UNSAFE 类提供的硬件级别的原子操作。

不过如果是更新链表节点的值，或者在一个已经存在的链表中新增节点，则是通过 synchronized 关键字加锁来实现线程安全性，注意只是对该链表进行加锁，即某个 hash 值对应的链表，不影响其他链表的操作。

put 方法与 putVal 方法的源码实现如下：

```
public V put(K key, V value) {
    return putVal(key, value, false);
}
final V putVal(K key, V value, boolean onlyIfAbsent) {
    // key 和 value 均不能为 null，而 HashMap 是允许的
    if (key == null || value == null) throw new NullPointerException();
    int hash = spread(key.hashCode());
    int binCount = 0;
    // 循环直到找到合适的数组位置和链表来存放该节点
    for (Node<K,V>[] tab = table;;) {
        Node<K,V> f; int n, i, fh;
        if (tab == null || (n = tab.length) == 0)

            // 1. 当前还没写入过键值对，则初始化哈希表 table
            tab = initTable();
        // i 为该键值对所在链表在 table 数组的下标
        // null 表示该 key 对应的链表（具体为链表头结点），在哈希表 table 中还不存在
        else if ((f = tabAt(tab, i = (n - 1) & hash)) == null) {
            // 2. 新增链表头结点，CAS 方式添加到哈希表 table
            if (casTabAt(tab, i, null,
```

```
                new Node<K,V>(hash, key, value, null)))
            break;
    }
    else if ((fh = f.hash) == MOVED)
        tab = helpTransfer(tab, f);
    else {
        V oldVal = null;
        // 更新键值对的值 value，或者在链表中新增一个链表节点
        // f 为链表头结点，使用 synchronized 关键字加锁
        // 此时该条链表被加锁了
        synchronized (f) {
            // 再次检查，即 double check
            // 即避免进入同步块之前，链表被修改了
            if (tabAt(tab, i) == f) {
                // hash 值大于 0
                if (fh >= 0) {
                    binCount = 1;
                    for (Node<K,V> e = f;; ++binCount) {
                        K ek;
                        // 3. 节点已经存在，更新值 value 即可
                        if (e.hash == hash &&
                            ((ek = e.key) == key ||
                             (ek != null && key.equals(ek)))) {
                            oldVal = e.val;
                            if (!onlyIfAbsent)
                                e.val = value;
                            break;
                        }
                        // 4. 该 key 对应的节点不存在，
                        // 则新增节点并添加到该链表的末尾
                        Node<K,V> pred = e;
                        if ((e = e.next) == null) {
                            pred.next = new Node<K,V>(hash, key,
                                                      value, null);
                            break;
                        }
                    }
                }
                // 红黑树节点，
                // 则往该红黑树更新或添加该节点即可
                else if (f instanceof TreeBin) {
                    Node<K,V> p;
                    binCount = 2;
                    if ((p = ((TreeBin<K,V>)f).putTreeVal(hash, key,
                                                   value)) != null) {
```

```
                        oldVal = p.val;
                        if (!onlyIfAbsent)
                            p.val = value;
                    }
                }
            }
        }
        // 判断是否需要将链表转为红黑树
        if (binCount != 0) {
            if (binCount >= TREEIFY_THRESHOLD)
                treeifyBin(tab, i);
            if (oldVal != null)
                return oldVal;
            break;
        }
    }
  }
  // 递增 ConcurrentHashMap 的节点总个数
  addCount(1L, binCount);
  return null;
}
```

（1）新增链表：如果当前需要被写入的键值对key对应的链表在哈希表table中还不存在，即还没添加过该 key 的 hash 值对应的链表，则调用 UNSAFE 类的 casTabAt 方法，基于 CAS 机制来实现添加该链表头结点到哈希表 table 中。

因为是往哈希表 table 数组的某个位置填充值，不需要遍历链表，所以可以基于 UNSAFE 类的 casTabAt 方法来执行原子操作，原子性地往 table 数组的这个位置填充这个链表头结点。

基于CAS机制可以避免该线程在添加该链表头结的时候，其他线程也在添加的并发问题。即如果基于 CAS 机制添加失败，说明其他线程刚好也添加了，此时已经存在该链表了，则进行自旋，继续执行到第（2）步的操作。

（2）新增或更新链表节点：如果需要添加的链表已经存在哈希表 table 中，则首先通过 UNSAFE 类的 tabAt 方法和基于 volatile 关键字来获取当前链表最新的链表头结点 f。

由于 f 指向的是 ConcurrentHashMap 的哈希表 table 的某条链表的头结点（虽然 f 是临时变量，但是 f 是该链表头结点的对象引用），所以可以使用 synchronized 关键字来同步多个线程对该链表的访问。在 synchronized(f) 同步块里面遍历该链表，如果该 key 对应的链表节点已经存在，则更新其值 value；否则在链表的末尾新增该键值对数据对应的链表节点。

使用 synchronized 同步锁的原因：首先，在该 key 对应的链表节点所在的链表已经存在的情况下，可以通过 UNSAFE 类的 tabAt 方法和基于 volatile 关键字获取到该链表最新的头节点。但是之后需要通过遍历该链表来判断该链表节点是否存在，如果不使用 synchronized

关键字对链表头结点进行加锁，则在遍历过程中，其他线程可能会添加这个节点，导致重复添加的并发问题。故通过 synchronized 关键字锁住链表头结点的方式，保证任何时候只存在一个线程对该链表进行更新操作。

其次，这里也将锁的范围进行了缩小，缩小到了单条链表，实现了性能优化。在 JDK 1.7 版本的 Segment 分段锁的写操作的实现中，需要先获取锁，即无论是链表不存在，添加链表头结点，还是在已经存在的链表中添加节点，又或是更新已经存在的链表节点，都需要先获取锁，并且是锁住该 Segment 内部的所有链表。

而在 JDK 1.8 版本中，对于链表不存在，新增链表头结点是不需要加锁的，只是在更新某个已经存在的链表节点的值，或者在已经存在的链表中新增链表节点时，需要锁住这条链表，而不会影响其他链表，所以锁的范围小很多，并发性能也较高。

4. 读操作：get 方法

读操作由于是从哈希表中查找并读取给定 key 对应的链表节点的数据，不会对链表进行写操作，故基于 volatile 关键字的线程可见性特性即可保证调用 get 方法读取到该 key 对应的最新链表节点。哈希表 table 数组，Node 类的 value 和 next 均使用 volatile 关键字修饰，故具有线程可见性。所以调用 get 方法读取数据的整个过程是不需要进行加锁的。

get 方法的源码实现如下：

```
// 获取给定 key 对应的值 value
public V get(Object key) {
    Node<K,V>[] tab; Node<K,V> e, p; int n, eh; K ek;
    int h = spread(key.hashCode());
    // 获取链表头结点
    if ((tab = table) != null && (n = tab.length) > 0 &&
        (e = tabAt(tab, (n - 1) & h)) != null) {
        // 头结点的 key 和 hash 均相等说明找到了，直接返回值 value 即可
        if ((eh = e.hash) == h) {
            if ((ek = e.key) == key || (ek != null && key.equals(ek)))
                return e.val;
        }
        else if (eh < 0)
            return (p = e.find(h, key)) != null ? p.val : null;
        // 遍历该链表，查找对应的节点
        while ((e = e.next) != null) {

            // 节点的 key 和 value 均相等说明找到了，直接返回值 value 即可
            if (e.hash == h &&
                ((ek = e.key) == key || (ek != null && key.equals(ek))))
                return e.val;
```

```
        }
    }
    // 没有找到，返回空值 null
    return null;
}
```

5. 统计所有键值对的数量：size 方法

size 方法为计算当前 ConcurrentHashMap 一共存在多少个键值对数据，或者多少个链表节点。与 JDK 1.7 中每次需要遍历 segments 数组来计算不同的是，在 JDK 1.8 中，使用 baseCount 和 counterCells 数组，在增删链表节点时，可通过实时更新来统计键值对的数量。在调用 size 方法时，直接返回这个数量即可，整个过程不需要对哈希表加锁，性能更高。

size 方法的源码实现如下：

```
public int size() {
    // 计算键值对数量
    long n = sumCount();
    return ((n < 0L) ? 0 :
            (n > (long)Integer.MAX_VALUE) ? Integer.MAX_VALUE :
            (int)n);
}
// CounterCell 定义
@sun.misc.Contended static final class CounterCell {
    // 当前对象实例记录的键值对数量
    volatile long value;
    CounterCell(long x) { value = x; }
}
// 计算键值对数量
final long sumCount() {
    CounterCell[] as = counterCells; CounterCell a;
    // sum 初始化为 baseCount
    long sum = baseCount;
if (as != null) {
        // 遍历 counterCells 并累加其 value 到 sum
        for (int i = 0; i < as.length; ++i) {
            if ((a = as[i]) != null)
                sum += a.value;
        }
    }
    // 返回键值对数量
    return sum;
}
```

分析：size方法被调用时，不是简单地返回baseCount的值，而是检查类型为CouterCell的couterCells数组是否存在数据，如果存在，则需要将baseCount继续累加counterCells的每个counterCell记录的值，累加后最终得出当前的ConcurrentHashMap实例包含多少个键值对。

而counterCells数组是在之前调用put方法写数据时，发生并发修改异常的情况下，ConcurrentHashMap才会往counterCells数组添加数据。具体为调用put方法添加键值对数据时，会调用addCount方法递增当前的键值对数量baseCount，如果存在多个线程同时递增baseCount的值，则会发生并发修改异常，此时需要往counterCells中添加一个counterCell对象，以便于之后在size方法中累加。

addCount方法的源码实现如下：

```
private final void addCount(long x, int check) {
    CounterCell[] as; long b, s;
    if ((as = counterCells) != null ||
        // 1. 递增baseCount的值：如果CAS更新baseCount失败，表示存在并发异常
        !U.compareAndSwapLong(this, BASECOUNT, b = baseCount, s = b + x)) {
        CounterCell a; long v; int m;
        boolean uncontended = true;
        if (as == null || (m = as.length - 1) < 0 ||
            (a = as[ThreadLocalRandom.getProbe() & m]) == null ||
            !(uncontended =
              U.compareAndSwapLong(a, CELLVALUE, v = a.value, v + x))) {

            // 2. CAS更新失败时，在counterCells数组添加一个counterCell对象
            fullAddCount(x, uncontended);
            return;
        }
        if (check <= 1)
            return;
        s = sumCount();
    }
    // 省略其他代码
}
```

分析：CounterCell的value值为1，作用是某个线程在更新baseCount时，如果存在其他线程同时在更新，则放弃更新baseCount的值，即保持baseCount不变。然后各自往counterCells数组添加一个counterCell元素。在size方法中会首先累加counterCells数组的value，然后与baseCount相加，从而获取准确的大小。

5.4 ConcurrentSkipListMap 有序并发 Map

在Java集合框架中提供了TreeMap来实现Map的键key的有序性，TreeMap不是线程安全的，如果多个线程对 TreeMap 进行结构性修改，如添加或删除键值对数据，则需要进行加锁同步。在 Java 并发包中提供了 ConcurrentSkipListMap 来实现一个并发、线程安全版本的 TreeMap。

TreeMap 是基于红黑树实现的，而 ConcurrentSkipListMap 是基于跳表实现的线程安全的键 key 有序的 Map。与 ConcurrentHashMap 一样，ConcurrentSkipListMap 的键值对 key 和 value 也都不能是空值 null。

ConcurrentSkipListSet 是基于 ConcurrentSkipListMap 实现的线程安全有序 Set。由于在 Java 并发包中并没有提供与 HashSet 对应的线程安全的 ConcurrentHashSet，所以如果需要线程安全 Set，则可以使用 ConcurrentSkipListSet。ConcurrentSkipListSet 内部也是基于 ConcurrentSkipListMap 来实现的，具体为在内部包含一个 ConcurrentSkipListMap 对象引用，然后使用 ConcurrentSkipListMap 的 putIfAbsent 方法来添加数据，从而保证不会重复添加数据。

5.4.1 ▶ 用法

ConcurrentSkipListMap 由于是线程安全版本的 TreeMap，实现了键 key 的有序性，故在多线程编程中，可以使用 ConcurrentSkipListMap 来替代基于 TreeMap 和 synchronized 的关键字，或者 ReentrantLock 可重入锁来实现线程安全。

在性能方面，ConcurrentSkipListMap 在数据结构方面使用了跳表，跳表的时间复杂度是 O（lgN），而 TreeMap 为使用红黑树，时间复杂度也是 O（lgN），故数据结构方面差不多。但是在线程同步方面，ConcurrentSkipListMap 优于基于 TreeMap 和 synchronized 的关键字或者 ReentrantLock 来实现。

下面以按顺序打印 key 为例介绍 ConcurrentSkipListMap 的使用。源码实现如下：

```
public class ConcurrentSkipListMapDemo {
    public static void main(String[] args) {
        // 打印 TreeMap
        System.out.println("===TreeMap===");
        Map treeMap = buildNormalSortedMap();
        printMapSortedKeyValue(treeMap);
        // 打印 ConcurrentSkipListMap
        System.out.println("===ConcurrentSkipListMap===");
        Map concurrentSortedMap = buildConcurrentSortedMap();
```

```
        printMapSortedKeyValue(concurrentSortedMap);
    }
    // 创建 TreeMap
    public static TreeMap<String, Object> buildNormalSortedMap() {
        TreeMap<String, Object> map = new TreeMap<>();
        initMap(map);
        return map;
    }
    // 创建 ConcurrentSkipListMap
    public static ConcurrentSkipListMap<String, Object> buildConcurrentSortedMap()
{
        ConcurrentSkipListMap<String, Object> map = new ConcurrentSkipListMap();
        initMap(map);
        return map;
    }
    private static void initMap(Map<String, Object> map) {
        List<String> unSortedKeys = Arrays.asList("1key", "3key", "2key", "4key");
        for (String key : unSortedKeys) {
            map.put(key, key);
        }
    }
    // 打印 map 的 key，value
    public static void printMapSortedKeyValue(Map<String, Object> map) {
        for (Map.Entry entry : map.entrySet()) {
            System.out.println(entry.getKey() + ":" + entry.getValue());
        }
    }
}
```

打印结果如下：

```
===TreeMap===
1key:1key
2key:2key
3key:3key
4key:4key
===ConcurrentSkipListMap===
1key:1key
2key:2key
3key:3key
4key:4key
```

TreeMap 和 ConcurrentSkipListMap 都实现了 key 的有序性，在打印中左边为 key，右边为 value。

Java 并没有提供线程安全版本的 HashSet，如 ConcurrentHashSet，所以如果需要使用线程安全的Set，则可以使用ConcurrentSkipListSet。由于ConcurrentSkipListSet是基于ConcurrentSkipListMap实现的，故操作时间复杂度也是O（lgN），而不是常数O（1）。关于ConcurrentSkipListSet的使用示例请参考前面5.3节ConcurrentHashMap的缓存例子的分析。

5.4.2 ▶ 源码实现

1. 常量操作时间复杂度和线程安全性保证

ConcurrentSkipListMap由于是基于跳表实现的，而跳表是一种类似于树的链表，相关读写操作类似于对树节点进行操作，所以时间复杂度都是O(lgN)的，包括put、get、containsKey、remove等方法。

在多线程环境中，可能存在多个线程对该Map进行并发修改，所以如果需要获取当前Map的键值对个数，如size方法的实现，则需要遍历整个Map或者说整个跳表，故实现复杂度为O(N)。同时这个操作也不是原子操作，即在遍历统计过程中，其他线程可能会继续增删节点，所以结果不能保证完全准确。其他批量操作，包括putAll、equals、toArray、containsValue、clear，也不是原子操作的，主要原因是如果批量操作要完全实现互斥访问，则需要锁住这个跳表，这样会影响操作，降低性能。

ConcurrentSkipListMap的put方法实现的是将键值对数据插入到Map，在内部实现是往跳表插入节点；get方法实现的是从Map中获取指定key对应的键值对数据，在内部实现是从跳表查找指定key对应的节点。针对这些操作，在内部主要是通过UNSAFE类提供的CAS硬件级别的原子操作和自旋来实现无锁化，保证线程安全。

由于ConcurrentSkipListMap的批量操作不具备原子性，同时读写方法的时间复杂度也不是常量级别的；故如果没有需要保证键key有序的需求，对于线程安全Map，一般使用ConcurrentHashMap即可。因为ConcurrentHashMap的性能更高，相关的get、put、containsKey方法时间复杂度都是常量级别。

2. 键key的有序性

ConcurrentSkipListMap主要是根据键key来排序的，默认为自然序，如字符串的字典序。如果要自定义键的排序规则，则可以在构造函数中提供自定义Comparator接口实现，提供自定义比较器来实现键key的排序。

ConcurrentSkipListMap的所有的构造函数如下：

```
// comparator为null，使用key的自然序，如字典序
public ConcurrentSkipListMap() {
```

```
    this.comparator = null;
    initialize();
}
// 自定义 comparator 来实现 key 的排序
public ConcurrentSkipListMap(Comparator<? super K> comparator) {
    this.comparator = comparator;
    initialize();
}
// 将指定 map 通过 ConcurrentSkipListMap 来包装，
// 从而实现该 map 的 key 的排序和该 map 的线程安全性
public ConcurrentSkipListMap(Map<? extends K, ? extends V> m) {
    this.comparator = null;
    initialize();
    putAll(m);
}
// 将指定的有序 map 作为参数，内部使用该有序 map 的 comparator，
// 同时为该 map 提供线程安全特性
public ConcurrentSkipListMap(SortedMap<K, ? extends V> m) {
    this.comparator = m.comparator();
    initialize();
    buildFromSorted(m);
}
```

分析：除可以指定比较器 Comparator 外，ConcurrentSkipListMap 也可以将普通的 Map 接口实现类包装成键 key 有序、线程安全的 Map 实现。

3. 迭代器 iterator

ConcurrentSkipListMap 的迭代器是基于快照实现的，所以在数据一致性方面是弱一致性的。同时对于迭代器遍历所返回的每个 Map 节点元素 Map.Entry，即键值对数据，由于是基于快照实现的，所以不支持通过 Entry.setValue 来修改键值对的值。在性能方面，升序 key 的迭代器性能优于降序 key。

ConcurrentSkipListMap 的迭代器在 EntryIterator 类定义，定义如下：

```
final class EntryIterator extends Iter<Map.Entry<K,V>> {
    public Map.Entry<K,V> next() {
        Node<K,V> n = next;
        V v = nextValue;
        advance();
        // 节点键值对快照，Immutable 不可修改，即该 Map.Entry 不能修改
        return new AbstractMap.SimpleImmutableEntry<K,V>(n.key, v);
    }
}
```

5.5 小结

Java 提供的线程安全集合主要包括字典映射实现 Map，如 HashTable、SynchronizedMap、ConcurrentHashMap、ConcurrentSkipListMap，以及唯一性集合实现 Set，如基于 Concurrent SkipListMap 实现的 ConcurrentSkipListSet。

由于这些集合在内部实现的数据结构与方式存在差异，所以并发性能也存在差异。具体为 HashTable 和 SynchronizedMap 内部都是基于 synchronized 关键字加锁来实现线程同步的，所以并发性能方面要低于 ConcurrentHashMap。其中 ConcurrentHashMap 也是我们最常使用的线程安全 Map 的实现。

在 JDK 1.8 中，ConcurrentHashMap 的内部实现有了较大改动，由原来的基于分段锁 Segment 的实现改为了基于 CAS 机制和自旋的实现。这种改进使得并发性能有了较大提高。对于唯一性集合实现 Set，在 Java 并发包中，并没有像 HashMap 提供 ConcurrentHashMap 实现一样，来为 HashSet 提供一个 ConcurrentHashSet 实现，而是基于 ConcurrentSkipListMap 实现了一个 ConcurrentSkipListSet。所以 ConcurrentSkipListSet 是线程安全版本的 HashSet 实现，只是内部结构是基于跳表这种数据结构实现，而不是基于哈希表实现的，性能方面会有所降损。

第6章

6

Java 并发队列

本章主要对 Java 并发包提供的线程安全队列的相关核心类的用法和源码实现原理进行介绍，包括阻塞先入先出队列，如 LinkedBlockingQueue 和 ArrayBlockingQueue，阻塞先入先出双端队列 BlockingDeque 接口，并发队列 ConcurrentLinkedQueue 以及写时拷贝列表 CopyOnWriteArrayList。

ArrayList 和 LinkedList 是 Java 编程中最常使用的两个列表类，其中 ArrayList 是基于数组实现的，LinkedList 是基于链表实现的。不过这两个类都不是线程安全的，故如果需要在多线程编程中使用这两个类，则需要结合 synchronized 关键字或者 ReentrantLock 可重入锁来加锁实现线程同步。

为了方便使用，即不需要在应用代码中对这些列表类的每个方法都显式使用 synchronized 关键字进行同步，可以使用集合工具类 Collections 的 SynchronizedList 这个同步列表包装类对 ArrayList 或者 LinkedList 进行包装，由 SynchronizedList 在内部对这些列表类的操作进行加锁同步。在使用方面，与 SynchronizedMap 类似，需要使用 Collections.synchronizedList 方法来包装对应的列表为 SynchronizedList。

除此之外，在 Java 并发包中提供了多个并发列表或者称为并发队列实现，这些并发队列是线程安全的。在多线程编程中，比较常用的包括阻塞、先入先出队列 LinkedBlockingQueue 和阻塞、先入先出双端队列 LinkedBlockingDeque，以及适合于读多写少场景的写时拷贝列表 CopyOnWriteArrayList。下面详细介绍这几种线程安全的并发队列的使用场景与源码实现。

6.1 BlockingQueue 阻塞先入先出队列

BlockingQueue 阻塞先入先出队列，通常用于生产者和消费者模型中。因为 BlockingQueue 接口的实现类是线程安全的，所以可以被多个生产者线程和多个消费者线程共享同一个队列对象实例，生产者线程负责往队列填充数据，消费者线程负责从队列读取数据。

在 BlockingQueue 的接口设计层面，添加和读取数据的操作主要分为以下两种。

（1）从队列尾部添加数据元素；

（2）从队列头部获取并删除数据元素。

针对这些操作，BlockingQueue 接口提供了四个版本的方法实现，分类的标准主要是根据操作失败的处理方式不同，具体分为抛异常、直接返回一个特殊值 null 或者 false、无限阻塞直到队列不满或者队列不空和包含超时机制，以及阻塞指定的时间。

在实现层面，BlockingQueue 接口的实现类主要包括基于数组实现的 ArrayBlockingQueue 和基于单向链表实现的 LinkedBlockingQueue，前者是有界队列，后者是无界队列，即可以往队列一直填充数据。

6.1.1 ▶ 用法

基于读写操作失败时的处理方式的不同，BlockingQueue 接口提供了多个版本的增删方法实现，主要是基于阻塞和非阻塞来分类，核心方法如下。

（1）数据添加到队列尾：如果队列满了，没有空闲空间，无法添加数据，则按以下方法处理。

- add 方法：抛异常，需要应用代码捕获这个异常。
- put 方法：无限阻塞等待，直到队列不满，有空闲空间。
- offer 方法：非阻塞，如果队列满了，直接返回 false，则表示添加失败。
- offer timeout 超时版本方法：阻塞等待指定的时间，如果超时后还是无法添加成功，则自动退出阻塞。

（2）从队列头读取数据：如果队列为空，则按以下方法处理。

- element 方法：抛异常，其中 element 方法只是读取队列头的数据，不会删除队列头的数据。
- take 方法：无限阻塞等待，直到队列存在数据可读。
- poll 方法：非阻塞读取，当队列为空，没有数据可读时，直接返回空值 null。
- peek 方法：非阻塞读取，与 element 一样，也是只读队列头数据，不会删除队列头的数据。
- poll timeout 超时版本方法：阻塞等待指定的时间，如果超时还没有数据可读，则退出阻塞。

（3）从队列头删除数据：如果队列为空，则按以下方法处理。

- remove 方法：抛异常退出。
- poll 方法：非阻塞，直接返回 false。
- take 方法：无限阻塞等待，直到队列存在数据可删。
- poll timeout 超时版本方法：阻塞等待指定的时间，如果超时还没数据，则自动退出阻塞。

除以上针对操作失败情况的不同处理方法外，BlockingQueue 还包括如下的特性：

（1）空值 null：在 add、put、offer 方法中，均不能添加空值 null，否则抛空指针异常 NullPointerException。

（2）容量：如果在创建队列的对象实例时不指定最大容量，则默认最大容量为 Integer.MAX_VALUE。

（3）线程安全：BlockingQueue 是线程安全的，遵循内存可见性的 happend-before 原则，即往队列写入数据的线程优先于从队列读取或删除数据的线程，从而保证一个线程的写对其他线程可见。在内部实现当中，通过使用可重入锁ReentrantLock和条件Condition来实现增删改的线程安全，以及实现生产者和消费者线程之间的交互协作。

通常用在多线程的生产者和消费者模型中，多个生产者线程和多个消费者线程共享一个队列BlockingQueue接口的实现类对象实例，生产者线程在队列尾部追加数据，消费者线程从队列的头部获取数据，并将数据从队列的头部删除。

以下为一个生产者和两个消费者的使用示例。使用一个生产者线程每隔2秒生产一个产品“product”并填充到类型为LinkedBlockingQueue的队列中；两个消费者线程轮询这个队列，当有新产品时，取出并打印。源码实现如下：

```
public class BlockingQueueDemo {
    public static void main(String[] args) {
        // 生产者和消费者共享同一个队列
        BlockingQueue q = new LinkedBlockingQueue<>();
        // 一个生产者线程
        Producer p = new Producer(q);
        // 两个消费者线程
        Consumer c1 = new Consumer(q);
        Consumer c2 = new Consumer(q);
        // 启动线程
        new Thread(p).start();
        new Thread(c1).start();
        new Thread(c2).start();
    }
    // 产品序列号
    private static AtomicInteger seq = new AtomicInteger(0);
    /**
     * 生产者
     */
    static class Producer implements Runnable {
        private final BlockingQueue queue;
        Producer(BlockingQueue q) { queue = q; }
        @Override
        public void run() {
            try {
                while (true) {
                    // 使用put方法：如果队列满了，则阻塞等待
                    queue.put(produce());
                    Thread.sleep(2000);
                }
            } catch (InterruptedException e) {
                e.printStackTrace();
            }
```

```
        }
        // 生产产品
        Object produce() {
            return "product-" + seq.incrementAndGet();
        }
    }
    /**
     * 消费者
     */
    static class Consumer implements Runnable {
        private final BlockingQueue queue;
        Consumer(BlockingQueue q) { queue = q; }
        @Override
        public void run() {
            try {
                while (true) {
                    // 使用 take 方法：如果队列为空，则阻塞等待
                    consume(queue.take());
                }
            } catch (InterruptedException e) {
                e.printStackTrace();
            }
        }
        // 消费产品
        void consume(Object product) {
            System.out.println(Thread.currentThread().getName() + " consume
" + product);
        }
    }
}
```

执行结果如下，两个消费者线程从队列中竞争消费数据并打印。

```
Thread-1 consume product-1
Thread-1 consume product-2
Thread-2 consume product-3
Thread-1 consume product-4
Thread-2 consume product-5
Thread-1 consume product-6
// 省略其他打印
```

6.1.2 ▶ 源码实现

BlockingQueue 接口主要包括两个实现类，分别为 ArrayBlockingQueue 和

LinkedBlockingQueue。在这两个实现类内部，主要是通过可重入锁 ReentrantLock 和条件 Condition 来实现多个生产者线程和消费者线程对存储数据的数组或链表，以线程安全的方式进行访问。

具体为多个生产者线程和多个消费者线程共享一个 BlockingQueue 接口的实现类对象实例来进行数据读写协作。在 BlockingQueue 接口实现类的内部会使用 Condition 类定义一个可读条件，当生产者线程往队列填充数据时，通知消费者线程可读；同时定义一个可写条件，当消费者线程从队列取出数据时，通知生产者线程可写。

1. ArrayBlockingQueue：基于数组实现的阻塞队列

ArrayBlockingQueue 是一个有界队列实现，在内部使用一个有界数组来进行数据存储，即数组大小是固定的，在创建该队列的对象实例后也不再改变。在应用方面，通常可以将 ArrayBlockingQueue 作为一个有界缓冲区来使用。

ArrayBlockingQueue 类的核心定义如下：

```
public class ArrayBlockingQueue<E> extends AbstractQueue<E>
        implements BlockingQueue<E>, java.io.Serializable {
    // 数据存储数组
    final Object[] items;
    // 队列头索引（第一个可读）
    int takeIndex;
    // 队列尾索引（第一个可写）
    int putIndex;
    // 当前在队列中的元素个数
    int count;
    // 线程同步锁
    final ReentrantLock lock;
    // 非空，生产者线程调用来通知消费者线程可以读了
    private final Condition notEmpty;
    // 非满，消费者线程调用来通知生产者线程可以写了
    private final Condition notFull;
    // 在构造函数中需要指定数组的固定容量
    // fair 默认为 false，即使用非公平锁
    public ArrayBlockingQueue(int capacity) {
        this(capacity, false);
    }
    // 构造函数，指定数组容量和是否使用公平锁
    public ArrayBlockingQueue(int capacity, boolean fair) {
        if (capacity <= 0)
            throw new IllegalArgumentException();
        // 创建大小为 capacity 的数组对象
```

```
        this.items = new Object[capacity];
        lock = new ReentrantLock(fair);
        notEmpty = lock.newCondition();
        notFull =  lock.newCondition();
    }
    // 省略其他代码
}
```

数据结构：内部使用一个类型为 Object 的数组 items 来存放数据，count 表示数组中当前存放数据的个数，数组的读下标为 takeIndex，写下标为 putIndex。takeIndex 和 putIndex 之间为可读数据，即该数组其实是一个环形数组。

环形数组的定义：putIndex 一直在 takeIndex“前面”，这个“前面”的定义是指环形的轮次 + 数组下标，其中环形轮次是指当前是第几轮，如刚开始是 0，一直写，不读，当写满的时候，putIndex 到了数组末尾，此时写线程不能再写。当某个读线程读完一个数据后，数组不满，此时 putIndex 会重置为 0，此时写操作是第 2 轮，而读操作还是第 1 轮，然后通过 count 来控制避免 putIndex 和 takeIndex 重叠。

线程同步：使用一个可重入锁 ReentrantLock，即读写线程共享该锁来实现对数据读写进行线程同步，实现线程安全。这里只使用了一个锁，故没有实现读写分离。而在后面会介绍的 LinkedBlockingQueue 中，使用了两个锁，读写线程各使用一个，实现了读写分离，所以 LinkedBlockingQueue 的并发性能相对较高。

在 ArrayBlockingQueue 内部通过一个 count 变量来记录当前队列中存在多少个元素，如果 count 与队列的容量 capacity 相等，则说明队列满了，无法继续添加数据；否则队列还可以正常添加数据。

（1）写操作：非阻塞写 offer 与阻塞写 put。

生产者写操作非阻塞写 offer 方法的具体源码实现如下：

```
// 非阻塞写，如果队列满，则直接返回
public boolean offer(E e) {
    // 检查是否为空值 null，不允许存放空值 null
    checkNotNull(e);
    final ReentrantLock lock = this.lock;
    // 加锁
    lock.lock();
    try {
    // 数组满了，无法再添加数据，直接返回 false
        if (count == items.length)
            return false;
        else {
            // 未满，正常添加数据到队列尾部
```

```
            enqueue(e);
            return true;
        }
    } finally {
        // 解锁
        lock.unlock();
    }
}
// 数据入队
private void enqueue(E x) {
    final Object[] items = this.items;
    // 在 putIndex 所在位置进行写
    items[putIndex] = x;
    // 递增 putIndex，等于 items.length 之后，
    // 置为 0，重头开始存放，开始新的一轮，实现了一个环形数组
    if (++putIndex == items.length)
        putIndex = 0;
    // 递增 count
    count++;
    notEmpty.signal();
}
```

阻塞写 put 方法的具体源码实现如下：

```
// 阻塞写，如果队列满，则阻塞等到队列非满为止
public void put(E e) throws InterruptedException {
    // 检查是否为空值 null，不允许存放空值 null
    checkNotNull(e);
    final ReentrantLock lock = this.lock;
    // 可中断的加锁
    lock.lockInterruptibly();
    try {
        // 等待，直到其他线程调用 notFull.signal
        while (count == items.length)
            // 线程让出 CPU，进入阻塞等待状态
            notFull.await();
        // 入队
        enqueue(e);
    } finally {
        lock.unlock();
    }
}
```

分析：offer 方法与 put 方法都需要先获取锁，然后看队列是否满了来决定是否将数据追加到队列，其中追加操作在 enqueue 方法中实现，在 enqueue 方法内部实现了环形数组的逻辑，

即当 ++putIndex==items.length 时，将 putIndex 重置为 0，进而开始下一轮。对于环形数组的数据覆盖问题，则是在外层将队列当前元素个数与队列容量进行比较来控制，即 count==items.length 的判断。

offer 方法为非阻塞实现，当队列满了，没有空闲空间时，直接返回 false 表示添加失败；put 方法为阻塞实现，当队列满时，调用 Condition 类的 notFull 对象的 await 方法，阻塞等待队列腾出空闲空间。

（2）读操作：非阻塞读 poll 和阻塞读 take。

非阻塞读：poll 方法，如果不存在数据可读，则直接返回空值 null；如果存在数据，除返回数据之外，还会把对应的数据节点从队列中删除。具体源码实现如下：

```
// 非阻塞读
public E poll() {
    final ReentrantLock lock = this.lock;
    // 加锁
    lock.lock();
    try {
        // 直接返回 null 或者队列头部数据
        return (count == 0) ? null : dequeue();
    } finally {
        lock.unlock();
    }
}
// 数据出队
private E dequeue() {
    final Object[] items = this.items;
    E x = (E) items[takeIndex];
    // 置为 null，方便垃圾回收 gc
    items[takeIndex] = null;
    // 递增 takeIndex，实现环形数组
    if (++takeIndex == items.length)
        takeIndex = 0;
    // 数据出队，count 递减表示数据删除了，实现数组的循环使用
    count--;
    if (itrs != null)
        itrs.elementDequeued();
    // 通知生产者线程，当前队列非满
    notFull.signal();
    return x;
}
```

阻塞读：take 方法，如果队列为空，则阻塞等待；否则读取数据并从队列删除该数据。具体源码实现如下：

```
// 阻塞读
public E take() throws InterruptedException {
    final ReentrantLock lock = this.lock;
    // 可中断加锁
    lock.lockInterruptibly();
    try {
        // count 等于 0，表示当前队列为空，等待直到非空
        // while 循环判断，在线程阻塞被唤醒后再检查一遍是否 count 不等于 0
        while (count == 0)
            // 阻塞等待
            notEmpty.await();
        // 获取队列头部数据并删除
        return dequeue();
    } finally {
        lock.unlock();
    }
}
```

分析：在 poll 和 take 方法中，先判断在 count > 0 的时候，即当前队列存在可读元素，才调用 dequeue 方法来读取数据，具体为基于 takeIndex 来读取数组的数据，同时需要将该数据从队列删除。

2. LinkedBlockingQueue：基于单向链表的阻塞队列

首先，LinkedBlockingQueue 在内部基于一个单向链表来实现，在内部定义了链表头指针 head 和链表尾指针 last，以及两个锁 lock 来实现读写分离，提高吞吐量。如果不指定容量，则链表可以不断添加节点，直到 Integer.MAX_VALUE 个，所以也称为无界队列实现。

LinkedBlockingQueue 类的核心定义如下：

```
public class LinkedBlockingQueue<E> extends AbstractQueue<E>
        implements BlockingQueue<E>, java.io.Serializable {
    // 单向链表节点定义
    static class Node<E> {
        // 节点的数据内容
        E item;
        // 下一个节点
        Node<E> next;
        Node(E x) { item = x; }
    }
    // 队列容量，默认为 Integer.MAX_VALUE
    private final int capacity;
    // 当前链表的元素个数
    private final AtomicInteger count = new AtomicInteger();
    // 链表头指针，读操作从该指针往后读
```

```
    transient Node<E> head;
    // 链表尾指针，写操作从该指针往后写
    private transient Node<E> last;
    // 使用两个锁分别用于控制读写，提高吞吐量
    // 即读写操作可以同时进行
    // 读锁
    private final ReentrantLock takeLock = new ReentrantLock();
    // 读操作条件
    private final Condition notEmpty = takeLock.newCondition();
    // 写锁
    private final ReentrantLock putLock = new ReentrantLock();
    // 写操作条件
    private final Condition notFull = putLock.newCondition();

    // 省略其他代码
}
```

分析：在 ArrayBlockingQueue 的实现当中，读写线程是使用一个可重入锁 ReentrantLock 对象来进行线程同步的，即任何时候只能存在一个线程在读或者写。而在 LinkedBlockingQueue 的实现当中，读写线程各使用一个可重入锁 ReentrantLock 对象，故读写之间不存在锁的竞争，两个线程可以同时进行读和写操作。

其次，LinkedBlockingQueue 是基于链表实现的，所以需要一个变量来记录链表的长度，即队列当前存在多少个数据，从而避免每次都需要遍历链表来获取，有助于提高性能。这个记录链表长度的变量就是 count，定义如下：

```
// 当前队列内部的元素总个数
private final AtomicInteger count = new AtomicInteger();
```

AtomicInteger 是 Java 并发包提供的线程安全版本的 Integer 实现，读写线程共享该 count 变量，在写线程中递增 count 的值，在读线程中递减 count 的值，实现了读写线程之间可以方便地知道当前队列的元素个数，以便进行是否为空、是否为满的判断。

（1）写操作：非阻塞 offer 方法与阻塞 put 方法。

offer 方法：非阻塞写，如果队列满了，则直接返回 false，否则追加数据到队列尾部，返回 true。如果创建 LinkedBlockingQueue 对象实例时没有指定容量，则可以一直填充数据，直到容量达到 Integer.MAX_VALUE。具体源码实现如下：

```
// 非阻塞写版本
public boolean offer(E e) {
    // 不能存放空值 null
    if (e == null) throw new NullPointerException();
    final AtomicInteger count = this.count;
    // 满了则无法进行添加数据
```

```
    if (count.get() == capacity)
        return false;
    int c = -1;
    Node<E> node = new Node<E>(e);
    // 获取写锁
    final ReentrantLock putLock = this.putLock;
    putLock.lock();
    try {
        // 非满则入队
        if (count.get() < capacity) {
            enqueue(node);
            // 递增 count
            c = count.getAndIncrement();
            if (c + 1 < capacity)
                // 通知队列容量还不满，还可以继续添加数据
                notFull.signal();
        }
    } finally {
        putLock.unlock();
    }
    // 等于 0，表示队列从空的到存在一个元素
    // 此时可能存在等待的读线程，则通知等待的读线程队列不空，可以进行读取了
    if (c == 0)
        signalNotEmpty();
    return c >= 0;
}
// 尾部入队
private void enqueue(Node<E> node) {
    // 在链表尾部添加一个节点
    last = last.next = node;
}
```

put 方法：阻塞写，如果队列满了，则阻塞等待。具体源码实现如下：

```
// 阻塞写版本
public void put(E e) throws InterruptedException {
    if (e == null) throw new NullPointerException();
    int c = -1;
    Node<E> node = new Node<E>(e);
    final ReentrantLock putLock = this.putLock;
    final AtomicInteger count = this.count;
    // 可中断加锁
    putLock.lockInterruptibly();
    try {
        // 队列满，则阻塞等待消费者消费
        while (count.get() == capacity) {
            notFull.await();
```

```
        }
        // 数据入队
        enqueue(node);
        c = count.getAndIncrement();
        // 可能同时存在多个生产者在写，故通知下一个生产者继续写
        if (c + 1 < capacity)
            notFull.signal();
    } finally {
        putLock.unlock();
    }
    // 可能之前为空，故写数据进去之后非空了，故通知等待非空的消费者来读取
    if (c == 0)
        signalNotEmpty();
}
```

分析：先获取写锁 putLock，然后判断 count 是否小于链表容量 capacity，如果是，则将当前数据入队，并且递增 count，此时新的 count 值对读线程是可见的。

（2）读操作：非阻塞读 poll 方法与阻塞读 take 方法。

非阻塞读：poll 方法，如果队列为空，则直接返回空值 null。具体源码实现如下：

```
//  非阻塞读版本
public E poll() {
    final AtomicInteger count = this.count;
    // 队列为空，直接返回空值 null
    if (count.get() == 0)
        return null;
    E x = null;
    int c = -1;
    final ReentrantLock takeLock = this.takeLock;
    // 获取读锁
    takeLock.lock();
    try {
        // count 大于 0，表示队列存在数据，非空
        if (count.get() > 0) {
            // 数据出队
            x = dequeue();
            // 递减 count，该递减对写线程可见
            c = count.getAndDecrement();
            if (c > 1)
                notEmpty.signal();
        }
    } finally {
        takeLock.unlock();
    }
    // c 等于队列容量 capacity，说明之前队列为满，
```

```
    // 可能存在其他等待队列非满的写线程，故通知
    if (c == capacity)
        signalNotFull();
    return x;
}
// 头部出队
private E dequeue() {
    Node<E> h = head;
    Node<E> first = h.next;
    h.next = h; // help GC
    head = first;
    E x = first.item;
    first.item = null;
    return x;
}
```

非阻塞读：take方法，如果队列为空，则阻塞等待直到队列存在数据可读。具体源码实现如下：

```
// 阻塞读版本
public E take() throws InterruptedException {
    E x;
    int c = -1;
    final AtomicInteger count = this.count;
    final ReentrantLock takeLock = this.takeLock;
    // 加锁
    takeLock.lockInterruptibly();
    try {
        // 队列为空，则等待生产者往队列填充数据
        while (count.get() == 0) {
            notEmpty.await();
        }
        // 数据出队
        x = dequeue();
        c = count.getAndDecrement();
        // 可能存在其他消费者也在等待（由空变为非空）读取，故通知下一个消费者进行读取
        if (c > 1)
            notEmpty.signal();
    } finally {
        takeLock.unlock();
    }
    // 原来是满的，现在不满了，则通知生产者写数据进来
    if (c == capacity)
        signalNotFull();
    return x;
}
```

分析：先获取读锁 takeLock，然后判断 count 是否大于 0，如果大于 0，则说明队列存在元素，数据出队，递减 count，其中 count 的递减对写线程可见。

6.2 BlockingDeque 阻塞先入先出双端队列

BlockingDeque 继承于 BlockingQueue，也是用于实现阻塞、先入先出队列。不过 BlockingDeque 与 BlockingQueue 的不同之处是，BlockingQueue 只能在队列头部读取并删除数据，在队列尾部添加数据，而 BlockingDeque 在队列的头部和尾部均可进行添加、删除数据和读取数据，所以称为阻塞先入先出双端队列。

为了支持在队列头部和尾部都能进行读写操作，BlockingDeque 在 BlockingQueue 提供的 add、offer、poll 等方法的基础上，增加了添加数据的 addFirst、addLast 等方法和读取数据的 offerFirst、offerLast 等方法，即增加了 First 和 Last 后缀的方法版本。BlockingDeque 接口的实现类为基于双向链表实现的 LinkedBlockingDeque，LinkedBlockingDeque 也是线程安全的。

6.2.1 用法

由于 BlockingDeque 继承于 BlockingQueue，故可以使用 BlockingQueue 的应用场景，如生产者线程和消费者线程之间通信的数据队列，也可以使用 BlockingDeque 的相关实现类。不过 BlockingDeque 更适合于需要在队列头部和尾部均进行数据增删读的应用场景。

一个典型的运用就是多个消费者线程之间的工作窃取，即这多个消费者线程中的每个都对应一个自身的工作队列，从该工作队列中获取任务或数据。而有些线程消费得慢，有些消费得快，则消费快的线程可以从消费慢的线程的工作队列中窃取任务或者读取数据，从而加快数据的处理速度，提高其应用的整体性能。

为了减少工作窃取时的线程竞争，一般是消费者线程从队列头部取出任务来执行，而窃取线程则从被窃取线程的工作队列的尾部取出任务来执行。

具体实现示例如下。定义两个消费者线程，每个消费者线程都包含一个独立的数据队列，然后在每个消费线程内部包含另一个消费线程的数据队列的对象引用。故当消费者线程消费完自身的数据队列的数据之后，可以通过这个对象引用来窃取另外一个线程的队列的数据。

（1）消费者定义：在 run 方法中，首先消费自身数据队列的数据，消费完之后，再从另外一个线程的数据队列中消费数据。具体源码实现如下：

```
static class Consumer implements Runnable {
    private final String name;
    private final String otherName;
    // 数据存储队列
    private final BlockingDeque myDeque;
    // 包含其他线程的队列引用，从而进行窃取
    private final BlockingDeque otherDeque;
    // 每隔 intervalMs 毫秒消费一个产品
    private int intervalMs;
    public Consumer(String name, String otherName, BlockingDeque myDeque,
BlockingDeque otherDeque, int intervalMs) {
        this.name = name;
        this.otherName = otherName;
        this.myDeque = myDeque;
        this.otherDeque = otherDeque;
        this.intervalMs = intervalMs;
    }
    @Override
    public void run() {
        try {
            while (true) {
                // 从队列头部读取数据
                Object product = myDeque.pollFirst();
                if (product != null) {
                    consume(product);
                    // 休眠 intervalMs 秒
                    Thread.sleep(intervalMs);
                    continue;
                }
                // 从队列尾部，窃取其他线程的数据
                Object otherProduct = otherDeque.pollLast();
                if (otherProduct != null) {
                    System.out.println(name + " steal data from " + otherName);
                    consume(otherProduct);
                }
            }
        } catch (InterruptedException e) {
            e.printStackTrace();
        }
    }
    // 消费产品
    void consume(Object product) {
        System.out.println(name + " consume " + product);
    }
}
```

（2）生产者定义：生产 20 个产品到数据队列中。源码实现如下：

```
static class Producer implements Runnable {
    // 消费者名称
    private final String consumerName;
    // 数据存储队列
    private final BlockingQueue queue;
    // 产品序列号
private final AtomicInteger productSeq;
     Producer(String consumerName, BlockingQueue queue, AtomicInteger
productSeq) {
        this.consumerName = consumerName;
        this.queue = queue;
        this.productSeq = productSeq;
    }
    @Override
    public void run() {
        try {
            // 总共生成 20 个产品
            for (int i = 0; i < 20; i++) {
                // put：如果队列满了，则阻塞
                queue.put(produce());
            }
        } catch (InterruptedException e) {
            e.printStackTrace();
        }
    }
    // 生产产品
    Object produce() {
          return "product-" + productSeq.incrementAndGet() + " for " +
consumerName;
    }
}
```

（3）生产者消费者模型定义与运行：首先两个生产者线程各生产 20 个产品到两个队列中。然后定义两个消费者线程，快的消费者线程每隔 2 秒消费一次，慢的消费者线程每隔 4 秒消费一次。故最终结果是快的消费者线程窃取了慢的消费者线程的队列的数据。源码实现如下：

```
// 主方法定义
public static void main(String[] args) {
    // 生产者和消费者共享同一个队列
    BlockingDeque deque1 = new LinkedBlockingDeque();
    // 生产者线程
     Producer producer1 = new Producer("fasterConsumer", deque1, new
```

```
AtomicInteger(0));
    // 生产者和消费者共享同一个队列
    BlockingDeque deque2 = new LinkedBlockingDeque();
    // 生产者线程
     Producer producer2 = new Producer("slowConsumer", deque2, new
AtomicInteger(0));
    // 消费者线程，每隔 2 秒消费一次
     Consumer fastConsumer = new Consumer("fastConsumer", "slowConsumer",
deque1, deque2, 2000);
    // 消费者线程，每隔 4 秒消费一次
     Consumer slowConsumer = new Consumer("slowConsumer", "fastConsumer",
deque2, deque1, 4000);
    // 启动线程
    new Thread(producer1).start();
    new Thread(producer2).start();
    // 等待以上生产者线程生产完毕
    try {
        Thread.sleep(2000);
    } catch (InterruptedException e) {
        e.printStackTrace();
    }
    // 生产者先生产好全部数据
    new Thread(fastConsumer).start();
    new Thread(slowConsumer).start();
}
```

工作窃取打印如下：

```
// 省略其他打印
fastConsumer steal data from slowConsumer
fastConsumer consume product-12 for slowConsumer
```

可以看出，运行快的线程从运行慢的线程的尾部窃取了数据。

6.2.2 ▶ 源码实现

LinkedBlockingDeque 是基于双向链表实现的先入先出双端阻塞队列，默认容量也是 Integer.MAX_INTEGER。与 ArrayBlockingQueue 一样，LinkedBlockingDeque 也是使用一个可重入锁 ReentrantLock，来实现读写线程的同步。

LinkedBlockingDeque 提供了在队列头部和尾部进行节点增删的功能，类核心定义如下：

```
public class LinkedBlockingDeque<E>
    extends AbstractQueue<E>
    implements BlockingDeque<E>, java.io.Serializable {
```

```
    // 双向链表节点定义
    static final class Node<E> {
   // 链表节点的数据
        E item;
        // 前置链表节点
        Node<E> prev;
        // 后置链表节点
        Node<E> next;
        Node(E x) {
            item = x;
        }
    }
    // 双端链表的头结点
    transient Node<E> first;
    // 双端链表的尾节点
    transient Node<E> last;
    // 队列当前节点总个数统计
    private transient int count;
    // 队列最大容量
    private final int capacity;
    // 同步锁
    final ReentrantLock lock = new ReentrantLock();
    // 消费者读条件
    private final Condition notEmpty = lock.newCondition();
    // 生产者写条件
    private final Condition notFull = lock.newCondition();
    // 省略其他代码
}
```

分析：LinkedBlockingDeque 定义了一个双向链表数据结构 Node，并且包含了双向链表的头结点引用 first 和尾节点引用 last。所以可以使用 first 链表节点引用来对头结点进行读写操作，last 链表节点引用来对尾节点进行读写操作。

生产者和消费者线程之间则是基于可重入锁 ReentrantLock 的对象实例 lock 来进行同步，以及基于 Condition 类型的非空条件 notEmpty 和非满条件 notFull 来进行通信协作。

6.3 ConcurrentLinkedQueue 并发队列

BlockingQueue 阻塞队列通常用于生产者和消费者模型的需求当中，多个生产者线程和消费者线程可以通过阻塞队列来进行线程安全的数据交互，即当没有数据时，消费者线程在该阻塞队列阻塞等待，直到生产者线程往该阻塞队列添加数据；当队列满时，生产者线程在该阻塞队列阻塞等待，直到消费者线程消费该队列数据，从而腾出空间。

除此之外，BlockingQueue 阻塞队列也提供了集合 Collection 的功能，如普通的 remove(E e)，删除某个元素，但是在 BlockingQueue 阻塞队列的实现中，由于需要通过使用 ReentrantLock 来加锁，故性能不是很高。

如果只是需要线程安全队列，即多个线程只会用到添加数据到队列、从队列读取数据和从队列删除数据的相关方法，而没有生产者消费者模型方面的需要，则可以考虑使用 Java 并发包的并发队列 ConcurrentLinkedQueue，或者并发双端队列 ConcurrentLinkedDeque。

ConcurrentLinkedQueue 和 ConcurrentLinkedDeque 是线程安全的并发队列，与阻塞队列适用于生产者消费者模型不同，并发队列主要是线程安全版本的队列实现，提供更高效的队列相关的操作，如 poll 获取队列头部节点，remove 移除指定节点等操作。这些操作比 BlockingQueue 阻塞队列高效的主要原因是，ConcurrentLinkedQueue 内部是基于 CAS 机制和自旋来实现无锁化操作和线程安全。

6.3.1 ▶ 用法

ConcurrentLinkedQueue 并发列表也是队列 Queue 接口的一个实现类，主要实现了 Queue 接口定义的相关方法。并且 ConcurrentLinkedQueue 由于是基于单向链表实现，故也是一个先入先出队列，即往队列尾部添加元素，从队列头部读取或者删除元素。所以在使用层面也是主要围绕这些方法来应用到应用程序中的。

除简单的添加和读取元素之外，还可以使用迭代器来遍历队列的所有元素。不过 ConcurrentLinkedQueue 的迭代器实现是“弱一致性”的，因为 ConcurrentLinkedQueue 的迭代器是基于创建该迭代器的时候，ConcurrentLinkedQueue 的数据快照来实现的。如果在迭代过程中，其他线程对该队列进行了修改，那么该迭代器也不会抛出并发修改异常 java.util.ConcurrentModificationException，只是无法读取到最新的数据。

例如，使用 ConcurrentLinkedQueue 来模拟一个买车票和在后台查看该车票的销售情况的场景，购票线程每隔 1 秒往队列填充车票订单数据，后台查看线程每 5 秒打印该队列的所有车票订单数据。源码实现如下：

```
public class ConcurrentLinkedQueueDemo {
    // 主方法
    public static void main(String[] args) {
        ConcurrentLinkedQueue<String> soldTickets = new ConcurrentLinkedQueue<>();

        new Thread(new Buyer(soldTickets)).start();
        new Thread(new StatisticTask(soldTickets)).start();
```

```
    }
    /**
     * 购票线程
     */
    static class Buyer implements Runnable {
        private ConcurrentLinkedQueue<String> soldTickets;
        public Buyer(ConcurrentLinkedQueue<String> soldTickets) {
            this.soldTickets = soldTickets;
        }
        @Override
        public void run() {
            int i = 0;
            while (true) {
                // 每隔 1 秒填充一个数据到队列中
                soldTickets.add(new String("ticket-" + i++));
                try {
                    Thread.sleep(1000);
                } catch (InterruptedException e) {
                    e.printStackTrace();
                }
            }
        }
    }
    /**
     * 后台统计线程
     */
    static class StatisticTask implements Runnable {
        private ConcurrentLinkedQueue<String> soldTickets;
        public StatisticTask(ConcurrentLinkedQueue<String> soldTickets) {
            this.soldTickets = soldTickets;
        }
        @Override
        public void run() {
            while (true) {
                // 每隔 5 秒打印一次当前队列中的数据
                System.out.println(soldTickets);
                try {
                    Thread.sleep(5000);
                } catch (InterruptedException e) {
                    e.printStackTrace();
                }
            }
        }
    }
}
```

打印结果如下：

```
[ticket-0]
[ticket-0, ticket-1, ticket-2, ticket-3, ticket-4]
[ticket-0, ticket-1, ticket-2, ticket-3, ticket-4, ticket-5, ticket-6,
ticket-7, ticket-8, ticket-9]
[ticket-0, ticket-1, ticket-2, ticket-3, ticket-4, ticket-5, ticket-6,
ticket-7, ticket-8, ticket-9, ticket-10, ticket-11, ticket-12, ticket-13,
ticket-14]
// 省略其他打印
```

这里要演示的是多个线程共享同一个并发队列 ConcurrentLinkedQueue 是线程安全的，统计线程并不需要阻塞等待购票线程往队列填充数据，即没有生产者消费者模型中实时消费的需求。统计线程只是每隔一段时间统计一次当前队列的售票情况。

6.3.2 ▶ 源码实现

1. 数据结构定义

在数据结构层面，ConcurrentLinkedQueue 在内部定义了一个单向链表数据结构 Node，Node 为 ConcurrentLinkedQueue 的一个静态内部私有类。

Node 类包含数据字段 item 和指向下一个节点的指针 next，并且 item 和 next 均使用 volatile 修饰，保证线程可见性。具体定义如下：

```java
private static class Node<E> {
    // 节点的值
    volatile E item;
    // 在单向链表中，该节点的下一个节点
    volatile Node<E> next;
    // 构造函数
    Node(E item) {
        UNSAFE.putObject(this, itemOffset, item);
    }
    // 更新 item 的值为 val
    boolean casItem(E cmp, E val) {
        return UNSAFE.compareAndSwapObject(this, itemOffset, cmp, val);
    }
    void lazySetNext(Node<E> val) {
        UNSAFE.putOrderedObject(this, nextOffset, val);
    }
    // 新增 next 节点
    boolean casNext(Node<E> cmp, Node<E> val) {
```

```
        return UNSAFE.compareAndSwapObject(this, nextOffset, cmp, val);
    }
    // 省略其他代码
}
```

分析：除定义数据值 item 和下一个节点 next 外，Node 类还提供了设置 item 的值的方法 casItem 和新增 next 节点的方法 casNext。由方法定义可知，使用了 UNSAFE 类，其中 UNSAFE 类是 JDK 提供的进行 CAS 原子操作的工具类。

ConcurrentLinkedQueue 的队列功能是基于单向链表来实现的，其中队列的数据容量是无界的，即可以无限往队列中添加数据。在 ConcurrentLinkedQueue 内部实现中包含了一个类型为 Node 的链表头结点 head 和一个类型为 Node 的链表尾节点 tail，其中 head 和 tail 均使用 volatile 修饰，保证线程可见性，具体定义如下：

```
// 单向链表头结点
private transient volatile Node<E> head;
// 单向链表尾节点
private transient volatile Node<E> tail;
// 构造函数，head 和 tail 初始为指向相同节点，值为 null
public ConcurrentLinkedQueue() {
    head = tail = new Node<E>(null);
}
```

2. 并发控制实现

在并发控制方面，ConcurrentLinkedQueue 主要是基于 UNSAFE 类提供的 CAS 操作和自旋来无锁化实现线程安全，这是与 LinkedBlockingQueue 使用 ReentrantLock 锁来加锁实现线程安全的一个差别，也是并发性能提升的实现。

（1）添加数据到队列尾部的 offer 方法的实现如下：

```
// 添加数据到队列尾部
public boolean offer(E e) {
    // 不需要存放空值 null
    checkNotNull(e);
    final Node<E> newNode = new Node<E>(e);
    // 自旋操作，直到添加数据成功，返回 return true 则退出
    for (Node<E> t = tail, p = t;;) {
        Node<E> q = p.next;
        // q 为 null，则说明是链表尾节点了
        if (q == null) {
            // 添加这个新节点作为当前的 tail 节点的 next
            if (p.casNext(null, newNode)) {
                if (p != t)
```

```
                // 将这个新节点作为新的 tail 节点
                casTail(t, newNode);
            return true;
            }
        }
        else if (p == q)
            p = (t != (t = tail)) ? t : head;
        else
            p = (p != t && t != (t = tail)) ? t : q;
    }
}
```

（2）从队列头部读取数据的 poll 方法实现如下：

```
// 获取队列头结点数据并删除该头结点数据
public E poll() {
    restartFromHead:
    // 自旋操作，直到成功返回头结点 item 则退出
    for (;;) {
        for (Node<E> h = head, p = h, q;;) {
            E item = p.item;
            // 基于 CAS 机制更新头结点的值 item 为 null，便于头结点 head 被垃圾回收
            if (item != null && p.casItem(item, null)) {
                if (p != h)
                    // 将当前头结点的下一个节点 next，更新作为新的头结点 head
                    updateHead(h, ((q = p.next) != null) ? q : p);
                return item;
            }
            // 队列为空，则返回 null
            else if ((q = p.next) == null) {
                updateHead(h, p);
                return null;
            }
            else if (p == q)
                continue restartFromHead;
            else
                p = q;
        }
    }
}
```

6.3.3 ▶ ConcurrentLinkedDeque 并发双端队列

ConcurrentLinkedDeque 与 ConcurrentLinkedQueue 类似，也是一个基于链表实现的先入

先出并发列表，不同之处在于，ConcurrentLinkedDeque 实现了 Deque 接口，内部通过定义一个双向链表结构来实现并发双端队列，即在队列的头部和尾部均支持进行数据增删查操作。

在内部实现层面，各字段均使用 volatile 修饰，故保证了线程之间的可见性。ConcurrentLinkedDeque 的双向链表节点 Node 定义如下：

```
// 双向链表定义
static final class Node<E> {
    // 指向前一个节点
    volatile Node<E> prev;
    // 当前节点的值
    volatile E item;
    // 指向后一个节点
    volatile Node<E> next;
    // 省略其他代码
}
```

ConcurrentLinkedDeque 在链表尾部添加节点的底层实现如下：

```
private void linkLast(E e) {
    // 不允许添加空值 null
    checkNotNull(e);
    final Node<E> newNode = new Node<E>(e);
    restartFromTail:
    // 自旋操作直到添加数据 e 到链表尾部成功
    for (;;)
        for (Node<E> t = tail, p = t, q;;) {
            // 遍历查找到当前链表的尾节点
            if ((q = p.next) != null &&
                (q = (p = q).next) != null)
                p = (t != (t = tail)) ? t : q;
            else if (p.prev == p)
                continue restartFromTail;
            else {
                // 基于 CAS 机制，设置旧的尾节点为这个新节点的前一个节点
                newNode.lazySetPrev(p);
                // 基于 CAS，设置新节点的下一个节点为 null
                if (p.casNext(null, newNode)) {
                    if (p != t)
                        // 基于 CAS 机制，设置当前这个新节点为链表尾节点
                        casTail(t, newNode);
                    return;
                }
            }
        }
}
```

分析：通过自旋和CAS机制来无锁化解决并发添加问题，即首先找到链表的尾节点tail，然后设置新节点的前一个节点指向tail，设置新节点自身作为新的tail。如果以上过程其他线程也在链表尾部插入了数据，则以上过程失败，重新执行该过程直到成功，即整个过程没有其他线程对链表尾部进行过节点增删。

在ConcurrentLinkedDeque的头部添加节点的操作类似，不再赘述。

6.4 CopyOnWriteArrayList写时拷贝列表

ArrayList不是线程安全的，如果需要保证ArrayList在多线程环境下的线程安全，即保证读的线程可见性和写的数据一致性，可以使用synchronized关键字或者可重入锁ReentrantLock对ArrayList的读写进行同步，或者使用Collections.synchronizedList来将ArrayList包装成同步列表SynchronizedList。

由于以上方法对读写都需要加锁，所以一定程度上影响了读写操作的并发性能和吞吐量。不过如果读写操作的频率不确定，即读写都可能非常频繁，就不得不使用以上方法来保证ArrayList的线程安全性。

如果存在以读为主，写非常少，基本不存在添加元素、删除元素等写操作，则可以考虑使用CopyOnWriteArrayList。这是一个线程安全版本的ArrayList，由命名“写时拷贝”可以知道，CopyOnWriteArrayList在执行写操作的时候，包括添加、删除元素等，会新建一个列表，然后将当前列表拷贝到这个新列表，最后使用这个新列表替换旧列表。

6.4.1 ▶ 用法

出于性能方面的考虑，CopyOnWriteArrayList写时拷贝列表通常用在读多写少的应用场景，因为写操作需要加锁并创建一个新的列表，故写操作的开销较大。读多写少，在并发编程当中大多数线程都是进行读操作，少数线程并且频率非常低的进行写操作。

一个典型的例子就是实现一个可以定时更新的本地缓存，即应用线程从该缓存中读取数据，使用一个后台线程每隔一段时间更新一次该缓存，实现如下：

```
public class CopyOnWriteArrayListDemo {
    public static void main(String[] args) {
        // 初始化缓存
        CopyOnWriteArrayList<String> cache =
                    new CopyOnWriteArrayList<>(new String[] {"item-0"});
```

```
        // 两个读线程，一个后台定时更新线程
        new Thread(new CacheReadTask(cache)).start();
        new Thread(new CacheReadTask(cache)).start();
        new Thread(new CacheUpdateTask(cache)).start();
    }
    // 读线程
    static class CacheReadTask implements Runnable {
        private CopyOnWriteArrayList<String> cache;
        public CacheReadTask(CopyOnWriteArrayList<String> cache) {
            this.cache = cache;
        }
        @Override
        public void run() {
            while (true) {
                // 打印第一个元素
                if (cache.size() > 0) {
                    System.out.println(Thread.currentThread().getName()
                        + " read " + cache.get(0));
                }
                try {
                    Thread.sleep(1000);
                } catch (InterruptedException e) {
                    e.printStackTrace();
                }
            }
        }
    }
    // 后台定时更新缓存线程
    static class CacheUpdateTask implements Runnable {
        private CopyOnWriteArrayList<String> cache;
        public CacheUpdateTask(CopyOnWriteArrayList<String> cache) {
            this.cache = cache;
        }
        @Override
        public void run() {
            int i = 0;
            while (true) {
                // 每隔 2 秒，更新缓存
                cache.set(0, "item-" + i++);
                    System.out.println(Thread.currentThread().getName() +
" update cache");
                try {
                    Thread.sleep(5000);
                } catch (InterruptedException e) {
                    e.printStackTrace();
```

```
                }
            }
        }
    }
}
```

执行结果如下：

```
Thread-0 read item-0
Thread-1 read item-0
Thread-2 update cache
Thread-1 read item-0
Thread-0 read item-0
Thread-0 read item-0
Thread-1 read item-0
Thread-0 read item-0
Thread-1 read item-0
Thread-1 read item-0
Thread-0 read item-0
Thread-2 update cache
Thread-1 read item-1
// 省略其他打印
```

6.4.2 ▶ 源码实现

CopyOnWriteArrayList 底层使用一个类型为 Object 的数组来存放数据。对于读写操作，读操作不加锁，写操作需要使用一个可重入锁 ReentrantLock 来加锁，从而实现对多个写线程同步。同时底层数组也使用 volatile 修饰，保证了读写线程之间的可见性。除此之外，CopyOnWriteArrayList 的迭代器也是基于内部存储数据的数组快照来实现的，所以写操作不会影响迭代器的数据遍历。

CopyOnWriteArrayList 的核心字段定义如下：

```
// get 不加锁，set 加锁并新建一个 array 替换原来的；
// 迭代器保存 array 的快照，不是 fail-fast；
// subList 与主类共享 array，读写均需加锁，
// 写不新建一个 array 替换原来的，而是通过加锁来保证线程安全
public class CopyOnWriteArrayList<E>
    implements List<E>, RandomAccess, Cloneable, java.io.Serializable {
    private static final long serialVersionUID = 8673264195747942595L;
    // 写操作加锁
    final transient ReentrantLock lock = new ReentrantLock();
    // volatile，保证线程之间的可见性
```

```
    private transient volatile Object[] array;

    // 省略其他代码
}
```

1. 读操作：不需要加锁

以下以get方法为例，读操作是直接从内部存放数据的数组array读取数据的，不需要加锁。

```
// 指定数组下标
public E get(int index) {
    return get(getArray(), index);
}
// 获取内部数组引用，使用 final 修饰
final Object[] getArray() {
    return array;
}
// 从指定的数组获取指定的数组下标的数据
private E get(Object[] a, int index) {
    return (E) a[index];
}
```

2. 迭代器：基于数据快照实现

ArrayList 的迭代器是快速失败的，即如果一个线程在通过 ArrayList 的迭代器遍历列表数据时，其他线程修改了该列表，则该迭代器线程会抛 ConcurrentModifyException 的异常。而 CopyOnWriteArrayList 的迭代器不受其他线程并发修改的影响。

CopyOnWriteArrayList 在返回一个迭代器的时候，会基于创建这个迭代器时内部数组 array 所拥有的数据，首先创建一个该内部数组的当前数据快照，然后迭代器遍历的是该快照，而不是内部的数组。

所以这种基于数据快照的实现方式也存在一定的数据延迟性，即对其他线程并行添加的数据不可见。不过 CopyOnWriteArrayList 是基于写操作很少或者基本没有这种场景来考虑的，因此这种实现方法在这种场景中是可行的。

因为 CopyOnWriteArrayList 的迭代器遍历的是内部数组的快照副本，故与 ArrayList 的迭代器不同的是不支持写操作，如添加、删除数据等。CopyOnWriteArrayList 的迭代器的核心实现如下：

```
// 返回一个迭代器
public Iterator<E> iterator() {
    return new COWIterator<E>(getArray(), 0);
```

```
}
// 静态内部类，迭代器会创建一个底层 array 的快照，故主类的修改不影响该快照
static final class COWIterator<E> implements ListIterator<E> {
    // 内部数组快照
private final Object[] snapshot;
    private COWIterator(Object[] elements, int initialCursor) {
        cursor = initialCursor;
        snapshot = elements;
    }
    // 获取下一个元素
    public E next() {
        if (! hasNext())
            throw new NoSuchElementException();
        // 从快照中读取数据
        return (E) snapshot[cursor++];
    }
    // 不支持删除操作，直接抛异常
    public void remove() {
        throw new UnsupportedOperationException();
    }
    // 省略其他代码
}
```

3. 写操作：加锁和新建一个数组来存放数据

写操作需要先通过 ReentrantLock 这个互斥锁来进行加锁，然后创建一个新的数组来替换原来的数组。

由于写操作很少，所以对于添加元素，新数组的大小递增 1，这个与 ArrayList 的每次扩容为原来的 1.5 倍是不一样的。对于删除元素，新数组的大小递减 1。add 方法的实现如下：

```
public boolean add(E e) {
    final ReentrantLock lock = this.lock;
    // 加互斥锁
    lock.lock();
    try {
        Object[] elements = getArray();
        int len = elements.length;
        // 新数组大小比原来数组多一个
        Object[] newElements = Arrays.copyOf(elements, len + 1);
        // 在新数组末尾添加该元素
        newElements[len] = e;
        // 新数组替换旧数组
        setArray(newElements);
```

```
        return true;
    } finally {
        lock.unlock();
    }
}
```

4. 子列表：读写操作都是对父列表内部的数组进行操作

CopyOnWriteArrayList 的子列表 COWSubList 与 ArrayList 的子列表一样，内部使用的也是父列表的数组。具体为通过传递父列表引用给 COWSubList，在 COWSubList 内部的读写操作是通过父列表来完成的，其中读写操作均需要加锁。

CopyOnWriteArrayList 的 subList 方法返回子列表，具体源码实现如下：

```
public List<E> subList(int fromIndex, int toIndex) {
    final ReentrantLock lock = this.lock;
    // 阻塞加锁
    lock.lock();
    try {
        Object[] elements = getArray();
        int len = elements.length;
        // 索引要合法
        if (fromIndex < 0 || toIndex > len || fromIndex > toIndex)
            throw new IndexOutOfBoundsException();
        // 传递 this，即父列表引用给 COWSubList
        return new COWSubList<E>(this, fromIndex, toIndex);
    } finally {
        lock.unlock();
    }
}
```

读写操作均需要使用父列表的类型为 ReentrantLock 的对象实例 lock 来加锁。COWSubList 的定义如下：

```
private static class COWSubList<E>
    extends AbstractList<E>
    implements RandomAccess
{
    // l 为父列表引用
    private final CopyOnWriteArrayList<E> l;
    // 省略其他代码
    // 读操作
    public E get(int index) {
        final ReentrantLock lock = l.lock;
        // 加锁
```

```
        lock.lock();
        try {
            rangeCheck(index);
            checkForComodification();
            // 从父列表中读取
            return l.get(index+offset);
        } finally {
            lock.unlock();
        }
    }
    // 添加元素
    public void add(int index, E element) {
        final ReentrantLock lock = l.lock;
        // 加锁
        lock.lock();
        try {
            checkForComodification();
            if (index < 0 || index > size)
                throw new IndexOutOfBoundsException();
            // l 为父列表引用，往父列表内部的数组填充值
            l.add(index+offset, element);
            expectedArray = l.getArray();
            size++;
        } finally {
            lock.unlock();
        }
    }
    // 省略其他代码
}
```

5. CopyOnWriteArraySet：写时拷贝集合 Set

CopyOnWriteArraySet 是基于 CopyOnWriteArrayList 实现的一个 Set 集合，内部不包含重复元素，也是线程安全的。

CopyOnWriteArraySet 内部包含一个 CopyOnWriteArrayList 的对象引用，不是继承于 CopyOnWriteArrayList 来实现。CopyOnWriteArraySet 的定义如下：

```
public class CopyOnWriteArraySet<E> extends AbstractSet<E>
        implements java.io.Serializable {
    // CopyOnWriteArrayList 对象引用
    private final CopyOnWriteArrayList<E> al;
    // 创建一个 CopyOnWriteArrayList 对象实例
    public CopyOnWriteArraySet() {
```

```
        al = new CopyOnWriteArrayList<E>();
    }
    // 省略其他代码
}
```

CopyOnWriteArraySet 的核心实现为 add 方法，即添加元素。在添加元素时，为了避免元素重复，同时需要考虑多线程同时添加的问题，需要使用 CopyOnWriteArrayList 的 addIfAbsent 方法来实现。addIfAbsent 方法是只有当列表中不存在对应的元素时，才会往列表里添加。

```
public boolean add(E e) {
    return al.addIfAbsent(e);
}
```

CopyOnWriteArrayList 的 addIfAbsent 实现如下：

```
public boolean addIfAbsent(E e) {
    // 获取数据快照
    Object[] snapshot = getArray();
    // 此处可能两个线程同时调用 indexOf(e, snapshot, 0, snapshot.length),
    // 存在并发问题，故在 addIfAbsent(e, snapshot) 里面需要处理这种并发问题
    return indexOf(e, snapshot, 0, snapshot.length) >= 0 ? false :
        addIfAbsent(e, snapshot);
}
private boolean addIfAbsent(E e, Object[] snapshot) {
    final ReentrantLock lock = this.lock;
    // 加锁
    lock.lock();
    try {
        // 在持有锁的情况下，再次获取一次底层 array,
        // 避免两个线程同时修改，前一线程添加了，后一线程重复添加,
        // 故需要获取前一线程操作的结果
        Object[] current = getArray();
        int len = current.length;
        // 如果快照和 array 不是同一个了，说明其他线程并发修改过了
        if (snapshot != current) {
            int common = Math.min(snapshot.length, len);
            for (int i = 0; i < common; i++)
                // 其他线程添加过了 e，即通过 set 在原来数组的某个位置替换添加的,
                // 则该线程直接返回了，此时已经存在了
                if (current[i] != snapshot[i] && eq(e, current[i]))
                    return false;
            // 如果在数组末尾添加过了，则直接返回，此时已经存在了
            if (indexOf(e, current, common, len) >= 0)
                    return false;
        }
```

```
        // 拷贝当前数组，添加元素并将这个新数组替换底层的 array
        Object[] newElements = Arrays.copyOf(current, len + 1);
        newElements[len] = e;
        setArray(newElements);
        return true;
    } finally {
        lock.unlock();
    }
}
```

分析：主要通过加锁成功之后，再次获取底层数组来判断是否需要添加，因为加锁成功后，只有当前线程可以访问这个底层数组。同时由于数组为 volatile，故可以读到在加锁前其他线程填充的最新数据，保证多线程的可见性和数据的一致性。

6.5 小结

Java 并发列表主要基于三个功能维度来定义。首先，用于生产者消费者模型的阻塞队列实现 BlockingQueue，典型实现包括 LinkedBlockingQueue 和 ArrayBlockingQueue。在生产者消费者模型中，生产者线程与消费者线程之间通过共享一个阻塞队列来进行数据的实时同步，即生产者线程往队列里面填充数据，消费者线程从队列里面取出数据。如果队列满了，则生产者线程阻塞等待，反之，如果队列空了，则是消费者阻塞等待。

其次，线程安全的先入先出队列的实现，这种设计不需要用于生产者消费者模型，典型实现为 ConcurrentLinkedQueue，该队列由于内部是基于 CAS 机制来实现的，所以并发性能要优于 LinkedBlockingQueue。在应用程序中，如果只是需要利用队列的先入先出特性和需要保证线程安全，则可以考虑使用 ConcurrentLinkedQueue 来代替 LinkedBlockingQueue。

最后，对于列表实现，如 ArrayList，Java 并发包并没有额外提供如 ConcurrentArrayList 这种实现，如果需要保证 ArrayList 的线程安全，一般会使用 synchronized 关键字来实现，如使用 Collections.synchronizedList 将 ArrayList 包装为 SynchronizedList。不过对于读多写少的场景，Java 并发包提供了写时拷贝列表 CopyOnWriteArrayList。CopyOnWriteArrayList 的特点是多个线程可以进行并发读取，此时不需要进行加锁，性能较高。如果需要进行并发写操作，则为该列表创建一份新的列表拷贝，然后使用该列表拷贝替换旧列表即可。

第 7 章

7

AQS 线程同步器

本章主要对 Java 并发包的线程同步器框架 AQS 的体系结构和实现原理进行介绍，包括 AQS，即 AbstractQueuedSynchronizer 的设计，根据这个抽象类派生出来的可重入锁实现 ReentrantLock、倒计时同步器 CountDownLatch、循环栅栏同步器 CyclicBarrier，以及信号量同步器 Semaphore 的用法和内部实现。

AQS是抽象基类AbstractQueuedSynchronizer的简称，AQS定义了实现线程同步器的基础框架，线程同步器的作用是协调多个线程对共享资源的访问，如可重入锁ReentrantLock就是AQS的一个子类。在多个线程共享同一个资源时，可以基于AQS的相关实现类来实现多线程对该共享资源的同步访问，避免多线程并发访问导致的数据不一致等问题。

除数据一致性方面的考虑外，AQS也可以用于协调多个线程之间的操作，如使用倒计时同步器CountDownLatch作为控制开关，控制多个线程的同时启动运行，这种通常出现在压力测试的场景。AQS的其他线程同步器实现类还包含信号量Semaphore、循环栅栏CyclicBarrier等，具体用法和实现原理将在后面章节详细分析。

在线程同步方面，AQS不是基于synchronized关键字来加锁实现的，而是自身在内部定义了同步状态变量state或者说是可共享的资源数量，以及线程等待队列的实现。同时基于自旋和CAS机制来实现无锁化的线程安全操作，以及基于LockSupport类提供的方法来对线程的状态进行控制，如使得线程阻塞休眠或者唤醒阻塞的线程。

7.1 AQS线程同步器基础

AQS提供了一个基于先入先出队列实现的线程同步器的基础框架，具体的线程同步器实现类只需要关注对共享资源的访问控制，或者说是可共享资源数量的定义即可。具体的访问模式可以分为互斥访问和共享访问。

如果是互斥访问，则任何时候只能存在一个线程访问该共享资源，如重入锁ReentrantLock的可共享资源数量为1，故是互斥锁的实现。如果是共享访问，那么通常需要设置可同时访问共享资源的最大线程数。

当所有可用资源都被占用时，对于不能访问该共享资源的线程，则会存放到AQS内部先入先出队列中来阻塞排队等待。当共享资源可用时，AQS从该等待队列中唤醒等待线程，被唤醒的线程可以继续执行。

具体到方法实现层面，对于AQS的实现类，如ReentrantLock、CountDownLatch等，只需要自定义tryAcquire方法的实现来判断是否可以访问共享资源，以及自定义tryRelease方法的实现来释放共享资源，允许其他线程访问共享资源即可。

在多线程对资源的竞争方面，AQS默认实现是采取一种公平策略，即内部使用的是一种先入先出队列来存放等待线程，其中等待时间最长的线程优先被唤醒，即对于先入先出等待队列中的线程，按照进入队列的先后顺序，依次唤醒。具体为从线程等待队列的队列头开始，依次取出线程。公平策略的优点是线程不会饿死，缺点是执行慢的线程影响执行快的线程，整体吞吐量较低。

7.1.1 ▶ 核心设计

在 AQS 的整体设计和实现当中，主要包括以下 4 个核心设计。

（1）int 类型 state 表示同步状态。在互斥访问中，state 通常为 1，表示在任何时刻，只能存在一个线程对共享资源的访问。例如，在可重入锁 ReentrantLock 的内部实现中，如果 state 的值大于 0，则表示当前存在某个线程占有了该共享资源，其他线程需要等待。在共享访问中，state 通常为可以同时或者需要同时多少个线程访问共享资源，如 CountDownLatch 表示当有 state 个线程同时访问资源时才满足条件。

（2）先入先出线程等待队列。在互斥访问当中，任何时候只能存在一个线程对共享资源进行访问，其他线程需要放在一个队列中等待。同时当该线程释放该共享资源时，则从该队列中获取并唤醒一个等待线程。

（3）线程状态的控制。由线程的生命周期可知，当线程需要等待访问共享资源时，线程的状态从 RUNNABLE 变成 WAITING 或者 TIMED_WATING，退出对 CPU 资源的竞争。被唤醒时，则从 WAITING 或者 TIMED_WAITING 变成 RUNNABLE，等待 CPU 的调度执行。在 AQS 的实现当中，主要是使用 LockSupport 这个工具类的用于阻塞和唤醒线程的相关方法来对线程的状态进行控制。

（4）自旋和 CAS 机制实现无锁化的线程安全操作。在先入先出队列中增删线程节点，或者更新线程节点的状态 waitStatus 时，主要是通过 UNSAFE 类提供的硬件级别的原子操作 CAS，以及结合自旋操作来实现无锁更新、写入操作。同时每个线程在被唤醒时，使用自旋来检测条件是否满足，从而决定是执行还是等待。

以下详细分析这 4 种核心设计的相关的实现。

1. 共享资源同步状态 state

共享资源的同步状态或者说是共享资源的数量 state 的定义如下：

```
// 共享资源的状态定义
private volatile int state;
// 基于 UNSAFE 类提供的 CAS 操作原子更新 state 的值
protected final boolean compareAndSetState(int expect, int update) {
    return unsafe.compareAndSwapInt(this, stateOffset, expect, update);
}
```

分析：state 使用 volatile 关键字修饰，实现了线程的可见性，即多个线程共享该线程同步器，state 的更新对所有线程可见。

compareAndSetState 方法：使用 UNSAFE 类提供的 compareAndSwapInt 方法来对 state 更新，基于 CAS 机制提供硬件级别的原子操作实现无锁更新。

2. 先入先出线程等待队列和线程节点 Node

先入先出线程等待队列定义如下：

```
// 队列头结点
private transient volatile Node head;

// 队列尾节点
private transient volatile Node tail;
```

分析：队列是基于双向链表实现的，定义了头结点 head，尾节点 tail，并且都是使用 volatile 关键字修饰。其中 head 和 tail 都是延迟初始化的，即在添加节点的时候再初始化。

AQS 默认是采用公平策略，体现了在等待队列中为在 tail 尾节点添加新的等待线程节点，从 head 头部节点获取线程节点并唤醒该节点对应的线程。

线程等待队列的节点 Node 定义如下：

```
static final class Node {
    // 已取消的线程节点状态
    static final int CANCELLED =  1;
    // 正在等待获取资源访问的线程节点状态
    static final int SIGNAL    = -1;
    // 条件化等待获取资源访问的线程节点状态
    static final int CONDITION = -2;
    static final int PROPAGATE = -3;
    // 该节点对应的线程的等待状态
    volatile int waitStatus;
    // 指向双向链表的前一个节点
    volatile Node prev;
    // 指向双向链表的后一个节点
    volatile Node next;
    // 该节点锁对应的线程
    volatile Thread thread;
    // 省略其他代码
}
```

分析：每个节点包含对应的 Thread 线程引用 thread，链表前置节点 pre，即先于该线程加入该队列的线程节点，链表后置节点 next，节点的等待状态 waitStatus。

3. 节点等待状态 waitStatus

在 AQS 的设计当中，在内部使用一个线程等待队列来存放处于等待状态的线程节点。除此之外，还存在条件化等待实现，具体为在内部定义了一个条件化等待队列。对于条件化等待线程，即调用了 Condition 接口实现类的 await 方法的线程，然后会进入条件化等待队列。

在线程等待队列或者条件化等待队列的线程节点都会有一个线程等待状态，使用 int 类型的 waitStatus 来表示，其中对应线程等待队列的节点，waitStatus 的初始值为 0，而条件等待队列的节点，waitStatus 的初始化值为 -2，对应的枚举为 CONDITION。

对于 waitStatus 的值，大于 0 表示无效状态，即该状态不会再改变，对应的线程不会再竞争访问共享资源。例如，CANCELLED 的值等于 1，表示该线程放弃了，此时可能等待超时或被中断。waitStatus 的值小于等于 0 的为有效状态，其中这里需要重点区分的是 SIGNAL 和 CONDITION。

处于 SIGNAL 状态的线程节点会自动感知其后续节点在等待访问共享资源，即该 SIGNAL 状态节点的下一个节点是需要被唤醒并去竞争访问共享资源的。所以节点状态 waitStatus 为 SIGNAL 的线程在访问共享资源完毕、释放资源时，如持有互斥锁的线程执行解锁操作，需要调用 unparkSuccessor 方法来通知和唤醒后续的等待线程节点。这个操作对应的行为通常是从 head 节点开始往后查找到第一个处于等待状态的节点，唤醒该线程节点。

CONDITION 状态的节点在条件等待队列中。该队列的这些节点是需要结合 Condition 接口的实现类，具体为 ConditionObject 对象，来实现条件化等待。

在 ConditionObject 对象内部维护了一个条件化等待队列，当调用其 await 方法时，会创建 waitStatus 为 CONDITION 的线程节点，并追加到该条件化等待队列的尾部。当之后其他线程调该 ConditionObject 对象的 signal 方法时，会从条件化等待队列的头部取出一个线程节点，更新该节点的 waitStatus 为 0 或者 SIGNAL，然后转移到线程等待队列中，添加到线程等待队列的尾部，这样对应的线程可以进入正常的对共享资源的竞争。

4. 线程状态的控制

在 AQS 体系设计中，主要是在 LockSupport 类的 park 定义将一个线程从 RUNNABLE 状态变成 WAITING 状态，从而阻塞或者休眠该线程。使用 LockSupport 的 unpark 方法来唤醒，即在 unpark 方法中定义了将一个 WAITING 状态的线程变为 RUNNABLE。

LockSupport 的 park 和 unpack 方法的定义如下：

```
// 唤醒线程
public static void unpark(Thread thread) {
    if (thread != null)
        UNSAFE.unpark(thread);
```

```
}
// 阻塞线程，使线程休眠
public static void park(Object blocker) {
    Thread t = Thread.currentThread();
    setBlocker(t, blocker);
    UNSAFE.park(false, 0L);
    setBlocker(t, null);
}
```

5. 自旋与 CAS 机制实现无锁更新

对于 CAS 机制的硬件级别的原子更新操作，当存在其他线程进行并发操作时，可能会失败，即对应的方法的预期值 expect 不是预期的，故方法调用返回 false。所以需要在线程内部通过自旋来重复执行直到成功。自旋通常是使用 for 死循环来实现，在 for 循环内部通过 break 或者 return 来跳出，或者将线程重新 park 阻塞掉。

7.1.2 ▶ 核心方法

在 AQS 的设计中，核心功能为同步多个线程对共享资源的访问，其中包括互斥访问和共享访问两种。在AQS的内部实现当中，对于互斥方法主要是通过acquire和release方法来定义，对应共享方法则使用 acquire 和 release 的 shared 版本来实现。

注意 对于 AQS 的使用，即通过继承 AQS 来自定义线程同步器实现，如可重入锁 ReentrantLock，只需要自定义 tryAcquire 方法和 tryRelease 方法的实现即可，在这两种方法中，控制对可用资源 state 的定义，如互斥锁实现是，如果 state 等于 0，则说明锁还没被线程占用，否则说明锁被某个线程占用了。不需要关注这里介绍的 acquire 和 release 方法的实现，这两种方法是 AQS 内部基于先入先出队列对线程节点进行管理的实现。

1. acquire：请求访问共享资源

acquire 的定义如下：

```
// 请求获取共享资源访问权限
public final void acquire(int arg) {
    // tryAcquire 方法调用，AQS 的实现类需要关注这个方法的实现
    if (!tryAcquire(arg) &&
        acquireQueued(addWaiter(Node.EXCLUSIVE), arg))
        selfInterrupt();
}
```

该定义主要包含以下 3 步：

（1）tryAcquire 方法：判断当前线程是否可以访问资源，这个也是 AQS 接口的实现类需要关注和实现的方法，互斥访问 arg 的值通常为 1。tryAcquire 定义资源访问的条件，当返回 true 时，说明当前线程可以对资源进行访问；false 则执行下一步。

（2）addWaiter 方法与 acquireQueued 方法：addWaiter 为当前线程创建一个线程等待节点，然后放到线程等待队列中；acquireQueued 方法使该线程节点进入阻塞休眠状态。

（3）selfInterrupt：自己处理中断，acquireQueued 方法默认为忽略中断，selfInterrupt 表示当前线程自己稍后补充该中断。

其中第（2）步，调用 addWaiter 方法为当前需要等待的线程创建线程节点并放到线程等待队列的尾部。addWaiter 方法的实现如下：

```
// 基于指定 mode 创建线程节点，互斥为 EXCLUSIVE
private Node addWaiter(Node mode) {
    // 为当前线程创建一个类型为 Node 的线程等待节点
    Node node = new Node(Thread.currentThread(), mode);
    // 尝试直接通过 CAS 机制在队列尾部添加该节点，
    // 此时不加锁，如果失败，则往下执行并在 enq 方法中使用自旋来添加到队列尾部
    Node pred = tail;
    if (pred != null) {
        node.prev = pred;
        if (compareAndSetTail(pred, node)) {
            pred.next = node;
            // 直接返回
            return node;
        }
    }
    // 在 enq 方法内，使用自旋来添加该线程节点到队列尾部
    enq(node);
    return node;
}
private Node enq(final Node node) {
    // 自旋
    for (;;) {
        Node t = tail;
       // t 为 null，表示队列为空
       if (t == null) {
           // 队列头部添加
           if (compareAndSetHead(new Node()))
               tail = head;
       } else {
           // 队列尾部添加
           node.prev = t;
           if (compareAndSetTail(t, node)) {
```

```
                t.next = node;
                // 成功添加到队列尾部则返回
                return t;
            }
        }
    }
}
```

分析：创建线程节点并入队。首先基于 CAS 机制直接在线程等待队列尾部添加该线程节点，如果成功，则可以直接返回；如果失败，则说明此时存在其他线程也在往任务等待队列插入，发生了并发问题。然后会在下一步调用 enq 方法，在 enq 方法内部基于 CAS 机制和自旋操作来添加该线程节点到队列尾部，直到成功为止。

除此之外，在线程等待队列创建线程节点之后，需要使线程进入阻塞休眠状态，这个是 acquireQueued 方法实现的。acquireQueued 方法的具体实现如下：

```
final boolean acquireQueued(final Node node, int arg) {
    boolean failed = true;
    try {
        boolean interrupted = false;
        // 自旋
        for (;;) {
            final Node p = node.predecessor();
            // 当前刚加入等待队列，或者之后被唤醒时，
            // 检查自身线程是否是下一个可以访问共享资源的节点，
            // 是则调用 tryAcquire 尝试获取资源访问许可
            if (p == head && tryAcquire(arg)) {
                setHead(node);
                p.next = null;
                failed = false;
                // 可以访问资源了，则返回
                return interrupted;
            }
            // park 方法使当前线程进入阻塞休眠
            // 等待之后被唤醒再执行以上的 for 循环，即自旋
            if (shouldParkAfterFailedAcquire(p, node) &&
                parkAndCheckInterrupt())
                interrupted = true;
        }
    } finally {
        // 失败，则将该线程节点设为 CANCELLED
        if (failed)
            cancelAcquire(node);
    }
}
```

分析：将 addWaiter 方法返回的线程节点，即已经入队的线程节点，在 for 循环中自旋检查，判断当前线程节点是否为队列头结点的下一个节点，如果是，则说明下一个可以访问共享资源的就是当前线程节点，故调用 tryAcquire 尝试获取资源访问许可，即检查 state 的值；否则继续阻塞休眠，等待被唤醒。

进一步分析，在 acquireQueued 方法内，主要是调用 shouldParkAfterFailedAcquire 来将线程进行阻塞和休眠处理，以及调整线程节点在队列中的位置，保证该线程节点可以被唤醒，即需要放在一个线程等待状态为 SIGNAL 的线程节点后面。该方法的定义如下：

```
private static boolean shouldParkAfterFailedAcquire(Node pred, Node node) {
    int ws = pred.waitStatus;
    // 前置节点状态为 SIGNAL，则该前置节点执行完之后，
    // 会调用 release 方法，查找后继的有效节点以及通知唤醒该有效节点，即当前节点
    // 此时找到合适位置，当前节点可以休眠了，到时前置节点会通知唤醒。
    if (ws == Node.SIGNAL)
        return true;
    // 如果当前节点并不是下一个执行的节点，则需要基于先入先出的原则，
    // 从队列尾部开始，找到一个处于有效状态的节点，然后将当前节点放在这个节点后面
    // 当前的前置节点的线程等待状态大于 0，表示是无效节点
    if (ws > 0) {
        // 从尾节点 tail 往前移动，直到找到一个有效的前置节点来作为该线程节点的前置节点
        do {
            node.prev = pred = pred.prev;
    // waitStatus 如果大于 0，则表示是无效节点
        } while (pred.waitStatus > 0);
        pred.next = node;
    } else {
        // 当前的前置节点为有效节点，将前置节点的状态更新为 SIGNAL，
        // 则下次自旋进入时，当前节点就可以休眠了
        compareAndSetWaitStatus(pred, ws, Node.SIGNAL);
    }
    return false;
}
// 调用 LockSupport.park 阻塞和休眠该线程
private final boolean parkAndCheckInterrupt() {
    LockSupport.park(this);
    return Thread.interrupted();
}
```

分析：当前线程节点在队列中选择一个合适的位置之后，然后阻塞休眠。即从尾结点往前查找，直到找到一个有效的前置节点，此时设置该前置节点的线程节点等待状态 waitStatus 为 SIGNAL。这样这个前置节点执行完之后，发现自身 waitStatus 为 SIGNAL，则会知道自己的下一个线程节点是需要访问共享资源的线程，故会调用 unparkSuccessor 来唤醒该下一个节点的线程。

2. release：释放共享资源

release 方法主要用于释放共享资源，即占有共享资源的线程在执行完成之后，释放该共享资源，使得其他处于线程等待队列中的线程可以访问共享资源，继续运行。

release 方法的具体定义如下：

```
public final boolean release(int arg) {
    // tryRelease 方法，尝试释放资源，AQS 实现类需要实现该方法
    if (tryRelease(arg)) {
        Node h = head;
        if (h != null && h.waitStatus != 0)
            // 唤醒 head 的下一个有效节点对应的线程
            unparkSuccessor(h);
        return true;
    }
    return false;
}
private void unparkSuccessor(Node node) {
    int ws = node.waitStatus;
    if (ws < 0)
        compareAndSetWaitStatus(node, ws, 0);
    // 下一个节点
    Node s = node.next;
    // head 的下一个节点为无效，
    if (s == null || s.waitStatus > 0) {
        s = null;
        // 从 tail 往前一直查找，
        // 找到最先添加的一个有效节点
        for (Node t = tail; t != null && t != node; t = t.prev)
            if (t.waitStatus <= 0)
                s = t;
    }
    if (s != null)
        // 唤醒对应的线程，
        // 该线程可以进行执行 acquireQueued 方法中的自旋，
        // 检测当前线程是否为 head 的下一个节点并调用 tryAcquired
        LockSupport.unpark(s.thread);
}
```

分析：调用 tryRelease 方法来释放共享资源，通常为将 state 变量递减，由 AQS 接口的实现类来实现该方法。如果成功，则获取线程等待队列的头结点 head，调用 unparkSuccessor 来唤醒 head 的下一个有效节点，具体为使用 LockSupport 类的 unpark 来唤醒该节点对应线程。

7.2 ReentrantLock 可重入锁

ReentrantLock 是 Java 并发包提供的一个基于 AQS 实现的可重入互斥锁。ReentrantLock 提供的功能与第 3 章介绍的 synchronized 关键字类似，即控制多个线程对共享资源访问的互斥访问，不过 ReentrantLock 使用的灵活性比 synchronized 更好，而且基于 Condition 和 ReentrantLock 实现的生产者消费者模型，相对于使用 synchronized 关键字和监视器对象 monitor 的实现，使用方法更加灵活便利，性能更高。

基于 synchronized 关键字来实现锁的优点是使用简单，可以自动加锁和解锁，但是也存在以下不足之处。

- 锁是阻塞的，不支持非阻塞、中断和超时退出特性。
- 互斥锁实现，不支持多个线程对资源的共享访问，如对于读操作，任何时候也只能存在一个线程进行读操作。
- 当多个方法共享多个监视器对象 monitor 来实现多个锁时，要注意使用 synchronized 关键字的加锁顺序，否则容易产生死锁。
- 对于生产者消费者模型，synchronized 关键字只支持基于监视器对象 monitor 这个对象来进行线程之间条件化通信，即多个线程只能基于一个 monitor 对象的 wait、notify、notifyAll 来进行线程之间的通信，不够灵活。

读写线程之间无法区分，同时由于只有 monitor 对象的一个等待队列，故所有等待线程均处于该等待队列中，无法区分出是生产者线程还是消费者线程。所以当需要唤醒某个线程时，需要调用 notifyAll 方法来唤醒所有线程。如果使用 notify 方法则可能会出现“假死”。例如，本来想唤醒生产者线程，而唤醒了一个消费者线程，则此时系统就出现“假死”。

为了解决以上问题，在从 JDK 1.5 版本开始提供的 Java 并发包中，提供了 Lock 和 Condition 接口及相关的实现类来实现 synchronized 关键字和监视器对象 monitor 所提供的功能，其中 Lock 接口的核心实现类为 ReentrantLock。

7.2.1 ▶ 用法

在 Java 并发包提供的线程安全并发字典和并发队列的自身内部实现中，大量依赖 ReentrantLock 来进行加锁，从而实现线程安全，其中一个典型例子就是 LinkedBlockingQueue 的实现。LinkedBlockingQueue 基于 ReentrantLock 和 Condition 实现了一个生产者消费者模型，具体可以参考前面章节的分析。

与基于synchronized关键字实现的锁操作可以自动加锁、解锁不同的是，使用ReentrantLock作为互斥锁的实现时，需要在应用代码中显式进行加锁和解锁操作，并且通常需要结合try-finally来实现，避免出现代码异常情况下无法解锁。使用示例如下：

```
class LockDemo {
  private final ReentrantLock lock = new ReentrantLock();
  // 基于ReentrantLock实现
  public void lockMethod() {
    // 阻塞加锁，即阻塞直到获取锁成功，与synchronized关键字的加锁类似
    lock.lock();
    try {
      // 省略方法内容
    } finally {
    // 释放锁
      lock.unlock()
    }
  }
  // 基于synchronized实现
  public void syncMethod() {
    // lock对象作为监视器对象
    synchronized(lock) {
    // 省略方法内容
    }
  }
}
```

注意，ReentrantLock加锁与synchronized关键字加锁没有任何关系，在上面例子中，对于基于synchronized关键字加锁的syncMethod方法来说，lockMethod是一个普通方法，不是加锁同步方法，即允许两个线程同时分别调用这两种方法。

ReentrantLock对加锁和解锁操作提供了多个不同版本的方法实现，并且这多个版本主要是基于是否可中断、是否阻塞、是否阻塞指定时间来分类。

7.2.2 ▶ 源码实现

ReentrantLock是基于AQS来实现线程同步的，具体使用AQS提供的线程等待队列的实现。在实现层面，ReentrantLock只需要自定义线程同步状态state来实现互斥锁的功能即可，state等于0，表示当前没有任何线程占用这个锁，state大于0，表示当前存在线程占用这个锁，此时其他线程不能获得锁。

不过ReentrantLock是可重入锁，故当前成功加锁的线程是可以多次访问使用这个ReentrantLock对象加锁的其他方法或代码块的。具体为该占用线程每访问一个使用该锁同步

的方法，则 state 递增 1，实现可重入。这个实现逻辑跟 synchronized 关键字差不多。

ReentrantLock 基于 AQS 实现，故需要使用一个内部类来实现 AQS 接口，提供同步锁的功能。在 AQS 实现类中，主要是需要实现 tryAcquire 方法定义可以成功获取锁，实现 tryRelease 方法来定义释放锁的逻辑。

对于获取锁的 tryAcquire 方法的实现，ReentrantLock 提供了公平和非公平锁两个实现，默认为非公平锁。公平的含义是根据线程请求获取锁的先后顺序来获取锁，即利用了队列先入先出的特性；非公平的含义是每个请求获取锁的线程在需要锁时，先请求一下是否可以获取锁，如果无法获取，就再放入先入先出队列中。

1. 请求获取锁 tryAcquire 的实现

公平锁是基于线程的加锁顺序来分配锁，lock 方法会调用 tryAcquire 方法来尝试加锁。具体源码实现如下：

```
// 判断当前线程是否可以访问共享资源，返回 true 或 false,
// 在 AQS 的 acquire 方法中定义了模板实现，即调用了 tryAcquire,
// 如果 tryAcquire 方法返回 false,
// 则在 acquire 中需要调用 addWaiter 和 acquireQueued 方法将当前线程节点放入等待队列中
protected final boolean tryAcquire(int acquires) {
    // 获取当前线程
    final Thread current = Thread.currentThread();
    // 获取共享资源状态
    int c = getState();
    // 等于 0，说明锁没有被其他线程占用，该线程尝试加锁
    if (c == 0) {
        if (!hasQueuedPredecessors() &&
            compareAndSetState(0, acquires)) {
            setExclusiveOwnerThread(current);
            return true;
        }
    }
    // 如果是占用锁的线程多次调用，则递增 state，实现可重入
    else if (current == getExclusiveOwnerThread()) {
        int nextc = c + acquires;
        if (nextc < 0)
            throw new Error("Maximum lock count exceeded");
        setState(nextc);
        return true;
    }
    // 以上都失败了，则说明加锁失败，需要放入线程等待队列排队
    return false;
}
```

可以使用NonfairSync的lock方法实现非公平锁，即每个新来的线程都先请求一次是否可以加锁成功，而不管当前是否存在其他线程在等待。源码实现如下：

```
static final class NonfairSync extends Sync {
final void lock() {
        // 先尝试获取锁，不管当前是否有其他线程在等待锁，实现非公平
        if (compareAndSetState(0, 1))
            setExclusiveOwnerThread(Thread.currentThread());
        else
            // 获取锁，如果不成功，则进入线程等待队列
            acquire(1);
    }
    // 在acquire方法内部会调用这个方法
    protected final boolean tryAcquire(int acquires) {
        return nonfairTryAcquire(acquires);
    }
}
// 在基类Sync中定义，Sync继承AbstractQueuedSynchronizer
final boolean nonfairTryAcquire(int acquires) {
    // 获取当前线程
    final Thread current = Thread.currentThread();
    int c = getState();
    // 为0，表示锁还没被占用
    if (c == 0) {
        // 先尝试获取，如果失败则入队
        if (compareAndSetState(0, acquires)) {
            setExclusiveOwnerThread(current);
            return true;
        }
    }
    // 递增state，实现可重入
    else if (current == getExclusiveOwnerThread()) {
        int nextc = c + acquires;
        if (nextc < 0)
            throw new Error("Maximum lock count exceeded");
        setState(nextc);
        return true;
    }
    // 以上都失败了，则说明加锁失败，需要放入线程等待队列排队
    return false;
}
```

2. 释放锁tryRelease

在ReentrantLock内部线程同步器的实现基类Sync中定义，Sync继承AbstractQueued

Synchronizer。锁的成功释放需要将共享状态 state 递减直到 0 为止。源码实现如下：

```
protected final boolean tryRelease(int releases) {
    // 递减 state，ReentrantLock 是可重入锁，所以只有到 state 等于 0 时，才能释放成功
    int c = getState() - releases;
    if (Thread.currentThread() != getExclusiveOwnerThread())
        throw new IllegalMonitorStateException();
    boolean free = false;
    // state 等于 0，则释放锁
    if (c == 0) {
        free = true;
       // 设置互斥锁的占有者为空值 null
        setExclusiveOwnerThread(null);
    }
    setState(c);
    return free;
}
```

3. 各个版本的 lock 加锁

由前面分析可知，相对于 synchronized 关键字只支持阻塞和不可中断锁实现，ReentrantLock 提供了多个版本的加锁实现，分别为阻塞、阻塞可中断、阻塞指定时间、非阻塞。各个版本的加锁方法 lock 的实现如下：

（1）阻塞加锁直到获取锁为止，与 synchronized 关键字的语义一样，不支持中断、超时。

```
public void lock() {
    // sync 为 AQS 的实现类对象
    sync.lock();
}
```

（2）阻塞可中断版本，当被其他线程中断时，抛出中断异常。

```
// 被其他线程中断，则抛出中断异常 InterruptedException
public void lockInterruptibly() throws InterruptedException {
    sync.acquireInterruptibly(1);
}
```

（3）阻塞可超时版本，阻塞指定时间，若在该指定时间到达之后，还没获取锁，则加锁失败，返回 false。

```
public boolean tryLock(long timeout, TimeUnit unit)
        throws InterruptedException {
    // 超时时间的时间单位为纳秒级别
    return sync.tryAcquireNanos(1, unit.toNanos(timeout));
}
```

（4）非阻塞版本，非阻塞使用的是非公平锁实现，如果可以获取锁，则返回 true；否则返回 false，表示加锁失败。

```
public boolean tryLock() {
    // 非公平锁实现，即调用该方法时，无论是否存在其他线程等待，都尝试获取锁
    return sync.nonfairTryAcquire(1);
}
```

7.2.3 ▶ 基于 Condition 的生产者消费者模型

Condition 在 Java 并发包的 Lock 体系设计中，用于实现与 synchronized 关键字对应的监视器对象 monitor 对象所提供的 wait、notify 和 notifyAll 方法相同的语义。在 Condition 的实现类中，对应的方法分别为 await、signal 和 signalAll 方法。

不过 Condition 在此基础上进行了优化。一个 Lock 可以对应多个 Condition，每个 Condition 对应一个条件化线程等待队列，故等待不同条件的线程放在不同的队列中；而在 synchronized 关键字中只能使用 monitor 对象这一个 Condition，只有一个条件化线程等待队列，所有线程都在这个队列排队，如生产者线程与消费者线程。

一个 Lock 支持多个 Condition 的好处是可以对等待线程进行分类，即每个 Condition 对象实例都对应一个条件化线程等待队列，而不是全部等待线程都放在一个条件化线程等待队列中。这样设计的好处是，每个 Condition 在条件满足时，可以调用 signal 或者 signalAll 来通知该 Condition 对应的条件化线程等待队列的线程，而不是所有等待线程。这样可以在一定程度上优化性能，特别是 signalAll 方法，只需通知该 Condition 对象对应的条件化线程等待队列的所有线程即可，如都是消费者线程或者都是生产者线程，不会同时通知到生产者线程和消费者线程，只让该队列这个线程子集去竞争锁，其他 Condition 对象实例所对应的条件化等待队列中的线程则继续休眠。

其次对于 signal 方法的调用，可以精确通知到该 Condition 对象实例对应的条件化线程等待队列中的一个线程，从而避免了在 synchronized 关键字中可能出现的假死问题。例如，在生产者消费者模型中，当生产者往数据队列放入数据后，基于 Condition 的实现可以通知和唤醒消费者线程等待队列的一个线程去数据队列读取数据。

在 synchronized 关键字的实现中，由于没有对线程进行区分，故可能通知到线程等待队列的一个生产者线程。如果此时数据队列满了，则该生产者线程被唤醒后发现数据队列还是满的，则继续休眠，此后则没有生产者线程来通知消费者线程消费数据，整个生产者消费者体系就假死了，即生产者线程无法填充数据，消费者线程不知道有数据可读继续休眠。所以在基于 synchronized 关键字实现的生产者消费者模型中，通常需要调用 notifyAll 方法来避免

这种情况发生，唤醒所有线程去竞争锁。

所以有了 Condition 之后，只需要调用 Condition 对象实例的 signal 方法就可以准确唤醒对应的一个线程，如生产者线程或者消费者线程，提高了性能。

1. Condition 接口的 await 方法：阻塞等待

synchronized 关键字的监视器对象 wait 方法的语义为线程占有锁，当发现条件不满足时，调用 wait 方法进入阻塞休眠和进入条件化等待队列，同时会释放锁，等待之后其他线程调用 notify 方法来唤醒。

Condition 接口的 await 方法调用也是跟 Object 的 wait 方法一样，首先对应的线程需要获取锁进入同步代码，即如果没有先调用如 lock.lock() 方法获取锁而是调用 Condition 的 await 方法的话，则会抛 IllegalMonitorStateException 异常。

Condition 接口的 await 方法的作用与 Object 类的 wait 方法是等价的，语义实现如下：将当前线程放入条件化等待队列并释放锁，然后在 while 循环内阻塞休眠，直到被唤醒并被转移到 AQS 线程等待队列。被唤醒时说明条件满足了，可以去竞争获取锁了。接着通过调用 acquireQueued 去竞争获取锁。如果获取锁成功，则线程可以真正从 await 方法返回，继续执行。

Condition 接口的 await 方法主要在实现类 ConditionObject 中定义，具体实现如下：

```
public final void await() throws InterruptedException {
    if (Thread.interrupted())
        throw new InterruptedException();
    // 进入条件化等待队列
    Node node = addConditionWaiter();
    // 释放锁
    int savedState = fullyRelease(node);
    int interruptMode = 0;
    // 自旋检查是否被放到线程等待队列中，如果不是，则继续进入 while 循环里面
    while (!isOnSyncQueue(node)) {
        // 阻塞休眠线程
        LockSupport.park(this);
        // 如果在等待队列中被中断，则退出等待
        if ((interruptMode = checkInterruptWhileWaiting(node)) != 0)
            break;
    }
    // 被其他线程通过调用 signal 方法唤醒，则放到线程等待队列合适的位置
    // 等待重新获取锁，从而从该 await 方法返回，继续执行
    if (acquireQueued(node, savedState) && interruptMode != THROW_IE)
        interruptMode = REINTERRUPT;
    if (node.nextWaiter != null) // clean up if cancelled
        unlinkCancelledWaiters();
```

```
    // 唤醒被获取锁之后，再检查是否之前被中断过，补上中断
    if (interruptMode != 0)
        reportInterruptAfterWait(interruptMode);
}
```

在应用代码中，Condition 接口的 await 方法通常需要在 while 循环中检查条件是否满足。只有对应线程被唤醒，获取锁成功，然后再在 while 循环中检查条件是否满足，如果满足，则继续执行。因为此时只有当前线程占有锁，不会出现并发修改导致条件不满足。

举个例子，为 LinkedBlockingQueue 类的填充数据的 put 方法的实现如下：

```
public void put(E e) throws InterruptedException {
    // 省略其他代码
    final ReentrantLock putLock = this.putLock;
    final AtomicInteger count = this.count;
    // 可中断加锁
    putLock.lockInterruptibly();
    try {
        // 阻塞直到数据队列存在空间，即非满，可以存放数据
        while (count.get() == capacity) {
            notFull.await();
        }
        // 数据入队
        enqueue(node);
        // 先 get 获取旧值赋值给 c，然后再递增
        c = count.getAndIncrement();
        // 可能同时存在多个生产者在写，故通知下一个生产者继续写
        if (c + 1 < capacity)
            notFull.signal();
    } finally {
        // 解锁
        putLock.unlock();
    }
    // 可能之前为空，故写数据进去之后，非空了，故通知等待非空的消费者来读取
    if (c == 0)
        signalNotEmpty();
}
```

2. 各个版本的 await 方法实现

可中断阻塞等待：

```
public final void await() throws InterruptedException
```

可中断、可超时阻塞等待：分别为基于纳秒，指定日期，自定义时间单位的版本。

```
// 阻塞指定纳秒时间
public final long awaitNanos(long nanosTimeout)
        throws InterruptedException
// 阻塞到指定日期
public final boolean awaitUntil(Date deadline) throws InterruptedException

// 阻塞指定时间单位的时间
public final boolean await(long time, TimeUnit unit) throws InterruptedException
```

3. signal方法：唤醒其他线程

signal方法主要是当前占有锁、正在执行的线程，在执行完成或者条件满足时，通知和唤醒该Condition接口实现类对象对应的条件化等待队列的一个线程，让该线程去竞争获取锁，然后继续执行。

Condition的signal方法的实现主要是线程等待节点从条件化等待队列移到AQS的线程等待队列中。具体为将条件化等待队列的头结点移动到线程等待队列的尾部，这样这个节点对应的线程就可以去竞争锁了。

signal方法在Condition接口的实现类ConditionObject中实现，源码实现如下：

```
public final void signal() {
    if (!isHeldExclusively())
        throw new IllegalMonitorStateException();
    // 获取条件化等待队列的头结点
    Node first = firstWaiter;
    if (first != null)
        // 唤醒一个条件化等待线程
        doSignal(first);
}
private void doSignal(Node first) {
    do {
        // 从条件化等待队列中获取最先进入等待的线程，
        // 并移到锁的线程等待队列中，此时该线程可以去竞争获取锁
        if ( (firstWaiter = first.nextWaiter) == null)
            lastWaiter = null;
        first.nextWaiter = null;
    } while (!transferForSignal(first) &&
             (first = firstWaiter) != null);
}
final boolean transferForSignal(Node node) {
    // 将节点的 waitStatus 从 CONDITION 修改为 0，
    // 0 是添加到线程等待队列的节点的初始化状态
    if (!compareAndSetWaitStatus(node, Node.CONDITION, 0))
```

```
        return false;
    // 将该节点添加到线程等待队列的尾部，
    // 并将前置节点的 waitStatus 设置为 SIGNAL，
    // 从而使得该前置节点知道后面有节点在排队等待获取锁
    // 在应用代码中，当执行完 signal 方法之后，一般接下来的代码为 lock.unlock() 释放锁，
    // unlock 内部调用 release 方法，从这个线程等待队列唤醒下一个执行的线程，
    // 所以当前这个刚刚被移到线程等待队列的线程就可能是这个执行的线程，也可能不是
    Node p = enq(node);
    int ws = p.waitStatus;
    if (ws > 0 || !compareAndSetWaitStatus(p, ws, Node.SIGNAL))
        LockSupport.unpark(node.thread);
    return true;
}
```

在使用方面，signal 不需要在 while 循环中自旋检查，因为调用 signal 方法的线程是当前占有锁、正在执行的线程，故不存在并发问题。

4. Condition 的 await、signal、signalAll 方法均需要在获取锁的前提下调用

与 synchronized 关键字的监视器对象 monitor 的 wait、notify、notifyAll 方法需要在 synchronized 关键字同步的方法或者方法块内被调用一样，Condition 接口的 await、signal、signalAll 方法需要在获取锁的前提下调用，否则会抛 IllegalMonitorStateException。

因为 Condition 的条件化等待队列中的线程在被唤醒时，首先被移动到锁的线程等待队列中，然后与其他在这该线程等待队列的线程一起去竞争获取锁，故需要在获取锁的前提下才能调用。

7.2.4 ▶ ReentrantReadWriteLock 可重入读写锁

ReentrantLock 是互斥锁的实现，任何时候只能存在一个线程可以占有该锁，这个与 synchronized关键字实现的锁的语义是相同的。所以ReentrantLock与synchronized关键字一样，不能实现读共享，或者称为共享锁。共享锁是指同时存在多个线程进行读操作的场景中，读线程和其他读线程是可以同时访问共享资源的，而不是只能存在一个线程在读。

为了实现共享锁的功能，优化多个线程进行并发读操作的场景的性能，Java 并发包提供了可重入读写锁 ReentrantReadWriteLock 的实现。ReentrantReadWriteLock 实现的加锁语义为，对同一线程而言，读读、写读（先写后读）、写写是共享的，读写（先读后写）是互斥的；对不同线程而言，读是共享的，读写、写读、写写均是互斥的。

在内部实现层面，ReentrantReadWriteLock 是包含读写两把锁的，如下所示：

```
// 写锁
public ReentrantReadWriteLock.WriteLock writeLock() { return writerLock;
}
// 读锁
public ReentrantReadWriteLock.ReadLock readLock() { return readerLock; }
```

（1）写线程请求写锁时，调用的是 ReentrantReadWriteLock 的 tryWriteLock 方法，tryWriteLock 的方法实现如下：

```
final boolean tryWriteLock() {
    // 获取当前的调用线程
    Thread current = Thread.currentThread();
    // 当前正在访问共享资源的线程数
    int c = getState();
    // 不等于 0，表示存在线程对该共享资源的访问
    if (c != 0) {
        // 执行写操作的次数
        int w = exclusiveCount(c);
   // w==0 表示没有线程在执行写，即全是读线程，获取写锁失败；
   // w != 0 但是不是当前线程在写，也是获取写锁失败
        if (w == 0 || current != getExclusiveOwnerThread())
            return false;
        // 加锁次数太多，抛异常
        if (w == MAX_COUNT)
            throw new Error("Maximum lock count exceeded");
    }
    // c==0 时，表示没有其他线程持有该锁，可以尝试加锁
    // c 不等于 0 存在线程占用锁，且是当前线程在写时，也可以尝试加锁，可重入
    // 递增当前线程执行写的次数作为 state
    if (!compareAndSetState(c, c + 1))
        return false;
    // 成功加锁，设置当前线程为该锁的持有者
    setExclusiveOwnerThread(current);
    return true;
}
```

分析：

- 当前没有线程在执行读写，则可以进行写操作。
- 当前存在线程在进行写操作，如果当前请求写操作的线程就是当前正在进行写操作的线程时，才能继续发起写请求，即同一个线程的写写是共享的，因为同一个线程的操作是一个顺序流，不存在并发问题。否则如果是其他线程在写，则当前线程无法请求写。
- 当前不存在写，但是存在线程在读，则不管是当前线程在读，还是其他线程在读，都无法请求写。

（2）读线程请求读锁时，调用的是 ReentrantReadWriteLock 的 tryReadLock 方法。tryReadLock 方法的实现如下：

```
final boolean tryReadLock() {
    // 获取当前调用线程
    Thread current = Thread.currentThread();
    // 自旋
    for (;;) {
        // 获取当前正在进行读写的线程数量
        int c = getState();
        // 存在写线程，而该写线程并不是当前请求读的线程，
        // 即其他线程在写，则当前请求读的线程无法读
        // 即如果是当前请求读的线程自己在写，则可以进行请求读，
        // 同一线程，先写后读的情况下，读是可重入
        if (exclusiveCount(c) != 0 &&
            getExclusiveOwnerThread() != current)
            return false;
        // 如果没有线程在写，或者当前请求读的线程在写
        // 则可以成功请求读，实现了读共享
        int r = sharedCount(c);
        if (r == MAX_COUNT)
            throw new Error("Maximum lock count exceeded");
        // 递增读的线程次数，实现读锁的可重入性
        if (compareAndSetState(c, c + SHARED_UNIT)) {
            if (r == 0) {
                firstReader = current;
                firstReaderHoldCount = 1;
            } else if (firstReader == current) {
                firstReaderHoldCount++;
            } else {
                HoldCounter rh = cachedHoldCounter;
                if (rh == null || rh.tid != getThreadId(current))
                    cachedHoldCounter = rh = readHolds.get();
                else if (rh.count == 0)
                    readHolds.set(rh);
                rh.count++;
            }
            return true;
        }
    }
}
```

分析：当前不存在写线程，或者当前正在写的线程就是当前请求读的线程，则可以成功请求读；如果当前存在其他线程在写，则无法请求读。

针对 ReentrantReadWriteLock 的读写锁与线程之间的关系可以总结为以下特点：

对于写的请求，要么当前不存在线程在进行读写，要么是该请求写的线程自己在写，则可以成功获取写锁进行写操作，即写对同一线程是可重入的。如果当前存在其他线程在写，或者存在线程（当前或者其他线程）在读，则无法获取写锁进行写操作，即读写是互斥的，同一线程的写是可以共享的，可重入的。

对于读的请求，如果当前不存在线程在写，或者当前在写的线程就是该请求读的线程自身，则可以成功获取读锁进行读操作；如果当前存在其他线程在写，则无法成功执行读请求。

7.3 CountDownLatch 倒计时同步器

CountDownLatch 是 AQS 的一个实现类，主要提供了对多个线程进行协调、控制的作用，如作为开关，控制多个线程同时开始工作，或者在主线程等待所有子线程的执行完成。CountDownLatch 相当于一个倒计时器实现，每个线程可以对该倒计时器进行递减，当递减到 0 时，说明到时间了，或者全部线程的工作都完成了，此时主线程可以阻塞返回。

在内部实现层面，CountDownLatch 主要是基于 AQS 提供的同步状态量 state 来定义倒计时的时间，如设置为 1，则说明只要一个线程递减一次则到时；如果设置为大于 1，则在递减到 0 之前，所有线程是在 AQS 的线程等待队列排队等待的。

7.3.1 ▶ 用法

CountDownLatch 相当于一个倒计时器，提供了 countDown 方法来递减该计时器的数值和 await 方法来等待倒计时到 0，即 state 递减为 0。在应用代码中，除定义倒计时的数值外，主要是在各个参与的线程内部，通过调用 await 方法来阻塞等待倒计时到 0，控制线程调用 countDown 方法来递减该计时器，从而实现参与线程与控制线程之间的协作。

在使用方面，CountDownLatch 的其中一个运用是等到指定数量的线程都完成了工作，则在主线程中执行汇总操作。

示例 1：一个复杂的计算分成多个小任务，在多个子线程里执行，最后在主线程来汇总，或者是实现控制 N 个子线程同时开始执行，源码实现如下：

```
public class CountDownLatchDemo {
    private static final int N = 10;
    // 主方法
    public static void main(String[] args) {
        // 大任务拆成 N 个小任务
```

```
        CountDownLatch doneSignal = new CountDownLatch(N);
         // 线程池
        ExecutorService threadPool = Executors.newCachedThreadPool();
        // 创建 N 个线程来执行这 N 个小任务
        for (int i = 0; i < N; ++i) {
            threadPool.execute(new WorkerRunnable(doneSignal, i));
        }
        // 在主线程等待这些子线程执行完成，
        // 即等待 CountDownLatch 的数值为 0 doneSignal.await();
        // 执行汇总操作
        try {
            doneSignal.await();
            System.out.println("all done.");
        } catch (Exception e) {
            e.printStackTrace();
        }
    }
    // 子任务定义
    private static class WorkerRunnable implements Runnable {
        private final CountDownLatch doneSignal;
        private final int i;
        WorkerRunnable(CountDownLatch doneSignal, int i) {
            this.doneSignal = doneSignal;
            this.i = i;
        }
        public void run() {
            try {
                // 子任务工作
                doWork(i);
                // 子任务工作完成，调用 CountDownLatch 的 countDown 方法
                // 来递减计时器的数值
                doneSignal.countDown();
            } catch (Exception e) {
                e.printStackTrace();
            }
        }
        void doWork(int taskId) {
            System.out.println("process task:" + taskId);
        }
    }
}
```

打印如下：

```
process task: 1
process task: 2
```

```
process task: 0
process task: 3
process task: 4
process task: 6
process task: 7
process task: 8
process task: 9
process task: 5
all done.
```

示例 2：控制 N 个子线程同时开始执行，startSignal 的数值为 1，在主线程中作为控制开关，各个子线程等待这个控制开关打开再开始执行。源码实现如下：

```
public class CountDownLatchDemo2 {
    private static int N = 10;
    // 主方法
    public static void main(String[] args) {
        // 启动控制开关，计时器的数值为 1
        CountDownLatch startSignal = new CountDownLatch(1);
        // N 个线程都准备就绪开关
        CountDownLatch doneSignal = new CountDownLatch(N);
        for (int i = 0; i < N; ++i) {
            new Thread(new Worker(startSignal, doneSignal, i)).start();
        }
        // 打开控制开关，即递减计时器的数值，由于初始值为 1，故递减一次就是 0
        startSignal.countDown();
        try {
            // 等待 N 个线程都完成
            doneSignal.await();
            System.out.println("all done.");
        } catch (Exception e) {
            e.printStackTrace();
        }
    }
    private static class Worker implements Runnable {
        // 控制开关
        private final CountDownLatch startSignal;
        // 完成通知
        private final CountDownLatch doneSignal;
        private final int taskId;
        Worker(CountDownLatch startSignal, CountDownLatch doneSignal, int taskId) {
            this.startSignal = startSignal;
            this.doneSignal = doneSignal;
            this.taskId = taskId;
        }
```

```
        public void run() {
            try {
                // 等待主线程打开控制开关
                startSignal.await();
                // 工作
                doWork(taskId);
                // 该子线程完成了自身工作，调用 countDown 方法通知主线程
                doneSignal.countDown();
            } catch (InterruptedException ex) {}
        }
        void doWork(int taskId) {
             System.out.println("process task:" + taskId + " at " + System.
currentTimeMillis());
        }
    }
}
```

打印结果如下：

```
process task: 0 at 1569162768245
process task: 2 at 1569162768245
process task: 8 at 1569162768245
process task: 6 at 1569162768245
process task: 1 at 1569162768245
process task: 4 at 1569162768245
process task: 5 at 1569162768245
process task: 9 at 1569162768245
process task: 3 at 1569162768245
process task: 7 at 1569162768245
all done.
Process finished with exit code 0
```

可以查看到所有任务都是同时启动执行的。

7.3.2 ▶ 源码实现

CountDownLatch 的实现比较简单，主要是在内部基于 AQS 定义了一个同步器 Sync，通过指定 AQS 的状态 state 的值来定义该倒计时同步器需要递减或者说是“嘀嗒”几次才到时。

Sync 倒计时同步器继承于 AbstractQueuedSynchronizer，定义如下：

```
// 基于 AQS 实现的倒计时同步器
private static final class Sync extends AbstractQueuedSynchronizer {
    private static final long serialVersionUID = 4982264981922014374L;
    // 同步状态 state 定义
```

```
    Sync(int count) {
        setState(count);
    }
    int getCount() {
        return getState();
    }
    // 获取共享锁的实现
    protected int tryAcquireShared(int acquires) {
        return (getState() == 0) ? 1 : -1;
    }
    // 释放共享锁的实现，递减直到 0 才返回 true
    protected boolean tryReleaseShared(int releases) {
        // 自旋
        for (;;) {
            // 获取同步状态的值
            int c = getState();
            // 如果状态已经是 0 了，则说明之前已经解锁过了，再次调用返回 false
            if (c == 0)
                return false;
            // 状态递减
            int nextc = c-1;
            // 基于 CAS 机制来原子更新同步状态的值
            if (compareAndSetState(c, nextc))
                // 当状态递减为 0 时，才返回 true，解锁成功
                return nextc == 0;
        }
    }
}
```

分析：主要实现了 tryAcquireShared 方法和 tryReleaseShared 方法，其中 tryAcquireShared 是获取共享锁的实现，检测状态 state 是否为 0，是则返回 1，否则返回 -1，注意这里的 1 和 -1 只是方法控制作用，即返回值大于 0 说明已经到时了，小于 0 说明还没到时，而不是 state 的值。这样定义主要是结合 AQS 的 acquireSharedInterruptibly 方法来实现，AQS 的 acquireSharedInterruptibly 方法定义如下：

```
// 可中断地获取共享锁
public final void acquireSharedInterruptibly(int arg)
        throws InterruptedException {
    // 当前线程已经被中断了，故直接抛中断异常
    if (Thread.interrupted())
        throw new InterruptedException();
    // tryAcquireShared 方法返回小于 0，表示还没到时，
    // 所以当前线程进入 AQS 的等待队列阻塞排队
    if (tryAcquireShared(arg) < 0)
```

```
    doAcquireSharedInterruptibly(arg);
}
```

在 CountDownLatch 中，当线程调用其 await 方法时，则阻塞等待直到该倒计时为 0 时才返回，继续往下执行。await 方法的实现如下，主要是调用了刚刚介绍的 AQS 的 acquireSharedInterruptibly 方法：

```
// 线程等待直到状态变为 0，则被唤醒继续往下执行，阻塞可被中断
public void await() throws InterruptedException {
    sync.acquireSharedInterruptibly(1);
}
```

分析：结合 CountDownLatch 的内部类 Sync 的 tryAcquireShared 方法实现，即检测状态 state 是否为 0，是则返回 1，否则返回 -1，以及 AQS 的 acquireSharedInterruptibly 方法定义可知，当 CountDownLatch 的状态 state 或者说是 count 递减到 0，或者初始值就是 0 时，线程调用 CountDownLatch 的 await 方法是直接返回，线程可以继续往下执行，说明已经到时了。

若线程调用 await 时，count 并不是 0，则当前线程需要进入 AQS 的线程等待队列阻塞排队。此时需要其他线程调用 count 次 CountDownLatch 的 countDown 方法，直到 count 递减到 0 时，之前阻塞在 AQS 的等待队列的线程才会被唤醒。

CountDownLatch 的 countDown 方法实现如下：

```
// 递减状态一次，当某个线程递减到 0 时，则其他调用了 await 方法阻塞等待的线程会被唤醒，
// 从而可以继续往下执行
public void countDown() {
    sync.releaseShared(1);
}
```

分析：调用了 Sync 类的，具体为 AQS 定义的 releaseShared 方法，参数为 1，AQS 的 releaseShared 的方法实现如下：

```
public final boolean releaseShared(int arg) {
    // 当 tryReleaseShared 返回 true，即到时间了，解锁成功，
    // 此时需要唤醒调用 await 方法等待的线程
    // 如果返回 false，则直接进入下一步，直接返回 false 即可，而不需要唤醒等待的线程
    // 所以是最后一个递减 state 到 0 的线程来唤醒其他等待的线程的
    if (tryReleaseShared(arg)) {

        // 广播方式唤醒所有在 AQS 的等待队列阻塞排队的线程，使得这些线程可以继续执行
        doReleaseShared();
        return true;
    }
    return false;
}
```

分析：releaseShared 方法内部调用的 tryReleaseShared 方法在 CountDownLatch 的内部类 Sync 实现了，具体实现源码如上述的 Sync 类定义所示。

当线程多次调用或者多个线程调用 countDown 方法时，会在内部多次调用 Sync 定义的 tryReleaseShared 方法递减 count，当 Sync 的状态 count 递减到 0，则返回 true，说明到时了。此时在 AQS 的 releaseShared 方法中调用 doReleaseShared 方法，以广播方式唤醒所有在 AQS 的等待队列阻塞排队等待的线程，使得所有这些线程可以继续往下执行。

7.4 CyclicBarrier 循环栅栏同步器

CyclicBarrier 是一个可循环使用的线程同步器，可以理解为一个栅栏，拦住线程直到所有线程都到达，则打开该栅栏让所有线程继续执行。CyclicBarrier 与 CountDownLatch 功能差不多，只是计数可重置为初始值，重复使用，具体为调用 reset 方法来实现重置。如果主线程在执行过程中调用了 reset 方法，则子线程会抛异常退出。同时可以为 CyclicBarrier 指定一个 Runnable 任务在栅栏打开时来执行。由于可以重复使用，每次符合条件打开该栅栏时，都重复执行该 Runnable 任务。

在实现层面，CyclicBarrier 是基于 ReentrantLock 和 Condition 来实现的，具体在后面详细分析。CyclicBarrier 使用 all-or-none 的执行模式，即要么所有成功，要么所有失败，任何一个子线程被中断或者异常，或者超时退出，所有线程都退出。

7.4.1 ▶ 用法

CyclicBarrier 相对于 CountDownLatch 的好处就是可以循环使用，更重要的是 CyclicBarrier 可以指定一个 Runnable 任务，在栅栏打开或者说是计时器到时间时，执行该任务。

以一个矩阵计算为例演示其用法，定义一个二维数组表示矩阵，对于矩阵的每行都使用一个线程处理，当所有行都处理完时，在主线程汇总。其中可以调用 CyclicBarrier 的 reset 方法来重置，从而可以执行第二次。源码实现如下：

```
public class CyclicBarrierDemo {
    public static void main(String[] args) {
        float[][] data = {{1,2,3}, {4,5,6}};
        CyclicBarrierDemo cyclicBarrierDemo = new CyclicBarrierDemo(data);
        System.out.println("第一次执行");
        cyclicBarrierDemo.startWork();
        // 执行第二次
```

```
        System.out.println("第二次执行");
        cyclicBarrierDemo.reset();
        cyclicBarrierDemo.startWork();
    }

    // 矩阵数据
    private final int N;
    private final float[][] data;
    private final CyclicBarrier barrier;
    // 矩阵计算入口类，matrix两维数组为矩阵数据
    CyclicBarrierDemo(float[][] matrix) {
        data = matrix;
        N = matrix.length;
        // 等栅栏打开，自动执行该任务
        Runnable barrierAction = new Runnable() {
            public void run() {
                // mergeRows合并
                mergeRows();
            }
        };
        // 新建栅栏
        // 指定线程集合的大小N
        // 指定栅栏打开时需要执行的任务barrierAction，合并矩阵各行的计算结果
        barrier = new CyclicBarrier(N, barrierAction);
    }
    public void startWork() {
        List<Thread> threads = new ArrayList<>(N);
        for (int i = 0; i < N; i++) {
            Thread thread = new Thread(new Worker(i, barrier));
            threads.add(thread);
            thread.start();
        }
        // 等待所有子线程完成
        for (Thread thread : threads) {
            try {
                thread.join();
            } catch (Exception e) {
                e.printStackTrace();
            }
        }
    }
    public void reset() {
        // 重置，重新执行一次
        barrier.reset();
    }
```

```
    // 合并所有行的处理结果
    private void mergeRows() {
        System.out.println("all done.");
    }
    // 计算矩阵某行的任务定义
    private class Worker implements Runnable {
        private int myRow;
        private CyclicBarrier barrier;
        private boolean done;
        Worker(int row, CyclicBarrier barrier) {
            this.myRow = row;
            this.barrier = barrier;
        }
        public void run() {
            // 检查是否完成计算
            while (!done) {
                // 执行计算
                processRow();
                try {
                    // 等待其他线程处理完毕则返回,
                    // 即 N 个线程都调用了 barrier.await
                    barrier.await();
                } catch (InterruptedException ex) {
                    return;
                } catch (BrokenBarrierException ex) {
                    return;
                }
            }
        }
        private void processRow() {
            // 省略处理行的代码
            float[] rowData = data[myRow];
            System.out.print("Thread " + Thread.currentThread().getId() +
" process row:" + myRow + ", data=");
            for (int i = 0; i < rowData.length; i++) {
                System.out.print(rowData[i]+", ");
            }
            System.out.println();
            // 完成
            done = true;
        }
    }
}
```

分析：首先定义了一个用于计算矩阵每行数据的任务 Worker，Worker 是 Runnable 接口的实现类，在 Worker 的 run 方法中调用 processRows 方法对指定行进行计算，并且调用类型为 CyclicBarrier 的 barrier 对象的 await 方法等待其他线程对其他行的计算完成。当全部完成，即矩阵的所有行处理完成，则所有计算任务均返回退出到主线程。

其次，在矩阵计算主入口类内部定义一个当栅栏 carrier 打开，即矩阵每行对应的线程都计算完成时，需要执行的任务 barrierAction。在 barrierAction 中调用 mergeRows 方法汇总矩阵的每行的计算结果。

执行结果打印如下，执行了两次。

```
第一次执行
Thread 10 process row: 0, data=1.0, 2.0, 3.0,
Thread 11 process row: 1, data=4.0, 5.0, 6.0,
all done.
第二次执行
Thread 12 process row: 0, data=1.0, 2.0, 3.0,
Thread 13 process row: 1, data=4.0, 5.0, 6.0,
all done.
```

7.4.2 ▶ 源码实现

CyclicBarrier 也是倒计时同步器的实现，不过相对于 CountDownLatch，CyclicBarrier 可以重复执行，即到时后重置计时器，实现重复计时。除此之外，还可以指定当倒计时器到时的时候需要执行的任务，即指定一个 Runnable 接口实现类。

所以在实现层面，CyclicBarrier 与 CountDownLatch 也存在比较大的差异。CyclicBarrier 的核心字段定义如下：

```
// 同步锁
private final ReentrantLock lock = new ReentrantLock();
// 计时器到时的条件
private final Condition trip = lock.newCondition();
// 倒计时器的计时数量，用于存放设置的初始值，在重置时，使用该值重新初始化 count
private final int parties;
// 计时器到时的时候需要执行的任务
private final Runnable barrierCommand;
// 计时器的执行轮次
private Generation generation = new Generation();
// 倒计时器的计时数量
private int count;
```

CyclicBarrier 是基于 ReentrantLock 和 Condition 来实现线程之间的同步与协作，而不是像 CountDownLatch 一样在内部定义 AQS 的实现类 Sync 线程同步器来执行线程同步。

由于 CyclicBarrier 是可以重复执行的，故定义了 parties 来存放计时数的初始值，从而在重复执行时，可以使用 parties 来对 count 赋值，实现重置计时数量。最后定义了计时器到时的时候需要执行的任务 Runnable 接口的实现类对象引用。

CyclicBarrier 包含两个构造函数，其中计时器的计时数 parties 是必需参数，而计时器到时的时候是否需要执行任务是可选的。如下所示：

```
// 包含两个参数
public CyclicBarrier(int parties, Runnable barrierAction) {
    if (parties <= 0) throw new IllegalArgumentException();
    this.parties = parties;
    this.count = parties;
    // 计时器到时的时候需要执行的任务
    this.barrierCommand = barrierAction;
}
// 包含一个参数
public CyclicBarrier(int parties) {
    this(parties, null);
}
```

1. 计时器等待

除通过构造函数指定计时器的计时数，以及计时器到时的时候需要执行的任务之外，CyclicBarrier 的一个核心方法就是计时器等待或者说是计时器“嘀嗒”对应的 await 方法。与 CountDownLatch 提供的 await 和 countDown 两个方法不一样，CyclicBarrier 的 await 方法自带了 countDown 递减计时器的功能，所以实现的语义是当所有等待线程都到达，即调用过 await 方法的线程的数量达到了 parties 的值，则自动解除阻塞，所有这些在等待的线程都同时可以继续执行。

await 方法定义如下：

```
// 阻塞等待，递减一次 count，阻塞等待直到 count 为 0
public int await() throws InterruptedException, BrokenBarrierException {
    try {
        return dowait(false, 0L);
    } catch (TimeoutException toe) {
        throw new Error(toe); // cannot happen
    }
}
```

await 方法在内部调用 dowait 方法来定义计时器“嘀嗒”的逻辑，源码实现如下：

```
private int dowait(boolean timed, long nanos)
    throws InterruptedException, BrokenBarrierException,
```

```
        TimeoutException {
    final ReentrantLock lock = this.lock;
    // 加锁
    lock.lock();
    try {
        final Generation g = generation;
        // 本次计时已经取消了
        if (g.broken)
            throw new BrokenBarrierException();
        // 当前线程被中断了，则抛中断异常
        if (Thread.interrupted()) {
            breakBarrier();
            throw new InterruptedException();
        }
        // 递减计时器的数量 count，即"嘀嗒"
        int index = --count;
        // 递减为 0 时，则说明所有线程都到了，故可以执行任务 command，执行完之后返回
        if (index == 0) {
            boolean ranAction = false;
            try {
                // 执行任务，所以是最后一个到达的线程，即最后一个调用 await 方法的线程，
                // 会执行该任务的，而不是所有线程都执行一次，保证任务只会执行一次。
                final Runnable command = barrierCommand;
                if (command != null)
                    command.run();
                ranAction = true;
                // 重置下次执行的相关数据
                nextGeneration();
                return 0;
            } finally {
                if (!ranAction)
                    breakBarrier();
            }
        }
        // 自旋，当前线程被唤醒时，可以继续检查一遍 timed，即是否到时了
        for (;;) {
            try {
                // 未到时则阻塞，具体为调用 Condition 类型的 trip 的 await 方法，
                // 进入 trip 的条件化等待队列阻塞排队等待
                if (!timed)
                    // 阻塞，释放锁，这样其他线程可以继续调用 dowait 方法
                    trip.await();
                else if (nanos > 0L)
                    nanos = trip.awaitNanos(nanos);
            } catch (InterruptedException ie) {
```

```
                if (g == generation && ! g.broken) {
                    breakBarrier();
                    throw ie;
                } else {
                    Thread.currentThread().interrupt();
                }
            }
            if (g.broken)
                throw new BrokenBarrierException();
            // 不是同一轮次了，则直接返回
            if (g != generation)
                return index;
            if (timed && nanos <= 0L) {
                breakBarrier();
                throw new TimeoutException();
            }
        }
    } finally {
        // 释放锁
        lock.unlock();
    }
}
```

分析：首先需要加锁，然后递减计时器，如果计时器递减后不为0，则当前线程进入条件对象实例trip的条件化等待队列阻塞排队等待，并且会释放锁，以便其他线程在调用await方法时获得锁。

当计时器递减为0时，如果通过构造函数给定了任务，则执行该任务，并且重置计时器以便下次使用。注意是最后递减计时器为0的线程执行这个任务，而不是所有线程都需要执行这个任务，实现了该任务只执行一次。

其中重置计时器并唤醒其他之前阻塞等待的线程的nextGeneration的方法实现如下：

```
private void nextGeneration() {
    // 通知所有其他等待的线程
    trip.signalAll();
    // 使用parties重置count
    count = parties;
    // 新建轮次对象
    generation = new Generation();
}
```

分析：调用条件trip的signalAll方法来唤醒trip对应的条件化等待队列中的所有等待的线程，使得这些线程可以继续执行。

2. 计时器重置

计时器的重置在 reset 方法定义，定义如下：

```
// 重置 count，使得重新计时
public void reset() {
    final ReentrantLock lock = this.lock;
    // 加锁
    lock.lock();
    try {
        // 重置 count，并且若当前还有其他线程阻塞等待，则唤醒这些线程
        breakBarrier();
        // 递增轮次，表示进入下一轮计时
        nextGeneration();
    } finally {
        // 解锁
        lock.unlock();
    }
}
```

分析：首先需要加锁，然后调用 breakBarrier 方法重置计时器的计时数量 count，并且如果当前已经存在其他线程在阻塞等待了，则唤醒这些线程。breakBarrier 的方法实现如下：

```
private void breakBarrier() {
    // 设置 broken 为 true，如果此时刚好有其他线程调用 await 方法，
    // 则直接抛 BrokenBarrierException 异常，然后进入 dowait 方法的 finally 块进行释
放锁操作
    generation.broken = true;
    count = parties;
    // 唤醒所有阻塞等待的线程
    trip.signalAll();
}
```

7.5 Semaphore 信号量同步器

信号量 Semaphore 是基于 AQS 实现的，通常用于控制资源的最大可用量或者并发量，即限制某种资源的可用数量。通常用于控制某种资源最多允许被多少个线程同时访问，即定义了 N 个“许可证”，对于请求获取访问该资源的线程，首先需要获取一个许可证，如果没有许可证，则当前线程需要等待。其次对于正在访问的线程需要退出访问时，则会释放一个“许

可证”，故其他线程可以获取该“许可证”来对该共享资源进行访问。最后在线程对资源请求的优先级方面，也存在公平和非公平两种实现，默认为非公平。

在实现层面，信号量 Semaphore 主要是通过设置 AQS 的同步状态量 state 来定义资源的可用量，即许可证的数量。多个线程对资源的竞争的公平与非公平实现主要区别是，在线程请求访问资源时，对于是否先检查当前是否存在其他线程在等待，公平实现是需要检查的，即如果当前线程发现存在其他线程先等待了，则自动进入等待队列排队。而非公平实现则是不管是否存在其他线程已经在等待，都尝试去访问一次资源，当失败时才放入等待队列排队。

7.5.1 ▶ 用法

信号量 Semaphore 主要用于控制资源的可用数量，或者定义最多允许多少个线程对共享资源进行同时访问。一个典型运用就是实现池化机制，如对象池。

如下为一个对象池的简单实现例子。

```
public class SemaphoreObjectPoolDemo {
    private static final int MAX_AVAILABLE = 100;
    // 对象池可用的对象的数量定义
    private final Semaphore available = new Semaphore(MAX_AVAILABLE, true);
    // 从对象池获取一个可用对象
    public Object getItem() throws InterruptedException {
        available.acquire();
        return getNextAvailableItem();
    }
    // 往对象池添加一个可用对象
    public void putItem(Object x) {
        if (markAsUnused(x))
            available.release();
    }
    // 对象池初始化，类型为一个对象数组
    protected Object[] items = new Object[MAX_AVAILABLE];
    // 记录已经被使用的对象
    protected boolean[] used = new boolean[MAX_AVAILABLE];
    // 获取一个可用的对象，使用 synchronized 关键字加锁
    protected synchronized Object getNextAvailableItem() {
        for (int i = 0; i < MAX_AVAILABLE; ++i) {
            if (!used[i]) {
                // 对应位置设置为 true，表示该位置的对象已经被使用了
                used[i] = true;
                return items[i];
            }
        }
```

```
        return null;
    }
    protected synchronized boolean markAsUnused(Object item) {
        for (int i = 0; i < MAX_AVAILABLE; ++i) {
            if (item == items[i]) {
                if (used[i]) {
                    // 对应位置设置为 false，表示该对象没有被使用
                    used[i] = false;
                    return true;
                } else
                    return false;
            }
        }
        return false;
    }
}
```

除用于实现池化机制外，Semaphore 还可以用于实现互斥锁，即只要定义信号量的数量为 1 即可，这样任何时候只能有一个线程得到这个信号量的唯一许可证，其他线程则需要等待。当该线程访问完毕时，释放这个许可证，相当于解锁，故其他线程可以竞争获取该许可证。

Semaphore 由于存在公平和非公平两种实现，所以在使用方面，对于实现池化机制，通常使用公平实现，这样能保证所有线程都可以从该对象池获取一个对象，而不会被饿死。对于实现互斥锁，则通常使用非公平版本，从而提高整体的性能。

7.5.2 ▶ 源码实现

在实现层面，Semaphore 也是基于 AQS 来实现线程同步的。与 CountDownLatch 类似，Semaphore 也是在内部定义了一个 AQS 的子类 Sync，即线程同步器。Sync 继承于 AQS，通过 AQS 的状态变量 state 来定义许可证的数量 permits。由于 Semaphore 存在公平和非公平两个版本的实现，故在 Semaphore 内部派生了两个 Sync 的子类，分别为公平版本实现 FairSync 和非公平版本实现 NoFairSync。

1. 同步器定义

Sync 请求获取和释放许可证的操作都是通过自旋和 CAS 机制来实现线程同步和状态的线程安全的。非公平版本同步器 NofairSync 和公平版本同步器 FairSync 继承于 Sync。同步器定义如下：

```
// 同步器实现
abstract static class Sync extends AbstractQueuedSynchronizer {
    private static final long serialVersionUID = 1192457210091910933L;
    // 定义 " 许可证 " 的数量
    Sync(int permits) {
        setState(permits);
    }
    final int getPermits() {
        return getState();
    }
    // 非公平获取一个 " 许可证 "
    final int nonfairTryAcquireShared(int acquires) {
        // 自旋
        for (;;) {
            // 获取当前可用的 " 许可证 " 数量
            int available = getState();
            // 根据当前请求的 " 许可证 " 数量，计算此次请求成功后，剩余的 " 许可证 " 数量
            int remaining = available - acquires;
            // remaining 小于 0，表示没有可用的许可证了，直接返回
            // remaining 大于等于 0，表示成功获取了许可证，此时需要基于 CAS 机制
            // 原子更新剩余许可证数量。如果失败，说明存在其他线程也在更新，
            // 故自旋回去重新请求资源；否则成功直接返回即可

            if (remaining < 0 ||
                compareAndSetState(available, remaining))
                return remaining;
        }
    }
    // 释放一个 " 许可证 "
    protected final boolean tryReleaseShared(int releases) {
        for (;;) {
            // 获取当前可用的 " 许可证 " 数量
            int current = getState();
            // 将当前可用的 " 许可证 " 和此次释放的 " 许可证 " 数量相加作为新的可用 "
            // 许可证 " 数量
            int next = current + releases;
            if (next < current)
                throw new Error("Maximum permit count exceeded");
            if (compareAndSetState(current, next))
                return true;
        }
    }
    // 省略其他代码
}
```

以上介绍了线程同步器的实现逻辑，即请求“许可证”和释放“许可证”的实现，下面继续分析公平版本的 Sync 实现和非公平版本的 Sync 实现。

公平版本 Sync 实现：FairSync 继承 Sync，请求获取许可证的方法实现为 tryAcquireShared。线程在执行这个方法时，首先需要调用一下 AQS 的 hasQueuedPredecessors 方法，然后检查一下当前是否存在之前先请求获取许可证的线程在 AQS 的线程等待队列排队。如果存在，则该线程直接返回失败；否则继续请求获取许可证。源码实现如下：

```
// 公平版本同步器实现
static final class FairSync extends Sync {
    // 通过构造函数指定 " 许可证 " 的数量
    FairSync(int permits) {
        super(permits);
    }
    protected int tryAcquireShared(int acquires) {
        // 自旋
        for (;;) {
            // 首先检查是否存在其他线程在等待，存在直接返回失败
            if (hasQueuedPredecessors())
                return -1;
            // 请求获取 acquires 个的 " 许可证 "
            int available = getState();
            int remaining = available - acquires;
            // 如果当前无法成功获取 acquires 个 " 许可证 "，则直接返回；
            // 如果成功获取了，但是 CAS 机制更新剩余可用许可证失败，则继续自旋
            if (remaining < 0 ||
                compareAndSetState(available, remaining))
                return remaining;
        }
    }
}
```

非公平版本 Sync 实现：NonFairSync 继承 Sync，请求获取许可证在 tryAcquireShared 方法定义，在该方法内部直接使用 Sync 定义的非公平获取许可证的方法 nonfairTryAcquireShared。

由上面 Sync 定义可知，nonfairTryAcquireShared 方法是直接请求获取许可证的，而不需要检查 AQS 的等待队列是否存在排队的线程。源码实现如下：

```
// 非公平版本同步器实现
static final class NonfairSync extends Sync {
    private static final long serialVersionUID = -2694183684443567898L;
    NonfairSync(int permits) {
        super(permits);
    }
    // 非公平请求获取 " 许可证 "
```

```
    protected int tryAcquireShared(int acquires) {
        // 调用基类 Sync 的 nonfairTryAcquireShared 方法
        return nonfairTryAcquireShared(acquires);
    }
}
```

2. 信号量 Semaphore 的定义

信号量 Semaphore 的核心设计主要通过构造函数指定许可证的数量和指定使用公平还是非公平版本实现，然后定义请求获取一个许可证的 acquire 方法，释放一个许可证的 release 方法。以上请求获取和释放许可证的操作都依赖 Sync 来实现。

Semaphore 的构造函数定义如下：提供了两个构造函数实现，其中许可证数量 permits 是必现指定的，而是否使用公平版本的 fair 变量是可选的，默认使用非公平版本。

```
// 指定 " 许可证 " 的数量
public Semaphore(int permits) {
    // 默认为非公平实现
    sync = new NonfairSync(permits);
}
// 指定 " 许可证 " 的数量和释放使用公平版本
public Semaphore(int permits, boolean fair) {
    sync = fair ? new FairSync(permits) : new NonfairSync(permits);
}
```

请求获取许可证的 acquire 方法：提供了多个版本的实现，不同版本主要围绕是否可被中断、是否阻塞获取、是否阻塞指定的时间三个维度来定义。其中 tryAcquire 方法为非阻塞，即不管是否成功获取许可证都直接返回；acquire 为阻塞获取，即如果当前线程获取许可证失败，则进入 AQS 的等待队列排队等待。对于公平与非公平则是依赖 Sync 来实现。源码实现如下：

```
// 阻塞获取一个 " 许可证 "，可被中断
public void acquire() throws InterruptedException {
    sync.acquireSharedInterruptibly(1);
}
// 阻塞获取一个 " 许可证 "，不可被中断
public void acquireUninterruptibly() {
    sync.acquireShared(1);
}
// 非阻塞获取一个 " 许可证 "，不管是否成功都直接返回
public boolean tryAcquire() {
    return sync.nonfairTryAcquireShared(1) >= 0;
}
// 阻塞指定时间获取一个 " 许可证 "，如果到时间了还没有成功，则直接返回
```

```
public boolean tryAcquire(long timeout, TimeUnit unit)
    throws InterruptedException {
    return sync.tryAcquireSharedNanos(1, unit.toNanos(timeout));
}
// 阻塞获取 acquire 个 " 许可证 ", 可被中断
public void acquire(int permits) throws InterruptedException {
    if (permits < 0) throw new IllegalArgumentException();
    sync.acquireSharedInterruptibly(permits);
}
// 省略其他获取 acquire 个许可证的方法定义
```

释放许可证通过 release 方法来实现，包括释放一个许可证和释放 permits 个许可证两个版本实现，源码实现如下：

```
// 释放一个 " 许可证 "
public void release() {
    sync.releaseShared(1);
}
// 释放 permits 个 " 许可证 "
public void release(int permits) {
    if (permits < 0) throw new IllegalArgumentException();
    sync.releaseShared(permits);
}
```

7.6 小结

AQS 是抽象队列同步器 AbstractQueuedSynchronizer 的简称，AQS 是 Java 并发包的相关线程同步器的实现基础。在 Java 并发包中，基于 AQS 实现的线程同步器包括可重入锁 ReentrantLock，倒计时线程同步器 CountDownLatch，循环栅栏线程同步器 CyclicBarrier 和用于可用资源控制的信号量 Semaphore。其中这些线程同步器也是 Java 并发包中，实现其他线程安全容器的基础，如阻塞先入先出队列 LinkedBlockingQueue 就是基于可重入锁 ReentrantLock 来实现的。

在 AQS 的实现层面，主要包括先入先出线程等待队列定义，资源可用状态 state 定义，基于 CAS 机制来实现线程安全，以及基于 LockSupport 工具类来对线程的运行状态进行控制，即阻塞或唤醒线程。AQS 的具体运作原理为，如果当前存在可用的资源，即 state 的值大于 0，线程可以继续执行，否则需要将线程放到线程等待队列来排队，阻塞等待直到资源可用才可以继续执行。

第三部分

拓展篇

第 8 章

8

分布式系统设计理论

本章主要是对分布式系统设计的相关理论、核心设计要点进行分析，包括阐述对分布式系统存在挑战的 CAP 理论和 BASE 理论，分布式系统会涉及的负载均衡原理、缓存实现、限流和熔断机制，以及相关的容错策略等。

前面章节主要介绍了 Java 多线程并发编程的核心技术点，但是多线程并发编程只能最大限度地利用单机 CPU 资源来提高 Java 应用程序的并发性能。由于单台服务器资源是有限的，当需要处理大量并发客户端请求时，应用的响应速度会逐渐变慢，甚至耗尽系统资源导致系统宕机。例如，应用在处理每秒几百个请求时可能响应速度很快，但是每秒需要处理几千个请求时，则可能响应非常缓慢。

现代的互联网应用都是并发量非常高的应用，每秒几千、几万并发请求量非常普遍，特别是大型网站，如天猫“双十一”每秒可以达到十几万的交易量，如果只通过单机部署来应对这么高的流量会瞬间宕机，所以大型网站一般都是采用分布式架构和集群部署来应对高并发请求流量。

分布式系统设计非常复杂，以下将详细分析分布式系统设计的相关理论，以及分布式系统是如何做到能应对高并发请求而不至于宕机和响应缓慢，并且能够保证服务的整体稳定性。

8.1 系统架构演进

应用系统架构一般都是伴随着业务的发展变化而演进的。业务发展初期，系统的用户量和访问量都较小，并且业务分类较少和业务逻辑较简单，此时一般采用单体应用架构即可。单体应用架构将业务功能都集中在一个系统来独立部署。后期随着业务的不断发展，系统的用户量和访问量越来越大，并且业务模块也越来越多，此时如果还是采用单体应用架构，则会导致系统拓展困难和无法支撑大量用户的访问。此时就需要对系统架构进行优化，采用分布式架构和集群部署的方式。

所谓分布式架构就是根据业务特点将一个单体应用拆分为多个子系统（子系统与子服务是一个类似的概念，故在行文中会交叉使用这两个术语），每个子系统以独立的进程部署。例如，一个电商网站一般会拆分为商品系统、用户系统、订单系统、库存系统、物流系统等，每个子系统可以进一步通过集群部署来提高吞吐量和可用性。多个子系统通过网络通信实现相互协作来处理一个完整的请求，如用户下单的请求，包括订单系统的订单记录生成，库存系统的扣减商品库存，物流系统生成物流记录等。由于各子系统需要通过网络来进行消息传递，而网络是不稳定的，故分布式系统架构相对于单体架构也增加了出错的概率。

8.1.1 ▶ 单体应用架构

早期的应用设计或者企业内部的系统，由于用户量和并发请求量不大，一般采用的是单体架构，即在一个系统中实现所有的业务功能，然后在一个节点部署或者在多个节点集群部署，每个节点提供相同的服务。这种架构的好处是部署和维护简单，出现问题时，通过查看日志即可定位问题，而不用像分布式架构一样需要分析究竟是哪个子服务出现问题。但是在单体应用架构下，由于所有功能模块都部署在一个系统，所以也存在以下一些问题。

第一，不同的功能模块相互耦合，对其中某个功能模块的修改需要重新部署整个系统，影响其他功能模块的使用。这种场景在需要保持高可用的在线系统，如电商交易系统是不可容忍的。

第二，开发复杂度高。首先，由于所有功能模块都集成在一个系统，故即使只是负责其中的某个功能模块，项目开发人员也需要熟悉整个系统的设计。其次，随着功能的迭代，项目会越来越复杂，项目构建时间更长，从而影响开发效率。

第三，高并发场景下无法高效地进行横向拓展。首先，由于每个部署实例都包含所有的功能模块，所以如果通过集群的方式部署多个实例来应对高并发流量，则每个部署实例都需要有足够的系统资源来运行整个项目。其次，不同功能模块的并发访问量存在差别，如并发访问量大的功能模块可以部署多个服务实例，而并发访问量小的可以部署少数几个，但是在单体应用架构下无法做到这种高效的横向拓展。另外，为了让读者能更直观了解单体应用架构，下面以一个基于单体应用架构的 OA 办公系统来分析。该 OA 办公系统包含会议室预定、请假、工资查询三个功能模块组成，如图 8.1 所示。

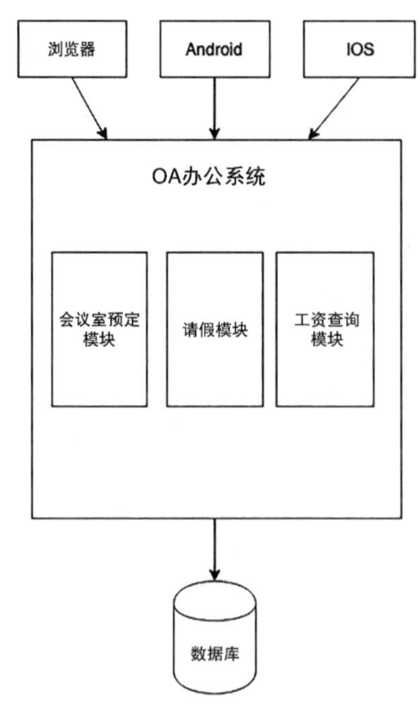

图 8.1　OA 办公系统的单机系统架构

由于这三个功能都集成在一个系统，故如果工资查询模块需要新增一个需求或者修改某个 bug 则需要重新部署整个系统，此时会影响到请假和会议室预定模块的使用。

同一个部署实例需要处理会议室预定、请假、工资查询的请求，由于 OA 办公系统一般为企业内部员工使用，并发量不大，系统资源要求不高，故可以采用单体应用架构来实现，以减少维护成本。但是如果是需要应对高并发流量且需要保证高可用的电商网站，则无法采用这种单体应用架构，而是需要采用分布式应用架构。

8.1.2 ▶ 分布式应用架构

1. 分布式应用架构的优点

分布式应用架构是指将一个系统的多个功能模块拆分为多个子服务，每个子服务都使用一个独立的进程来部署，并且一般部署在不同的机器节点。分布式应用架构相对于单体应用架构拥有更好的拓展性和开发便利性，以及更高的并发性、可靠性和整体高性能。

拓展性表现在两个方面，首先，系统由多个子服务组成，每个子服务负责其中一个功能，可以根据子服务的特点来决定该子服务的部署方案，如并发调用量大的服务部署多个节点。相对于单体应用需要部署整个系统，这种方式更加节省资源，从而更方便进行横向拓展。其次，如果有新的业务需求，则可以在对应的子服务中进行修改，而不需要对其他不相关的服务进行修改和重启部署。

开发便利性主要表现在整个系统是松耦合，每个子服务是高内聚，每个子服务可以由专门的开发人员或者团队来维护。对应的需求变更和线上可能发生的故障一般都只针对特定的服务，降低了开发维护的难度。

并发性主要表现在通过集群部署每个服务来实现横向拓展，通过负载均衡机制来分发请求给服务的各个部署节点，从而可以方便地通过增加部署节点的方式来应对高并发请求。其中每个节点处理一部分请求，这样就可以从容应对高并发流量，不会造成节点的负载过高。对于单体应用而言，如果是无状态的，也可以通过集群部署来提高并发性。但是分布式系统的各个服务的集群部署相对于单体应用的集群部署的好处是不需要部署整个系统，这样当需要重启服务时，可以重启对应的子服务即可。

可靠性主要表现在如果某个服务出现故障导致不可用，对于不依赖这个服务的其他服务则可以继续提供服务。而对于存在依赖的服务，则可以在设计的时候，通过服务熔断、降级等机制来保持可用性。这是针对单体应用中，某个功能模块出现故障可能导致整个应用不可用的一种在可用性和可靠性方面的优化和提升。

整体性能方面主要表现在由于每个请求的处理分散到了各个服务进程节点，而不是全部在一个进程节点处理，所以降低了单个服务节点的负载，使得每个服务节点处理请求的速度更快和能够处理更多的请求。虽然一个请求的处理可能需要多个服务的协作，并且增加了额外的网络开销，但是对于高并发、海量请求而言，由于系统的整体容量更大，故可以处理更多的高并发请求，而不会因为需要处理太多请求导致超时失败，所以系统的整体性能提高了。

2. 分布式架构的不足

分布式应用架构相对于单体应用架构，由于系统被拆分为多个子服务，每个子服务以独立进程的方式部署在不同的网络节点，故也存在一些不足之处，具体分析如下。

网络传输问题。分布式应用的多个子服务之间如果存在服务的相互调用，则需要通过网络进行消息传递的方式来进行协作，如 RPC 方法调用。分布式应用相对于单体应用，由于各子服务需要通过网络通信来进行协作，所以额外增加了网络传输的时间开销。同时由于网络的不稳定性会影响服务之间的数据传输，具体包括响应时间延迟和数据丢失两个方面。在分布式系统设计时，需要考虑响应超时和数据丢失时的重试和幂等性问题的处理。

分布式事务问题。在单体应用架构中，由于每个请求涉及的所有操作都是在一个应用进程内完成的，故可以依赖于数据库的事务来保证数据的一致性，即在一个数据库事务中的所有操作要么全部成功，要么全部失败。但是在分布式应用中，一个请求可能涉及多个子服务的调用与不同数据库的数据更新，故整个请求的处理无法再依赖数据的事务机制来保证数据一致性，即如果某个子服务调用成功，某个子服务调用失败，则会出现数据不一致问题。

服务调用追踪问题。一个请求可能需要经过多个子服务的处理，然后通过网络将处理结果汇总到接收请求的站点服务。如果某个子服务出现问题，则不能像单体应用中直接通过日志异常来发现，而需要检查每个涉及的子服务来定位，所以服务调用追踪更加复杂。并且现在也出现了比较多的分布式服务调用链路追踪框架。

下面结合一个电商网站来分析分布式应用架构，该电商网站采用了分布式应用架构，包含商品、订单、库存三个子服务，整体架构如图 8.2 所示。

API 网关主要用于接收客户端的请求，自身不包含业务处理逻辑。在这里根据请求的业务类型来分别调用不同的子服务进行请求处理。其中商品服务主要处理商品相关信息的查看请求，这部分的访问流量是最大的。订单服务主要在用户下单时生成订单。库存服务则是当用户下单后，扣减对应的商品库存数量，所以下单跟扣减商品库存存在先后依赖关系。如果是基于单体应用架构，则可以在一个方法中完成下单和扣减库存这两步操作，并且依赖数据库的事务机制来解决数据一致性问题。但是在分布式应用架构中，订单服务和库存服务都是独立部署的进程且都有自己独立的数据库，故无法跟单体应用架构一样基于数据库事务来实现数据一致性，而是需要采用分布式事务实现数据强一致性或者基于消息队列、事务补偿机制来实现数据的最终一致性。

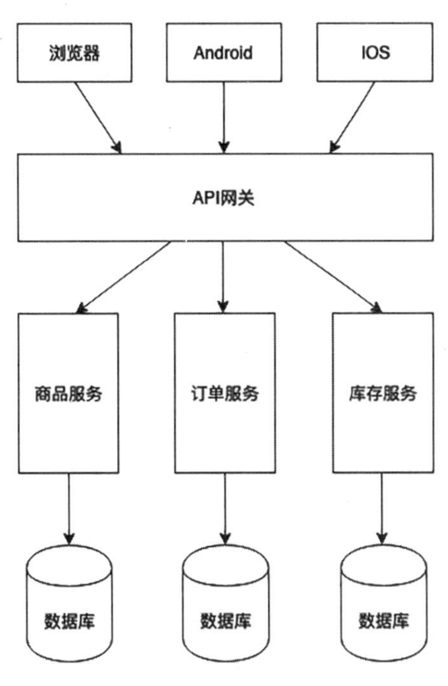

图 8.2　电商系统分布式架构

在分布式应用架构中，虽然增加了系统整体的拓展性、并发性能与吞吐量等，但是也存在网络延迟、运维难度复杂，以及需要考虑分布式数据一致性等问题，对系统设计要求更高，所以也产生了一系列用于分析和指导分布式系统设计的理论。

8.1.3 ▶ 集群

在讲解分布式系统设计理论之前，先分析一下集群与分布式的区别。在讨论分布式相关概念时，通常会听到分布式与集群这两个概念，对初学者来说很容易混淆这两个概念。其实分布式通常是指如何将一个系统拆分为多个子服务或者称为多个子系统，各个子服务独立部署在一个进程里。如果这些子服务都是只部署一个实例，则这个系统是分布式系统，但不存在集群的概念。

集群是指同一个服务在不同机器节点上部署多次，这些机器节点提供相同的服务，并且通过负载均衡机制将对该服务的请求分散到各个节点。所以集群主要是通过实现系统的横向拓展来应对高并发请求和提高系统的吞吐量，即对某个服务的请求不是集中在某台机器节点来处理，而是通过分而治之的思路来实现集群中每个机器节点只需要处理部分请求，服务对外的吞吐量则是集群所有机器节点的处理流量总和。

除此之外，集群还可以解决单点故障问题。由于一个服务部署了多个节点，如果某个节点宕机，则其他节点还可以继续提供服务，实现该服务的高可用，有效避免单点故障。

图 8.3 和图 8.4 分别是单体应用架构和分布式应用架构的集群部署示意图。

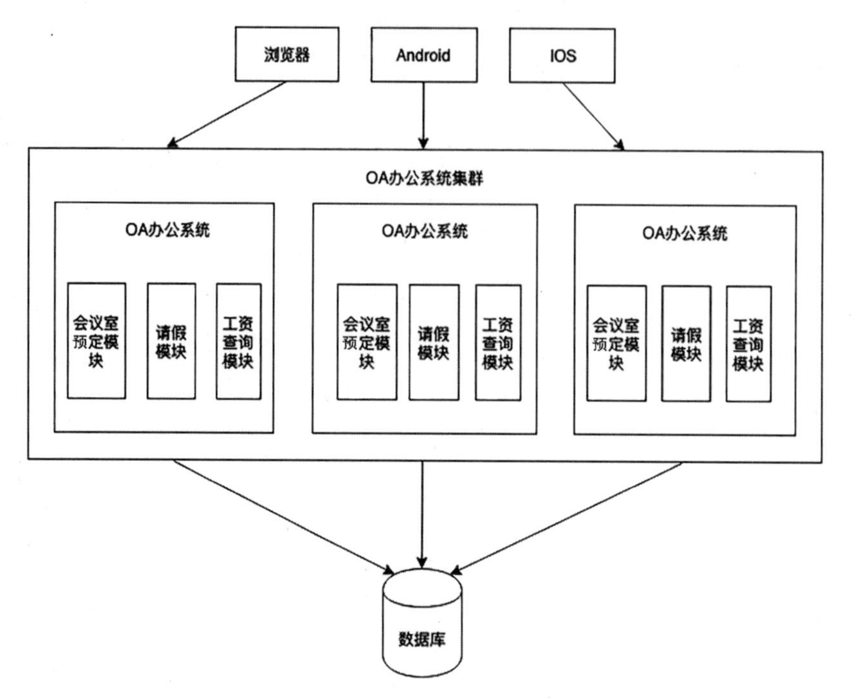

图 8.3　单体应用架构：OA 办公系统的集群部署

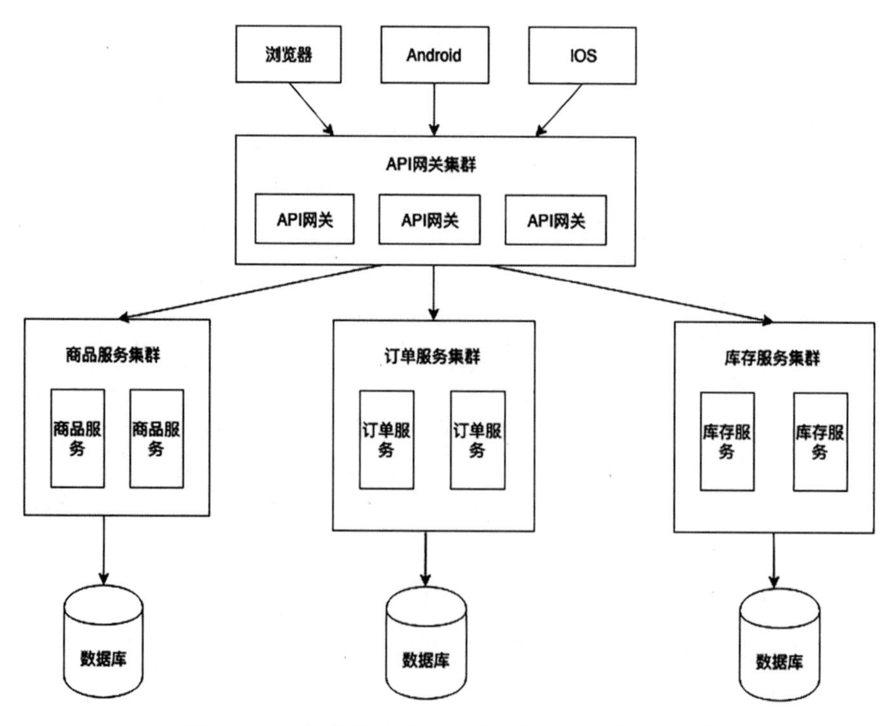

图 8.4　分布式应用架构：电商网站的集群部署

单体应用架构和分布式应用架构都可以通过集群的方式来部署。对于单体应用架构而言是该系统部署在多个节点，而对于分布式应用架构而言则是每个子服务部署在多个节点，从而提高了每个服务的吞吐量、并发性能和解决了单点故障问题。

8.2 分布式理论

首先，分布式系统由于需要将一个系统的多个功能模块拆分为多个子服务，每个子服务以独立进程来部署，不同子服务之间的方法调用需要通过网络来完成，整个系统由这多个分布在不同机器节点的子服务共同组成。不过由于网络的不稳定和存在数据传输延迟问题，所以子服务之间可能会出现无法通信的情况，这是在单体应用架构中，进程内部的方法调用不会出现的情况。所以在分布式系统设计中，需要考虑网络分区导致服务不可用的情况和相关的应对方法。

其次，在单体应用架构中，一个请求可能需要调用多个不同的功能模块的方法来处理，由于是在一个进程内，故可以基于数据库的事务机制来保证数据的强一致性，即要么都执行成功了提交事务，要么任何一个执行失败则进行事务回滚。但是在分布式应用架构中，如果一个请求需要多个子服务来完成，则可能出现其中一个子服务执行成功，另一个子服务执行失败，从而导致数据出现不一致性。

在分布式系统设计中，针对数据不一致情况，要么是在所有子服务都执行成功才提交此次请求的数据修改，但是在这期间相关子服务不能处理其他请求，即会出现对应服务不可用的情况；要么就是各自执行成功即可，然后事后检查是否都执行成功，如果存在某些执行失败，则考虑事务补偿机制来进行修复，实现数据的最终一致性。

在分布式系统设计中，针对服务高可用和数据一致性问题，主要是在 CAP 理论中论证服务高可用和数据强一致性不能同时满足，而 BASE 理论则是提出了在分布式系统设计中，针对 CAP 理论指出的这个固然缺陷的一个折中的解决方案。

8.2.1 ▶ CAP 理论

CAP 理论是美国加州大学的计算机科学家 Eric Brewer 在 1998 年提出的，该理论主要指出在分布式系统设计中存在数据强一致性（Consistent）和服务高可用（Avaliability）两个质量指标，以及一个不可避免的网络分区缺陷，网络分区对应的网络分区容忍（Partition tolerance）。首先其中数据一致性和服务高可用在分布式系统中是不能同时存在的，即要么保证数据的强一致性，服务可以出现不可用的情况，要么保证服务的高可用，而数据可以出现不一致的情况。

其次是网络分区容忍。由于网络的不稳定性，网络分区是不可避免的，即两台机器之间可能出现无法通信的情况。由于分布式系统的各个子服务需要通过网络传输数据来进行通信，所以在分布式系统设计中，需要能够容忍出现网络分区的情况。在出现网络分区时，要根据实际业务特点，是需要保证数据的强一致性，还是需要保证服务的高可用，要在数据强一致性和服务高可用之间做一个取舍，并且这个取舍不能对实际的业务造成致命影响，否则这个分布式系统就失去了意义。

如果既要保证数据的强一致性，又要保证服务的高可用，则只能使用单体应用架构了。因为单体应用架构的所有功能模块都运行在一个进程内部，不同功能模块之间不需要通过网络来传输数据，不会受到网络出现不稳定时，可能出现的网络分区问题的影响。

以下以分布式存储系统来分析数据强一致性与服务高可用不能在分布式系统中同时存在的主要原因。

第一，在传统的 CAP 理论中，数据强一致性通常是指在分布式存储系统中，数据存储主节点与多个备份节点的数据在任何时候都需要保持一致。任何时候，客户端需要请求某项数据时，可以选择访问任意一个节点，即主节点或者备份节点都会返回相同的数据。

第二，服务高可用是指客户端在任何时候需要获取某项数据时，都可以随时访问对应的数据存储节点，并且数据存储节点都可以成功返回该数据。

由于数据存储主节点和多个备份节点是分布在不同机器节点的，故在数据存储主节点写入某项数据后，需要通过网络来传输到多个备份节点。在数据存储主节点写入数据后，同步到备份节点之前，主节点和备份节点的数据是不一致的，此时如果需要保证数据的强一致性，则需要容忍服务的不可用，即客户端无法访问该数据。

由于从主节点通过网络同步数据到多个备份节点的过程存在网络延迟且一般存在多个备份节点，所以在所有备份节点达到与主节点数据一致的这段时间内，客户端是不能访问该项数据的，否则可能访问到还没从主节点同步过来的旧数据。而其他客户端可能访问到已经同步完成的节点的新数据，故会出现数据不一致的问题，这与需要保证数据强一致性的要求是相反的。

反过来分析，如果需要保证服务的高可用，则此时客户端还可以继续选择任意一个节点来访问该项数据。由于可能访问到已经完成数据同步的节点或者未完成数据同步的节点，故可能访问到的是最新数据，也可能访问到的是旧数据，不能保证数据的强一致性。

对于分布式应用系统，如电商系统，每个商品页面会展示当前的可购买数量，而下单操作一般由订单系统生成订单和库存系统扣减库存两步操作完成，在成功生成订单后，需要通过网络通知库存系统扣减库存，而在生成订单后、扣减库存之前的这段时间内，如果需要保证数据的强一致性，即商品页面展示的当前可购买的数量与实际库存保持一致，则此时不能处理其他用户的下单操作。只有在库存系统完成扣减库存之后，才可以继续进行下单，所以会出现无法下单的情况，即服务不可用。

相反，如果不需要保证数据强一致性，即商品页面展示的可购买数量不需要与实际库存保持实时一致，则用户可以继续下单，从而保持服务的高可用。在实际的电商系统中，一般采取的是第二种方案，即商品页面展示的可购买数量可以与实际库存不一样，可以继续执行下单操作，而最终是否能够成功买到，则可以根据库存系统是否存在商品库存来决定，具体逻辑可能更加复杂，如果感兴趣可以继续查阅相关资料来学习电商系统的实现原理。

所以在进行分布式系统设计时，需要认识到CAP理论中提及的数据强一致性和服务高可用不能同时满足的限制，从而根据实际业务特点，对这两个进行二选一，设计出一个切实可行的解决方案。

8.2.2 ▶ BASE理论

通过对CAP理论的分析，我们知道在分布式系统当中，数据强一致性和服务高可用是无法同时满足的。为了解决这个问题，eBay的架构师Dan Pritchett在进行大规模分布式系统设计总结时，提出了BASE理论来指导分布式系统的设计。BASE理论可以看作是对CAP理论的延伸，即CAP理论只是指出和证明了CA，即数据强一致性和服务高可用不能在分布式系统中同时存在，但是并没有指出在分布式系统设计时如何来解决这个问题。而BASE理论则是指出如何解决这个问题。

BASE理论是指数据强一致性和服务高可用互相让步，取一个折中的解决方案。通过牺牲数据强一致性来获取服务的基本可用，即允许数据在一段时间内是不一致的，但是最终会达到一致性。

1. 基本可用BA

Basically Available，相对于高可用而言，BASE理论需要实现的是当分布式系统出现网络分区时，服务保持基本可用，不是完全不可用，不过服务质量会存在损失。例如，Web请求的响应速度原来是0.5秒，现在变为1秒；某些辅助服务暂时不可用，如下单服务可以使用，物流服务暂时不可用。

2. 软状态S

Soft State，是对分布式系统中数据实时强一致性的一种折中方案。BASE理论需要实现的是允许在某一个有限的时间段内，数据存在中间状态，即分布式系统中的各个数据节点的数据在该有限的时间段内可以存在差异。

如 8.2.1 小节中提到的分布式存储系统的数据存储主节点和备份节点之间，首先在主节点接收某项数据的修改，然后通过网络传输同步给其他备份节点过程中，因为网络传输存在延迟，所以主节点和还没来得及同步到该项数据的备份节点之间的数据会存在差异。由于客户端可以继续选择任意一个节点进行数据读取，所以此时可能读取到该数据的中间状态。但是经过一定时间后，各个数据节点的数据会达到一致性。所以通过允许数据中间状态的存在，使得对应的服务能够保持基本可用。

3. 最终一致性 E

Eventual Consistency，由软状态的定义可知，虽然 BASE 理论允许分布式系统的各个数据节点在一个有限的时间段内，存在数据不一致问题，但是各个数据节点之后需要达到最终一致性。

如在 Redis 的主从复制同步当中，当 Redis 主库接收到某个数据的修改操作之后，则会将该修改操作通过网络传输同步给多个 Redis 从库。在同步到 Redis 从库的过程中，Redis 客户端还可以继续从 Redis 从库读取数据。如果 Redis 主库同步给 Redis 从库的数据修改操作还没在 Redis 从库执行，则此时客户端读取到的是该数据旧版本的数据，这也称为软状态。但是经过很短的时间之后，所有 Redis 从库都会执行这个从 Redis 主库同步过来的数据修改操作，从而实现数据的最终一致性。

在进行分布式系统设计时，可以基于 BASE 理论来分析当前的分布式系统是否能够满足 BASE 理论的三个条件，即基本可用、软状态和最终一致性。如果可以满足，则说明该分布式系统在出现网络分区时是可以保持服务的可用性，数据一致性会在一定时间后最终得到保证。如果不满足，则需要进行某些补救措施，如分布式存储系统中，同步给备份节点的数据可能会丢失，则可以采用事后检查和事务补偿机制来保证数据能够实现最终一致性。

8.3 高并发

在现代的互联网应用当中，特别是大型网站，同时在线的用户量和系统每秒需要处理的请求量都是非常高的，所以在应用架构层面一般采用的是分布式架构和集群部署方案。具体为通过分布式架构拆分出多个子服务来提高系统的横向拓展性，通过集群部署则可以提高每个服务的吞吐量和可用性，从而提高系统的整体性能和高并发处理能力。

在服务的集群部署当中，由于存在多个节点可以处理该服务的请求，故需要一种负载均衡机制来将对该服务的请求分散到这些节点中，从而实现集群的横向拓展性和提高服务的整体吞吐量。负载均衡策略可以根据业务需要来进行配置，具体包括轮询、加权轮询、随机、一致性哈希等策略。

除结合分布式系统和集群部署来处理高并发请求之外，在应用设计层面也需要采用一些优化措施来解决高并发场景会出现性能瓶颈的功能组件。首先，在高并发访问中最可能出现性能瓶颈的组件就是数据库，所以通过增加分布式缓存减少对数据库的访问来解决数据库的性能瓶颈问题。其次，通过请求的异步处理来加快请求的响应速度，提高系统吞吐量。异步请求处理的具体实现可以通过消息队列缓冲请求来实现，同时可以达到流量削峰的作用。

8.4 负载均衡

负载均衡机制主要是用在服务集群部署的场景中，具体为将对某个服务的请求分发给该服务集群的多个节点来处理，所有节点的处理流量总和为该服务的总吞吐量。其中负载均衡包括硬件负载均衡和软件负载均衡两种，这里主要分析软件负载均衡的相关要点。

负载均衡机制主要是由负载均衡器进行请求转发，而在请求转发层面，是基于网络七层ISO协议（物理层、数据链路层、网络层、传输层、会话层、表现层、应用层）来实现的。所以负载均衡机制一般分为二层负载均衡、三层负载均衡、四层负载均衡和七层负载均衡，其中四层负载均衡和七层负载均衡在分布式系统中比较常用的。在进行请求转发时，对于集群节点的选择，一般是基于轮询、随机、哈希、一致性哈希等算法选择其中一个集群节点来处理这个请求。

8.4.1 ▶ 四层负载均衡与七层负载均衡

在负载均衡的实现当中，一般是有一个前置负载均衡器负责接收所有的请求，然后转发给内部的服务集群节点。四层负载均衡和七层负载均衡的实现的区分标准是该负载均衡器是哪一层完成转发请求给集群节点的。

1. 四层负载均衡

四层负载均衡主要工作在网络七层ISO协议的第四层，即传输层。传输层的代表协议为TCP。相对于网络层，传输层对于数据包的区分，除包含IP地址外还包含端口号，并且TCP实现的是通过在不同机器的两个进程之间建立连接来进行通信。

因此四层负载均衡主要是基于 IP 和端口号来进行请求转发。由于传输层可以实现两个不同机器进程的连接建立，所以在四层负载均衡的实现当中，负载均衡器接收到一个请求报文时，具体为接收到 TCP 的第一次握手报文时，可以根据一定的负载均衡算法选择一个集群节点。

集群节点的选择过程：将这个握手报文的目标 IP 地址和端口号修改为，通过负载均衡算法从集群中选中的某个节点的 IP 地址和运行于其上的服务进程所对应的端口号，从而可以将该请求转发给这个节点。由于是在 TCP 层完成负载均衡，所以客户端直接与集群的这个节点建立 TCP 连接，而不是与负载均衡器建立 TCP 连接。负载均衡器只是起到了一个中转的作用，后续该客户端的请求直接发送给这个节点。具体工作过程如图 8.5 所示。

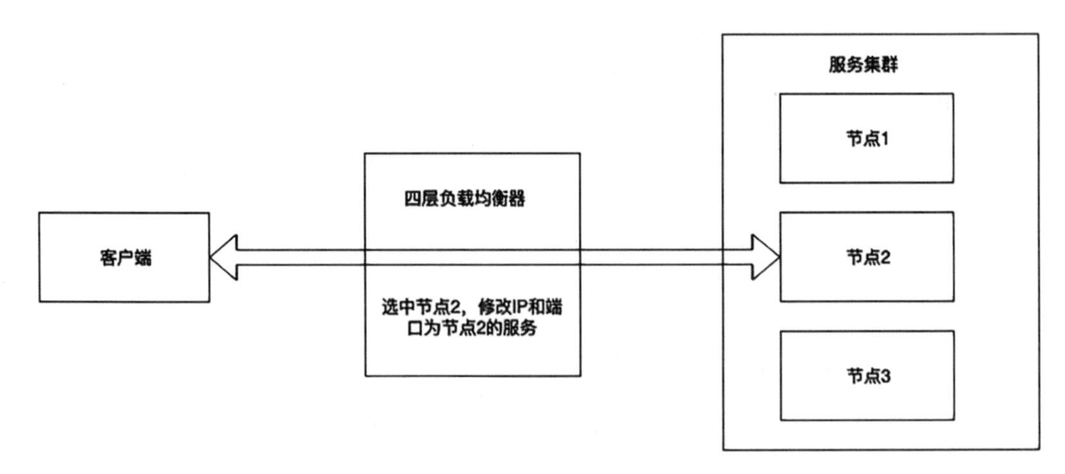

图 8.5　四层负载均衡的客户端与集群节点的直连

在四层负载均衡实现当中，由于是在客户端和服务集群节点之间直接建立连接进行数据传输的，负载均衡器只是在连接建立阶段进行一个中转，不需要处理该连接之后的请求和响应的相关数据，所以该负载均衡器的负载较低，性能较高，可以处理更多请求的转发。

其中四层负载均衡的典型实现是 LVS，具体可以查阅相关资料了解 LVS 的详细设计与使用。

2. 七层负载均衡

七层负载均衡主要工作在网络七层 ISO 协议的第七层，即应用层。由于在应用层主要是处理对应的应用层协议的相关数据，如 HTTP 协议的数据，而无法操作传输层 TCP 连接相关细节，故在七层负载均衡当中，负载均衡器主要是基于应用层协议的相关数据来进行请求转发，如对于 HTTP 协议，主要是基于 HTTP 的 Header 头部信息、URL 信息、Cookies 等信息来进行集群节点的选择。由于负载均衡器需要解析应用层协议的相关数据，然后进行请求转发，所以 CPU 资源开销会较大。七层负载均衡的典型实现是 Nginx。

对于七层负载均衡的负载均衡器而言，由于无法做到与四层负载均衡一样修改 TCP 连接的目标 IP 和端口号，客户端需要首先与负载均衡器建立一个 TCP 连接，然后负载均衡器再与选中的集群节点建立 TCP 连接，所以总共需要建立两个 TCP 连接。该客户端与该集群节点的后续请求和响应的相关数据都需要经过负载均衡器来传输，负载均衡器需要处理所有的数据传输，工作负载较高，性能较低。其工作过程如 8.6 所示。

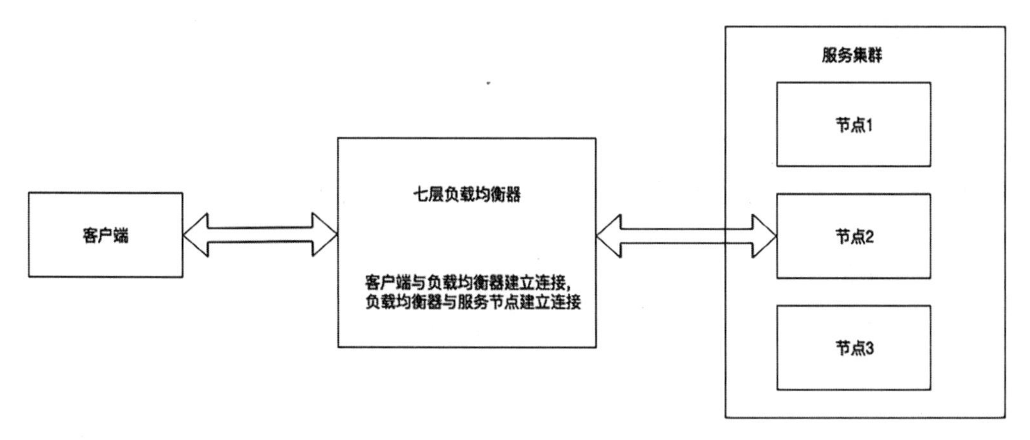

图 8.6　七层负载均衡的两条连接

相对于四层负载均衡，在七层负载均衡的实现中，由于负载均衡器需要对应用层协议数据进行解析，所以 CPU 开销较高，并且需要中转客户端与服务节点的数据传输，所以整体性能和吞吐量相对较低。不过好处是可以更加灵活和智能地利用应用层协议的数据进行请求转发，如基于集群节点的最少连接数、最小响应时间等，选中对应的一个集群节点来进行请求的动态转发。除此之外，还可以对请求和响应的数据内容进行修改，如压缩和加密等。

8.4.2 ▶ 负载均衡的实现算法

在上节中提到过负载均衡器需要通过一定的算法在集群的多个节点中选择其中一个节点，然后将请求转发给该节点，接下来介绍集群节点的选取算法，主要包括以下几种。

1. 轮询

轮询算法主要是将客户端发送到负载均衡器的请求依次轮流地转发给服务集群的各个节点，而不需要考虑每个集群节点当前的连接数和工作负载，以及节点的机器性能。该算法的好处是实现简单，每个集群节点平均分担对该服务的请求，缺点是当集群节点对应的机器存在性能差异，或者工作负载存在差异时，可能会出现性能低、负载高的机器节点处理请求慢；而性能好、负载低的机器节点则存在空闲的系统资源没有充分利用。这种算法一般用作集群所有节点的机器性能接近的情况。

2. 随机

随机算法主要是随机选取集群中的某个节点来处理该请求。由概率论的知识可知，随着请求量的变大，随机算法会逐渐演变为轮询算法，即集群各个节点会处理差不多数量的请求。所以优缺点也是与轮询算法类似。

3. 加权轮询与加权随机

加权算法主要是根据集群节点对应的机器的性能差异，给每个节点设置一个权重值，其中性能好的机器节点设置一个较大的权重值，而性能差的机器节点则设置一个较小的权重值。然后可以继续基于轮询或者随机的算法选取一个节点来处理请求，只是权重大的节点能够被更多的选中。

实现原理类似于在一个数组中选择一个元素，而权重值就是对应机器节点在数组中重复出现的次数。例如，两个节点 { a，b }，其中 a 节点的权重值为 3，b 节点的权重值为 1，则数组的组成为 [a, a, a, b]，所以不管是轮询还是随机选取都是 a 选择的次数更多。

4. 哈希与一致性哈希

哈希算法主要对请求的 IP 地址或者 URL 计算一个哈希值，然后对集群节点的数量进行取模来决定将请求分发给哪个集群节点。这种哈希算法实现简单，并且在集群节点数量不变的情况下，能够将相同 IP 地址的请求分发给相同的机器处理。

哈希算法缺点是如果落在某个节点的 IP 对应的请求量过大，则会导致该节点负载过高，集群节点请求分布不均匀。除此之外，如果集群节点发生变化，如增加节点或者减少节点，则会对集群的所有节点产生影响，可能导致某个机器性能较低的节点突然接收到大量请求，从而影响集群的整体稳定性。

一致性哈希算法是对哈希算法的一种优化，主要是基于一致性哈希函数来实现。一致性哈希函数会将给定的参数映射到由 2 的 32 次方个点组成的环形槽的某个槽点上。

在使用一致性哈希函数来进行负载均衡时，先将集群的多个节点哈希到该环形槽的对应的某个槽点上。当负载均衡器接收到请求时，使用该请求的 IP 地址或者 URL 作为一致性哈希函数的参数，生成该请求对应环形槽的某个槽点，最后从顺时针方向找到第一个位于该环形槽的集群节点，将该请求转发给这个集群节点处理。

由一致性哈希算法的实现原理可知，如果集群节点的个数不变，则相同 IP 地址或者相同 URL 的请求都会转发到相同的集群节点来处理。如果集群节点数量发生变化，则也是只会影响该增加或者删除的节点按顺时针方向的后一个节点，所以能够很方便地实现集群的拓容和缩容。

5. 最少连接数

最少连接数负载均衡算法是一种智能、动态的负载均衡算法，主要是根据集群的每个节点的当前连接数来决定将请求转发给哪个节点，即每次都将请求转发给当前存在最少并发连接的节点。

这种负载均衡算法的好处是，可以根据集群节点的负载情况进行请求的动态分发。机器性能好、处理请求快、积压请求少的节点分配更多的请求，反之则分配更少的请求，从而实现集群的整体稳定性和将请求合理分发到每一个节点，避免某个节点因为处理超过自身所能承受的请求量而导致宕机或者响应过慢。

6. 最快响应时间

最快响应时间负载均衡算法也是一种智能、动态的负载均衡算法。与最少连接数类似，也是根据集群节点的负载情况将请求合理分发到各个节点，实现集群的整体稳定性和机器资源的高效利用。

与最少连接数不同的是，最快响应时间是基于请求与响应的时间延迟来衡量机器的负载情况的，即将请求分发给当前处理请求最快、负载均衡器从该节点获取响应延迟最小的节点，而响应时间慢的节点则分配更少的请求。

8.5 缓存机制

缓存机制主要用在高并发场景下，加快热点数据的访问速度。根据数据的类型可以分为CDN缓存、反向代理缓存、分布式缓存和本地缓存，其中CDN缓存和反向代理缓存主要用于实现对静态资源的缓存，如HTML、CSS文件、图片等。CDN缓存主要用于解决不同地理位置的访问网络延迟问题，将相同的内容分发到离用户最近的CDN站点中。反向代理缓存主要用于缓存文件等静态资源，减少与后端服务器之间的文件传输次数。

分布式缓存和本地缓存主要解决在高并发访问中，数据库容易成为性能瓶颈的问题。数据库性能问题要么就是查询数据库获取数据导致响应缓慢，因为数据库的数据是存储在磁盘中的，磁盘访问较慢；要么就是超过数据库处理能力，导致数据库宕机。所以，通过将数据库的内容缓存在内存中，减少对数据库的访问来降低数据库的负载，以及利用内存访问速度优于磁盘访问速度的原理，提高数据的查询速度。

在分布式系统设计当中，首先需要结合分布式缓存和本地缓存对热点数据的访问设计一个合理的缓存方案，即需要考虑对哪些数据进行缓存和缓存的更新策略。其次由于分布式缓存和本地缓存一般使用内存来存储数据，而内存空间是有限的，故需要考虑缓存的失效清理和淘汰机制。最后还需要考虑在高并发访问下，无法命中缓存可能导致频繁访问数据库的问题。以下主要针对分布式缓存和本地缓存对这些问题进行分析。

8.5.1 ▶ 缓存更新

缓存更新主要针对将数据库的数据缓存到分布式缓存或者本地缓存时的数据更新问题。当接收到某个对数据进行更新的请求时，由于数据在缓存和数据库均存储了一份，所以需要对缓存和数据库的数据分别进行更新。在进行系统设计时，主要考虑对两者进行数据更新时的前后顺序问题。

1. 先更新数据库，再使缓存失效

这种更新策略的好处是，可以保证高并发访问下数据的一致性。因为数据库更新成功再使缓存失效，在下次处理读请求时，可以再从数据库加载最新数据到缓存，所以能够保证数据的一致性。即使数据库更新失败，也不影响缓存的数据，此时数据库和缓存数据还是保持一致。这种方案的缺点是如果写操作非常多，则会导致对数据库写操作过于频繁，造成数据库负载很高。

采用先更新缓存，再更新数据库的策略，如果缓存更新成功，之后数据库更新失败，则会造成数据丢失，导致缓存和数据库的数据不一致问题。

2. 直接更新缓存，异步更新数据库

由第 1 种更新策略可知，如果写操作非常多，则可能会导致数据库负载很高，在高并发场景中，还可能会导致数据库宕机。也可以考虑使用异步机制，即直接更新缓存，然后将此次更新相关的数据放到消息队列中，此次请求直接返回。在服务内部再消费该队列的消息，然后对数据库的数据进行更新。

在这种策略中，数据可靠性依赖于消息队列，所以需要使用拥有数据可靠性保证的消息队列来实现，如分布式消息队列 RabbitMQ。

除以上两种策略之外，现在很多系统为了提高数据的读写性能，还可以直接使用拥有持久化机制的分布式缓存作为数据库使用，如使用 Redis 作为数据库，在这种场景中只需要更新缓存的数据即可。

8.5.2 ▶ 缓存过期清理

由于是使用内存来存储缓存数据，而内存的空间是有限的，所以一般需要为缓存的数据设置一个有效时间，过期则将该数据从内存中删除，从而给其他数据腾出空间。过期数据的删除一般包括主动删除和被动删除两种策略。

1. 主动删除

主动删除是指服务端使用额外的线程定期对缓存进行检查，从而确定是否存在过期数据，如果存在则删除。这种策略的优点是可以更加实时地检测到过期数据并进行清理，从而实现内存空间的重复使用，提高内存的利用率。缺点是需要耗费较多的服务器 CPU 资源。

2. 被动删除

被动删除是指当缓存的数据过期时，不会马上从内存中删除，而是当再次访问到该数据时，发现这个数据过期失效了，再将该数据从内存中删除，实现的是一种惰性删除的策略。这种策略的优点是不需要额外开启线程来对缓存进行定期检查，而是在访问时检查数据是否过期来决定是否删除。缺点是过期数据还占据缓存的内存空间，造成内存空间的浪费。

8.5.3 ▶ 缓存淘汰机制

缓存淘汰主要是指由于缓存了太多的数据，造成内存空间不足，无法存放新数据时，需要删除内存中的某些数据腾出空闲空间来存放新数据。缓存淘汰机制主要用于确定对内存中的哪些数据进行删除。

1. LRU：最近最少使用

最近最少使用是最常用的缓存淘汰策略。该策略是基于“最近访问过的数据，在接下来的一段时间被再次访问的可能性大”的思路来设计的，删除离当前最长一段时间没有被访问过的数据。在使用层面一般可以结合一个额外的链表来实现，即每次访问一个数据都将该数据移到链表头部，此时链表尾部就是最近最少使用的数据。

2. LFU：最近使用次数最少

最近使用次数最少的淘汰策略则是基于“最近访问次数最少的数据不是热点数据，故之后不被访问的可能性大”的思路来设计的。在实现层面，是基于缓存数据的使用次数来实现的，即缓存数据每被访问一次，则将该数据的被访问次数累加 1，然后当需要淘汰数据时，删除最近被访问次数最少的数据。

3. FIFO：先入先出

先入先出策略一般是基于双向链表来实现的，即在内存中使用一个双向链表来存储数据，新添加的数据追加到双向链表的末尾。当需要淘汰删除数据时，由于双向链表头部的数据是最先添加的，则只需要删除双向链表头部的数据即可。

为了提高效率，一般会结合哈希表数据结构来实现，即读写数据都在哈希表中完成，当需要删除数据时，从链表头部找到需要删除数据的键 key 并删除，再从哈希表中删除该键值对数据。

8.5.4 ▶ 缓存穿透与缓存雪崩

在高并发场景中，通过将数据库的数据缓存到分布式缓存和本地缓存来减少对数据库的访问，从而解决数据库在高并发场景中容易成为性能瓶颈的问题。如果缓存没有命中或者失效，则需要重新访问数据库来获取数据。如果此时并发请求量很大，如该数据是热点数据，则可能导致数据库由于负载过高而响应慢，甚至宕机。因此在缓存设计时需要考虑如何应对缓存未命中和缓存失效的问题。

1. 缓存穿透

缓存穿透是指由于请求所要访问的数据还不存在，即缓存和数据库均不存在，导致每次首先访问缓存，缓存不存在则继续访问数据库。如果该数据是热点数据，则会造成大量不必要的请求落在数据库上。

为了解决这种问题，可以在访问缓存和数据库均不存在某个数据时，加载一个特殊值到缓存中，并为该特殊值设置一个比较短的过期时间，同时需要和前端协商好该特殊值是指“不存在”的意思。这样既避免了高并发请求落在数据库上，又由于该特殊值的过期时间段比较短，故当有真实数据时可以快速加载到缓存中。

2. 缓存雪崩

缓存雪崩是指所有缓存或者大部分缓存都同时失效，导致大量的请求落在数据库中。在高并发场景中，缓存雪崩比缓存穿透影响更大，因为所有数据或者大部分数据的访问，而不是某个数据，均需要通过访问数据库来完成，故数据库可能由于瞬间的大量访问导致过载宕机。

对于缓存雪崩的问题，可以考虑从以下方面来解决。

第一，为缓存中的每个数据都设置不同的缓存过期时间，避免数据同时到期失效。如果缓存空间比较充足，且数据在业务上不需要过期失效，则可以不设置过期时间，利用缓存的淘汰机制来删除数据。

第二，对于程序代码中从数据库加载数据到缓存的相关方法，使用内存锁或者分布式锁对执行数据库访问的方法进行同步，保证任何时候只有一个线程，或者服务部署实例个数个线程访问数据库获取数据。这样能够实现对数据库访问的流量控制。不过这种方式会导致此时的大量请求由于阻塞而响应缓慢，所以需要结合业务特点来决定采取何种策略。

8.6 异步处理

在基于微服务架构的分布式系统中，一个请求的处理可能需要通过 RPC 调用多个服务来完成。如果采用串行阻塞调用，则该请求的总处理时间是这多个 RPC 调用的耗时总和，如果是采用多线程并行阻塞调用，则该请求的总处理时间是耗时最长的那个 RPC 调用。由此可知，如果某个 RPC 调用耗时太长，则会导致该请求响应很慢。

以上提到的请求处理的 RPC 方法调用都是阻塞同步的，即请求处理线程要等这多个 RPC 调用都返回时，才对客户端进行响应。为了提高请求的处理速度和提高服务的整体吞吐量，可以根据业务特点来决定是否可以使用异步调用来优化性能。

所谓异步处理是指在还没有获得请求的处理结果之前，可以先进行请求响应，结束此处请求。然后在后台再对这个请求进行处理，并在处理完成之后，再将处理结果以消息推送或者客户端轮询的方式返回给用户。

在分布式系统当中，异步处理的实现一般都是首先将该请求封装为一个消息，然后将这个消息放到分布式消息队列（如 RabbitMQ）中。与此同时，使用后台线程来消费这个队列的消息，处理请求和生成请求处理结果，从而实现请求的异步化处理。其中在生成消息并投放到消息队列之后，当前的请求处理线程可以马上返回，对客户端进行响应，而不需要等待请求处理结果。下面以电商网站中用户下单为例来分析基于消息队列的请求异步处理。

假设电商网站采用微服务架构，整个网站由订单服务、库存服务、物流服务三个服务组成，则用户执行一个下单操作时，在电商服务端接收到该下单请求会执行以下操作：生成订单，扣减库存，生成物流信息。

如果所有操作都是同步处理，则基本流程如图 8.7 所示。

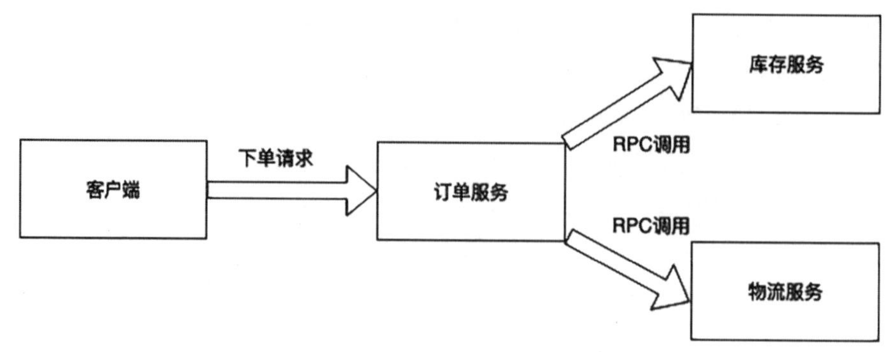

图 8.7　下单请求的同步处理

订单服务通过 RPC 调用库存服务进行扣减库存，通过 RPC 调用物流服务生成物流信息。当这两个操作都成功时，订单服务返回客户端该请求处理完成，整个过程依赖于库存服务和物流服务的调用耗时。

在以上流程中，物流服务生成物流信息其实是不需要在用户下单时马上生成，而是可以通过生成包含订单相关信息的消息，然后投递到分布式消息队列中。最后由物流服务消费该队列的消息来创建该订单对应的物流信息。基本流程如图 8.8 所示。

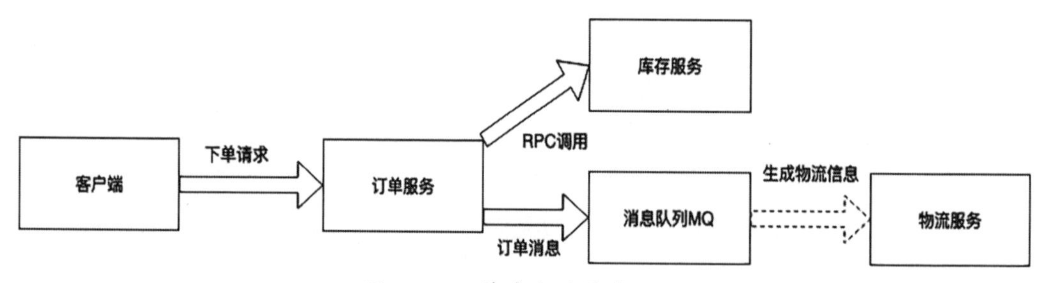

图 8.8　下单请求的异步处理

通过消息队列来实现订单的物流信息生成的异步处理，可以减少订单服务处理下单请求时的一次 RPC 调用，从而加快订单请求的处理速度，更快地响应用户的下单操作，提高了订单服务的性能和吞吐量。

8.7 高可用

现代互联网应用都是高并发应用，时时刻刻都需要处理非常高的请求流量，这是传统企业应用不会遇到的场景。由于应用系统在处理高并发请求时需要耗费大量的机器资源，所以机器资源如果使用过度，机器负载过高，则可能导致机器宕机，服务不可用。

如果采用的是分布式架构，各个子服务会存在依赖调用关系，则一个子服务的不可用可能会导致连锁反应，造成需要依赖于该不可用服务的其他服务也会不可用，进而导致整个系统的不可用，这在企业级商业应用中是无法容忍的。

在进行分布式系统设计时，需要对每个子服务都进行高可用方面的考虑与设计，保证每个子服务都能够正常处理高并发请求，保持 7×24 的高可用。

在之前章节介绍过通过集群部署来避免单点问题，实现服务高可用。不过集群部署只是实现高可用的基础步骤，由于集群的节点个数一般是固定的，即根据业务的正常并发流量大小以及压力测试确定集群的节点个数。但是在网络这个开放的环境中，可能会在某个时刻有远超过系统日常流量的请求过来，如新浪微博经常会遇到的在某个明星宣布结婚的新闻时，可能会有大量平时不活跃的用户登录新浪微博去查看这个帖子。

面对不常见但是又可能发生的情况，系统需要能够有相应的机制来应对，避免突发流量全部涌入系统而导致系统宕机。在分布式系统设计当中，应对高并发流量，保持服务高可用的基本措施主要包括限流、熔断、降级，具体分析如下。

8.7.1 ▶ 限流

限流机制主要用于对流入系统的请求流量进行限制，保证在任何时候进入系统的请求流量都是可控的。不能超过系统预设的最大流量值，超过则需要排队等待或者直接拒绝，从而避免高并发流量全部涌入系统，导致超出了系统的处理能力而出现系统机器宕机和服务不可用问题。

限流机制在实现层面，一般是基于漏桶算法、令牌桶和计数器算法来实现的，下面对这三种算法进行具体分析。

1. 漏桶算法

对于漏桶算法，首先可以抽象为在业务服务前面，放置了一个漏桶来接收请求流量，然后在漏桶中开一个指定大小的口来将这些请求流量流出给业务服务处理。由于漏桶的口是固定的，故交给业务服务处理的请求流量也是固定的，不会受到流入漏桶的请求流量的大小的影响。如果请求流量较小，则可以直接通过该漏桶的口流出给业务服务处理；如果请求流量过大，该口无法及时流出给业务服务处理，则首先会在漏桶中累计。在实际实现当中可以使用有界队列来实现请求的累计，如果请求流量占满了漏桶空间，则后续请求会溢出，请求被直接拒绝。

通过漏桶交给业务服务处理的请求流量是可控的，以及根据漏桶口的大小以恒定速率流出请求流量给业务服务处理，不会受到突发流量的影响，从而避免了突发的、超过服务处理能力的高并发请求流量压垮业务服务的问题。

2. 令牌桶算法

与漏桶算法不同，在令牌桶算法中，每个请求在交给业务服务处理之前，都需要从令牌桶获取一个令牌，如果获取成功则可以交给对应的业务服务处理，获取失败则需要等待或者直接拒绝。

令牌桶中的令牌是业务服务根据自身处理能力以恒定的速率添加到令牌桶的，如 200r/s，每秒 200 个，则业务服务每秒最多可以处理 200 个请求，超过的请求则需要阻塞等待或者被拒绝。而每秒添加令牌可以一次性添加，也可以分多次添加，不过一般是分多次添加，如 200r/s 可以是每 500 毫秒添加 100 个。

除此之外，如果每秒的请求个数达不到每秒投放到令牌桶的令牌的个数，如实际请求为每秒 100 个，而业务服务投放令牌到令牌桶为每秒 200 个，则此时的请求流量低于业务服务的指定速率。多余的令牌会在令牌桶累计，直到到达该桶的大小，如令牌桶可以最多存放 500 个，超过的令牌则直接丢弃。其中令牌桶的大小也是按照业务服务的最大处理能力来设定的，如业务服务每秒处理 200 个性能是最好的，但是也可以接收 500 个请求的突发流量。

由于业务服务会继续以指定速率添加令牌，故如果实际的请求达到的速率一直达不到令牌投放的速率，则一段时间后令牌桶会保持有 500 个令牌。如果之后某段时间突然有 500 个请求过来，则这 500 个请求可以交给业务服务处理。

与漏桶算法相比，令牌桶算法除支持对请求流量进行控制，使得请求流量以指定速率交给业务服务处理之外，还支持处理异常突发流量，从而实现对业务服务最大处理能力的利用。

3. 计数器与滑动窗口

漏桶算法和令牌桶算法是比较常用的限流算法，限制粒度也能达到比较精确的控制。而计数器算法是一种比较粗粒度的限流算法，核心实现原理为对指定时间段内的请求数量进行计数，如果该指定时间段内处理的请求数量超过了指定个数，则在该时间段内的后续请求会直接被拒绝。例如，每分钟 6000 个，则可以将每分钟的 00 秒到 59 秒作为一个计数时间段，结合请求到达的时间点来计数。

不过这种算法会有两个很明显的问题，第一个问题是请求处理分布不均匀，如可能 00 秒就有 6000 个请求到来，则该分钟内后面的所有请求都会被拒绝。而令牌桶算法中则可以分多次来投放令牌来避免这个问题。第二个问题是时间段的临界点问题，如前一分钟的 59 秒和后一分钟的 00 秒的问题，由于属于两个不同的时间段，故可能出现的特殊情况是，前一分钟的 59 秒有 6000 个请求到来，而后一分钟的 00 秒有 6000 个请求到来，则业务服务同时需要处理 12000 个请求，则可能会瞬间将请求压垮。

计数器算法一般不会采用这种简单的根据时间段累计计数的方法，而是会采用滑动窗口的改进算法。所谓滑动窗口算法是指将一分钟的时间作为一个窗口，不需要明确的时间段的开始与结束时间，而是将一分钟时间按照每 10 秒一个格子，即一分钟的窗口包含 6 个格子，所以将控制粒度缩小到 10 秒。然后每 10 秒则往前移动一次格子，这样就可以处理以上提到的时间段的临界点问题，如前一分钟的 59 秒和后一分钟的 00 秒是属于同一个时间窗口的不同格子而已，故一样受到每分钟 6000 个的限制。不过这种算法也无法解决第一个请求处理分布不均匀的问题。

8.7.2 ▶ 熔断

熔断机制主要用于处理某个服务所依赖的另外一个服务出现不可用的场景。例如，服务 A 通过 RPC 调用服务 B 时，由于服务 B 出现机器故障导致服务不可用，或者由于服务 A 与服务 B 之间出现网络异常，或者服务 B 请求因处理繁忙响应慢而导致调用超时，为了避免影响服务 A 的可用性，则需要对服务 B 的调用进行熔断，使得服务 A 可以正常响应客户端的请求调用。

不过，由于服务 B 无法响应服务 A 的请求处理调用，所以服务 A 在响应客户端请求时不包含服务 B 提供的相关数据，或者没有执行服务 B 需要执行的操作，如对服务 B 的数据库进行写数据。所以需要有监控机制来及时发现这种情况，并进行处理，从而避免由于服务的不可用导致出现数据不一致情况。

熔断机制在实现层面，一般不会一次调用失败就认为服务不可用，而是会统计该服务连续调用失败的次数。如果该次数超过熔断的阀值，则会认为服务不可用，后续对该服务调用会直接返回错误，不会继续对该服务发起网络请求进行调用，同时需要实现熔断的自动恢复机制。

在 Java 编程中，熔断机制的典型实现是微服务框架 Spring Cloud 的 Hystrix。Hystrix 会监控服务之间的调用状况，如果某个服务调用的失败次数达到一定的阀值，默认为 5 秒内 20 次调用失败，则会打开该服务的熔断开关。Hystrix 的熔断与自动恢复的工作过程如下。

（1）如果熔断开关是打开的，则后续对该服务的调用会直接返回服务调用内部错误，而不会通过网络对该服务发起调用；

（2）在打开该服务的熔断开关时，会设置一个时钟选项，通过该时钟选项来实现自动恢复，当过了一定时间后，将该服务的熔断开关设置为半打开，进入半熔断状态。此时允许对该服务发起一定数量的服务调用而不是全部直接返回内部错误，如果这些服务调用请求成功，则说明该服务恢复正常，此时可以关闭熔断开关，从而实现服务熔断的自动解除和服务调用的自动恢复。

8.7.3 ▶ 降级

降级机制与熔断机制类似，都是用于处理存在服务依赖场景中，某个服务的不可用会影响其他服务的可用性。不过与熔断机制不一样的是，降级机制的粒度更大，不仅可以对服务调用失败进行降级处理（如不是发起网络调用，而是直接返回内部服务调用错误码），而且可以在整体系统层面进行控制（电商网站在应对高并发流量时，需要保证订单服务的可用性）。但是商品的相关评论之类的服务可以暂时不提供服务，从而减少系统的资源开销。

1. 服务调用层面的降级

主要用于当前服务正常，只是依赖的服务出现不可用，则对于当前服务的请求可以正常返回，对于出现不可用的服务的相关数据，则可以使用错误码或者默认数据来通知客户端该依赖服务出现问题。而该请求的其他数据则可以正常返回给客户端，从而实现服务调用失败的优雅处理，将服务不可用时的影响降到最低。

2. 系统层面的降级

系统层面的降级主要是指由于并发流量过大导致超过了系统的硬件资源的处理能力，如 CPU、内存等。此时为了保证系统的核心业务服务的可用性，需要将机器硬件资源尽可能用在核心服务上，可以将一些非核心业务进行降级处理，如直接停服或者将这些服务的功能降级。例如，在电商系统中，为了保证订单服务的可用性，可以临时停掉商品评论服务或者将商品评论服务限制为只能查看 10 条评论之类的，从而减少数据库查询时的 CPU、内存等系统资源开销。

8.8 可靠性与容错机制

在分布式系统当中，可以采用熔断机制来避免其他服务的不可用导致当前服务的不可用。其中服务的不可用可能是因为机器宕机导致服务进程挂掉，或者服务进程还在，但是服务之间的网络出现抖动而使得网络传输延迟，或者服务当前刚好处于繁忙状态而响应慢，导致触发超时机制，使得服务调用方认为被调用的服务不可用。

针对这些情况，虽然通过熔断机制可以实现对请求的快速响应，保证服务的并发性和吞吐量，但是该服务会影响业务主流程。为了兼顾服务的数据可靠性，还可以采用重试机制来进行容错处理，避免服务进程还在只是暂时响应慢而导致的调用失败的问题，不过重试机制的实现需要保证幂等性。

服务超时问题可以通过重试机制来提高数据的可靠性，但如果确实是因为服务的机器宕机而导致服务不可用，则需要额外采取其他容错机制来提高服务的可靠性，如记录日志等。

8.8.1 ▶ 容错机制

由于分布式系统是由多个分布在不同网络节点的子系统或者称为子服务组成，在处理客户端请求时，服务之间需要通过网络来进行相互调用，如果某个服务由于宕机或者其他原因导致不可用，则服务调用方需要采取一定的容错机制来避免该不可用服务影响了当前服务的请求处理。一个服务可能会通过 RPC 调用多个其他服务，如果其中某个服务不可用，则需要保证另外的多个服务的处理结果，以及当前发起 RPC 服务调用的服务的处理结果都可以正常返回给客户端，只是这个不可用服务的处理结果需要返回错误而已。

分布式系统可以根据自身业务特点来选定容错机制，对服务调用失败采取不同的处理方式和产生不同的处理结果，具体的容错机制可以分为如下 6 种。

1. FailOver：失败自动切换

失败自动切换机制是指当调用该服务集群的某个节点失败时，自动切换到该服务集群的另一个节点并进行重试，其中切换机制类似于负载均衡机制，不过一般采用轮询方式。这种容错机制通常适用于读操作，可以请求从该服务集群的多个节点的任意一个节点获取数据。由于需要切换到服务集群的另一个节点进行服务重试，所以整个请求处理流程的时间延迟会加大。

2. FailFast：快速失败

快速失败机制是指当进行服务调用失败时，直接返回错误，而不会进行重试或者切换到服务集群的另一个节点进行调用，即要么成功，要么失败，只发起一次服务调用请求。

这种机制通常适用于非幂等的操作，因为服务调用失败的原因包括服务节点机器宕机导致服务不可用；服务可用，但是两个服务节点之间的网络出现延迟或者被调用的服务节点繁忙，处理请求缓慢，导致返回结果超时。因此，当服务调用失败时，可能确实没有进行操作，也可能是进行了操作，但是返回响应结果超时或者丢失，而该操作又是非幂等的，故不能进行重复操作，否则会导致数据不一致性。

3. FailSafe：失败安全

失败安全机制跟快速失败机制类似，都是只发起一次服务调用，要么成功，要么失败，不会进行重试操作。不过与快速失败不同的是，失败安全机制在调用失败时会进行日志记录。

可以通过对日志进行监控和分析来及时了解服务调用情况，及早发现和处理服务调用失败的情况，对于重要服务的调用可以通过日志的数据来进行补偿。

4. FailBack：失败自动恢复

失败自动恢复机制在服务调用失败时，跟失败安全机制类似也会进行服务调用的记录，不过在记录的基础上，增加了自动定时重发的逻辑，适用于异步、幂等性的请求调用或者消息系统中允许消息重复的场景。

5. Forking：并行调用多个服务节点

并行机制通常用于实时性要求较高的读操作的场景，其基本工作过程为并行调用服务集群的所有节点，由于是读操作，故所有服务节点返回的数据都是相同的，所以只要有一个服务节点返回调用成功则返回响应给客户端。

这种机制相对于FailOver失败自动切换机制，由于是对所有服务节点发起并行调用，而不是在调用失败时才一个个轮询切换直到调用成功，所以延迟较小，实时性较高，不过机器的系统资源开销较大，如果需要进行这种调用，则需要保证机器性能较高。

6. BroadCast：广播调用

广播调用与并行调用类似，也是需要对服务集群的每个节点都发起一次调用，不同的是，广播调用通常用于服务集群的每个节点都维护了本地状态，然后需要对这种本地状态进行写操作的场景，即需要同步写操作给服务集群的每个节点，从而保证每个节点的数据一致性和可靠性。

以上介绍了6种分布式系统中场景的容错机制，其中前4种容错机制是针对服务调用失败的场景，而后面两种容错机制，即Forking和Broadcast更多的是对数据实时性和数据可靠性方面的考虑和容错的实现。

8.8.2 ▶ 重试与幂等性

以上介绍了分布式系统服务调用的几种容错机制，其中提到了在服务调用失败时，对于幂等性操作可以进行自动重试来解决如服务间网络异常、被调用服务节点繁忙导致响应慢、服务节点重启等情况下的服务调用失败问题。其中进行服务调用是否可以重试的核心点是服务调用对应的操作是否是幂等的。以下将详细分析幂等性操作的含义与如何实现幂等性操作。

幂等性这个概念在数学上是指某个函数使用相同的参数进行多次调用都会返回相同的结果，数学公式为：$f(f(x))=f(x)$，典型的例子是$f(x)=x*1$。

在分布式系统设计方面，幂等性操作与数学上的幂等性函数类似，是指使用相同的方法调用参数某个方法，调用多次跟调用一次效果是一样的，其中对于数据读操作，天生是幂等的，如在没有其他操作修改数据的情况下，使用相同的 SQL 去数据库查询多次，返回的结果都是相同。而对于数据写操作则需要进行相关的设计来实现幂等性，如往数据库插入记录就不是幂等性操作，调用多次会在数据库插入多条记录。

针对数据写操作的幂等性实现，常用的实现方法如下。

1. 数据库的唯一索引

数据库自身提供了唯一性索引来保证对存在唯一性索引的数据表插入相同数据记录时，只有一次可以成功添加，其他则添加失败。如果方法涉及了对数据库的数据插入操作，则可以对相应的数据表建立唯一性索引来避免重复调用插入多次数据的问题。

除数据插入可以利用数据库唯一索引来避免重复数据外，也可以利用数据库的唯一索引来设计一个去重表，即每个操作对应该去重表的一条记录，如果该操作对应的记录还不存在，则可以成功执行操作，在该去重表添加一条记录，后续的请求调用发现该去重表已经存在操作记录，则直接返回失败。

2. 基于版本号的乐观锁

数据唯一性索引可以解决数据库的数据插入问题，而基于版本号的乐观锁机制主要用于解决并发更新导致数据不一致的问题。具体分析如下。

基于版本号实现乐观锁的场景中，对用户表的年龄更新操作对应的 SQL 如下：

```
update user set age=age+1, version=vesion+1 where id=1 and version=1;
```

假如用户在客户端点击了多次更新按钮，传递的 id 都是 1，version 也是 1，age 为 26；当第一次点击操作完成之后，version 变为 2，而后续点击操作由于传递的 version 还是 1，故以上 SQL 会执行失败，所以多次点击操作后 age 还是 27，不会一直累加。

3. 分布式锁与状态机

分布式锁与同一个进程中的线程同步锁类似，主要用于保证在任何时候只能存在一个线程对共享资源进行写操作，不同之处是，分布式锁的这多个并发线程是分布式在不同网络节点的不同进程的线程。

首先，分布式锁实现操作幂等性，主要用在存在多个并发请求分别落在服务集群不同节点的场景，此时如果不使用分布式锁来限制，则这多个并发请求可以同时执行。如果操作自身不存在幂等性保证，则会导致操作结果不符合预期。

其次，分布式锁在实现幂等性时，一般需要结合状态机来实现，即某个线程成功获取分布式锁之后，可以成功执行相关操作，最后释放该分布式锁。之后其他线程可以继续获取这个锁，此时如果不对该操作的状态进行修改，如从“待执行”修改为“已执行”，则后续请求可能导致重复执行。所以在成功执行操作后，需要修改该操作的状态为“已执行”，然后再释放该分布式锁。

举个例子，在消息通知系统中，首先在后台创建一条待推送的消息，然后在之后的某个时间点通过前端页面手动点击按钮触发推送。此时如果消息通知系统部署了两个节点，则如果连续点击两次，可能会出现这两个请求同时到达两个部署节点并且同时触发消息推送，由于操作是同时发生的，此时检查到消息都是“待推送”状态，故都可以成功执行推送，从而导致用户收到两条一模一样的消息。

针对以上这种消息重复发送的场景，可以利用Redis或者Zookeeper来实现一个分布式锁，如果使用Redis来实现，则是基于Redis的单线程特性，以及调用Redis的setnx方法将该消息的id作为key进行设值，此时如果不存在对应的key则设值成功，否则设值失败。所以设值成功的线程可以成功获取该分布式锁，而设值失败的则需要等待锁或者直接返回失败，在成功获取锁的线程执行消息推送，并且更新消息状态为“已推送”，最后释放分布式锁，即删除Redis中的该key。如果使用Zookeeper则是在Zookeeper的目录树竞争创建临时节点来实现。

4. 分布式唯一ID机制

分布式唯一ID机制的实现原理为，在对业务服务发起请求调用之前，首先需要根据操作的类型和内容为该操作生成一个与该操作对应的全局唯一ID，具体为向分布式唯一ID生成服务发起请求，获取该操作对应的ID。

然后在对实际业务服务发起请求调用时，在请求中带上这个ID，当请求到达业务服务时，业务服务首先需要检查该ID是否已经存在，具体可以结合数据库或者Redis来实现，如果已经存在，则说明该操作已经执行过，后续的调用都直接返回失败并告知已经执行过了，如果不存在，则执行操作并把这个唯一ID存储在数据库或Redis中。

在实际开发时，对于检查该ID是否存在的过程，还需要考虑操作原子性方面的问题，否则可能会存在并发问题。例如，基于Redis存储可以通过调用setnx方法并以ID作为key来设值，成功则说明还不存在，失败则说明已存在。

这种方式实现幂等性需要为每个操作都生成一个全局唯一的ID，且通常需要部署一个独立的分布式唯一ID生成服务，实现较为复杂，故如果可以采用以上提到的其他机制，则可以优先采用其他机制。

8.9 小结

多线程设计主要是通过对单台服务器的CPU、内存资源进行充分利用来提高应用的并发处理能力。但是单台服务器的硬件资源是有限的，当应用的并发量非常高、超过单机的最大处理能力时，则需要进行分布式拓展，对系统进行分布式改造和使用集群部署。

分布式系统架构设计的核心是将单体应用的多个功能模块拆分为多个应用子系统，或者称为子服务，每个子系统以独立进程的方式独立部署。并且每个子系统可以进一步基于集群部署来提高吞吐量和可用性，避免单点故障问题。集群内的多个节点的流量分发是通过负载均衡机制来实现的。同时为了提高每个节点的请求处理速度，一般需要通过缓存设计来减少对数据库的访问，这里因为数据库的访问速度是较慢的，而且并发处理能力有限。

分布式系统架构相对于单台应用架构虽然拓展性更好，拥有更多的吞吐量，但是也会面临更多的问题和挑战。首先，由于不同子系统之间通过网络通信的方式来进行数据交互，而网络是不稳定的，所以不同子系统之间的交互就要考虑数据一致性和可用性问题。关于这个问题的典型理论包括CAP理论和BASE理论。其次，当某个子系统出现问题时，需要采取相应的容错机制来避免影响整个系统的可用性。最后，当并发流量过大时，需要结合限流机制和异步处理来实现请求的平滑处理，避免将系统冲垮。

第 9 章

9

Java分布式应用设计核心技术

本章主要对基于 Java 语言进行分布式系统实现时会涉及的相关框架和中间件进行介绍，包括 RPC 框架、分布式消息队列、分布式缓存和分布式锁。

在分布式系统的分析与设计阶段，主要需要结合前面章节介绍的分布式系统设计的相关理论和高并发应用场景，实现分布式系统的高性能、高可用性和可拓展的相关方法，如限流、缓存等，从而得出一个切实可行的系统架构方案。如由CAP理论可知，在分布式系统中数据强一致性和服务高可用只能二选一，所以在BASE理论中提出了在两者中取一个折中的解决方案，即服务基本可用，数据允许软状态的存在，实现数据的最终一致性。

在分布式系统的实现阶段，主要需要对以上方案涉及的相关技术进行技术选型，如对RPC框架、消息队列、缓存等的选择。作为系统设计人员，需要对这些框架的工作原理、优缺点有个清晰的认识。所以在本章主要对Java分布式系统实现阶段会涉及的这些核心技术的相关框架、中间件的使用和实现原理进行介绍，方便读者对这些核心技术有一个广度的认识。由于篇幅有限，如果读者有兴趣深入学习，则可以继续阅读专门介绍相关技术的书籍或阅读对应框架及中间件的官方文档。

9.1 分布式服务调用RPC框架

在基于微服务架构的分布式系统当中，一个完整系统由多个分布在不同网络节点的子服务组成，不同服务进程之间通过网络进行方法的相互调用，这种调用方式称为RPC调用。RPC的全称为Remote Procedure Call，即远程过程调用。

在使用层面，首先需要在应用中集成对应的RPC框架，其中常用的RPC框架包括阿里巴巴的Dubbo、新浪网的Motan，这两个是服务治理型RPC框架，主要用于Java应用的RPC调用。如果需要在不同编程语言实现的服务间进行RPC调用，如一个服务使用Java语言开发，另一个服务使用Python语言开发，则可以使用跨语言RPC框架，常用的跨语言RPC框架包括Google的gRPC和FaceBook的Thrift。这些RPC框架的相关使用方法和实现原理将在后面章节详细分析。

集成RPC框架之后，在服务消费者对服务提供者进行远程方法调用时，只需要跟调用一个本地方法一样，在代码中指定需要调用的服务提供者的方法和传递对应的参数即可，具体的底层网络通信细节由RPC框架负责实现。

在实现层面，RPC框架对于远程方法调用一般遵循固定的流程，即从服务消费者到服务提供者的流程依次为服务消费者进行数据序列化，通过网络传输数据给服务提供者，服务提供者接收数据，然后进行数据反序列化，调用对应的方法，然后通过网络传输，返回方法调用结果给服务消费者。RPC调用的网络传输可以是基于TCP实现，也可以是基于HTTP协议实现，其中基于TCP在传输层完成通信更适用于对传输效率要求更高的场景，不过如果需要在公网传输数据，则一般基于 HTTP 协议来应对防火墙拦截问题。

9.1.1 ▶ RPC 的核心原理

在分布式系统当中，一个服务需要调用部署在另外一个网络节点或者称为另外一个内存空间的服务时，如服务 A 需要调用服务 B 的某个方法，最简单的方式是服务 B 将该方法映射到一个 URL，这样服务 A 对该 URL 发起 HTTP 请求即可，这与普通客户端，如浏览器请求服务端的某个 URL 获取数据的原理是一样的。

不过这种方式有个明显的缺点就是如果服务 A 需要调用服务 B 的多个方法，则每个方法都需要映射一个 URL，在服务 A 需要维护方法与 URL 的映射关系，并且在方法调用处需要耦合 HTTP 协议代码库的相关 API，故对业务代码侵入较大。除此之外，如果服务 A 对服务 B 的方法的调用非常频繁，则通过 HTTP 协议可能会存在性能问题。为了解决以上基于 URL 和 HTTP 协议进行方法调用存在的问题，在微服务架构当中，一般会使用 RPC 调用来实现服务之间的方法调用。

在开篇也介绍过，RPC 是一种“透明化”的远程方法调用方式，在应用程序中不需要显式编码方法调用的细节，如不需要与基于 URL 和 HTTP 协议进行方法调用时一样，指定 URL 和通过 HTTP 协议库的 API 来发起 HTTP 请求，基于 RPC 调用远程方法跟调用本地方法在编码层面上是没有区别的。

除此之外，对于高并发的远程方法调用场景，RPC 支持在传输层基于 TCP 协议和长连接，以及将请求数据编码为二进制来进行网络传输，减少了数据传输量，节省了网络带宽，这也是对 HTTP 通信的一种优化。以下将具体分析 RPC 调用的核心实现原理。

在 RPC 远程方法调用中涉及的服务消费者（即以上提到的服务 A）和服务提供者（即以上提到的服务 B）之间的交互细节如图 9.1 所示。

在业务服务的方法调用层面，主要经历以下流程。

（1）服务消费者指定需要调用的方法和相关方法参数来进行远程方法调用，RPC 框架负责将该方法调用请求发送给服务提供者。

（2）服务提供者的 RPC 框架负责接收请求和进行请求解析，然后进行本地方法调用。

（3）服务提供者在本地方法调用完成之后，将本地方法调用结果交给 RPC 框架，由 RPC 框架负责响应服务消费者的方法调用请求。

（4）服务消费者的 RPC 框架接收到服务提供者的响应结果并进行响应结果解析，最后交给服务消费者，服务消费者的方法调用返回，整个调用过程完成。

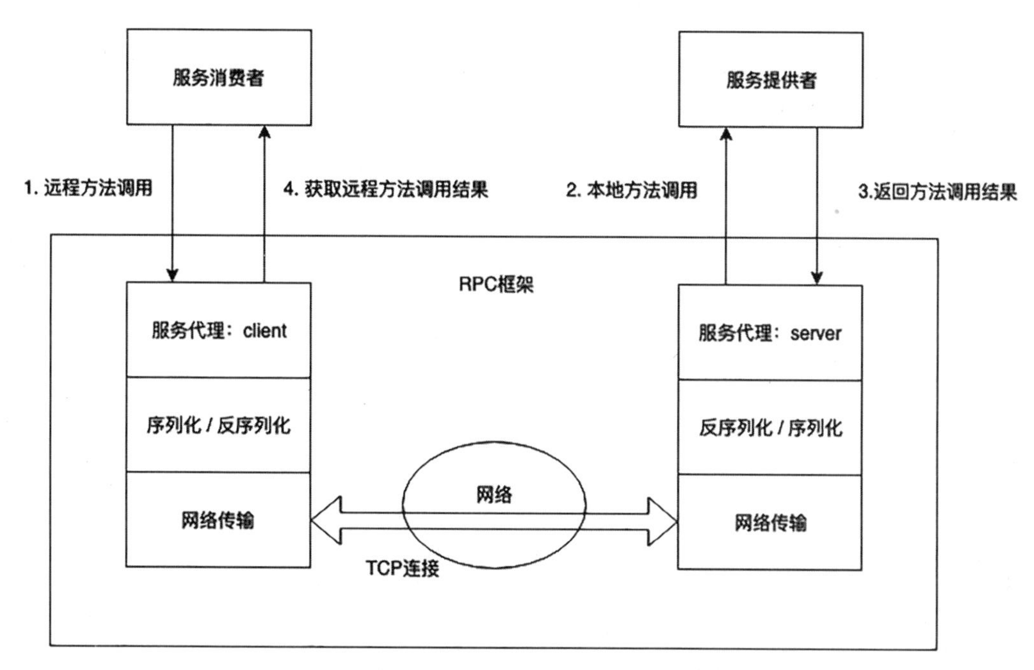

图 9.1　RPC 调用的运行流程

在基于 Java 语言实现的 RPC 框架的内部实现层面，涉及以下核心技术。

1. 动态代理

使用 RPC 的专业术语来描述动态代理，就是在服务消费者端会包含该服务类对应的 client stub，在服务提供者端会包含该服务类对应的 server stub，对该服务类对应方法调用请求的发起和请求的接收都是通过 stub 来完成，实现的是一个请求响应模型。其中 client stub 和 server stub 都是基于动态代理技术实现的，即服务消费者和服务提供者都会使用该服务类的代理对象来处理所有对该服务的方法调用请求。

动态代理的实现可以使用 JDK 原生的动态代理机制，也可以使用第三方的字节码生成框架，如 CGLIB、JavaAssist 等。

2. 序列化与反序列化

RPC 调用是一种“透明化”的远程方法调用方式，在 Java 编程中，服务类的方法调用和方法调用的相关参数值都是普通的 Java 对象，而 RPC 调用相关的数据是需要通过网络进行传输的，其中通过网络传输的数据要求是二进制字节流。所以需要对 Java 对象进行序列化，生成对应的二进制字节流才能通过网络传递给对方。

另外，在接收到对应的二进制字节流时，需要将这些二进制字节流反序列化为 Java 对象，从而可以和本地 Java 代码一起使用。具体为对于 RPC 的调用请求，服务消费者对方法调用相关参数值序列化为二进制字节流，服务提供者对请求的二进制字节流反序列为Java对象。对于RPC的调用结果，则是服务提供者将结果序列化为二进制字节流，服务消费者将二进制字节流反序列化为Java对象。

在服务消费者和服务提供者之间需要使用同一种序列化、反序列化技术，否则会造成无法解析。序列化的实现可以使用Java原生的序列化方式，不过这种序列化的效率较低，所以现在的RPC框架一般会使用其他成熟、开源的序列化技术，包括Google的protobuf，FaceBook的Thrift、Hessian2、Kryo、Msgpack等。

3. 网络传输

由于RPC远程方法调用是位于不同网络节点的服务进程之间的方法调用，故需要通过网络来传输所需调用方法的相关信息，如方法名和方法调用相关参数值。网络传输既可以是在传输层基于TCP协议实现，也可以在应用层基于HTTP协议来实现。

如果是在传输层实现，则需要使用Socket来实现一个客户端与服务端网络通信模型，并且一般会基于NIO来实现非阻塞传输，如使用网络编程框架Netty来实现。如果是在应用层实现，则一般会基于性能更好的HTTP 2.0协议来实现。

以上是RPC远程方法调用的三个核心技术，通过这些技术可以完成一次完整的远程方法调用。不过在基于微服务架构的分布式系统当中，RPC框架还会实现服务治理功能，包括服务的自动注册与发现，服务调用的监控统计等。除此之外，由于RPC调用会涉及服务消费者和服务提供者，如果两者不是使用相关的开发语言，则需要考虑跨语言系统之间的方法调用问题。

9.1.2 ▶ 跨语言调用型：gRPC与Thrift

gRPC和Thrift都是跨语言型的RPC框架，可以实现不同编程语言实现的服务之间的远程方法调用，如服务提供者可以是使用Java语言实现，而服务消费者可以是使用Python或Ruby等语言实现，所以语言耦合性低，可以非常灵活地将一个服务在多个不同的系统中进行复用，既保持了RPC的“透明化”远程方法调用的特性，又具备如HTTP协议一样的灵活性和编程语言无关性。具体服务之间的调用关系如图9.2所示。

gRPC和Thrift都是基于C/S架构实现，通常适用于简单的客户端与服务端模型的调用，如一个服务需要被多个客户端调用的场景，其中gRPC的客户端也可以是移动客户端，所以是轻量级的RPC框架实现。如果是大型企业级分布式应用内部众多服务之间的RPC调用，则对于服务动态发现、服务治理、负载均衡等功能要求较高，通常会使用下一个章节会介绍到的Dubbo、Motan等服务治理型RPC框架，这些RPC框架支持更加丰富的功能。

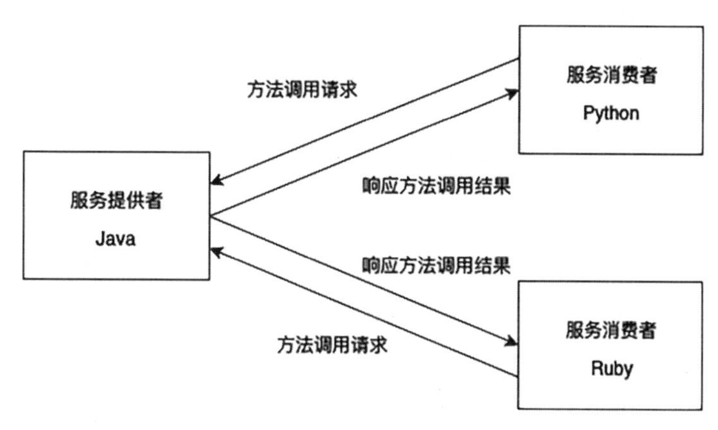

图 9.2　跨语言型 RPC 调用

由于在设计 RPC 对应的服务类和方法时，需要在服务消费者和服务提供者之间共用一个服务接口类来声明可以进行 RPC 调用的方法，使得服务消费者可以在应用代码中直接调用在该服务接口类中声明的某种方法，而服务提供者则是根据这个服务接口找到对应的接口实现类，从而进行实际的方法调用。

所以在 gRPC 与 Thrift 框架中需要设计一个接口模板，这个接口模板也称为 IDL（Interface Definition Language）模板，即接口定义语言，具体为使用 IDL 在这个接口模板定义服务接口和可以被远程调用的方法，以及业务相关的数据类型。由于 gRPC 和 Thrift 都是跨语言的，所以需要将这个接口模板生成对应程序语言的接口类，这样才能在对应的服务中使用，这也是 gRPC 和 Thrift 的一个设计核心，下面将对 gRPC 和 Thrift 的设计与使用进行详细分析。

1. gRPC 的设计与使用

gRPC 是由 Google 开发的一款跨语言、跨平台、高性能的 RPC 框架，目前支持 C++、C#、Java、Go、Python、Ruby、PHP、Objective-C、Node 等主流编程语言开发的服务之间的 RPC 调用，特别是支持移动客户端，与后台服务之间的 RPC 方法调用，如安卓客户端可以通过 gRPC 直接调用服务端使用 Java 或者 C++ 等编程语言开发服务的相关方法。

在设计层面，主要包括 RPC 远程方法调用涉及的相关数据的网络传输、数据序列化、反序列化和基于接口定义语言 IDL 来定义数据结构和服务方法，从而实现跨语言和跨平台的 RPC 调用。

在数据传输方面，gRPC 主要利用 HTTP 2.0 协议的相关特性来实现服务提供者和服务消费者之间的方法调用涉及的相关数据的传输。

首先，利用 HTTP 2.0 的多路复用特性来减少服务消费者客户端与服务提供者服务端之间的连接建立次数，通过维持的长连接来进行数据传输，即一个连接可以进行多次的请求响应对应的数据传输。

其次，利用 HTTP 2.0 基于二进制帧传输数据的特性来实现基于二进制的数据传输，以及 HTTP 2.0 使用压缩 HTTP 头部等特性，减少所需传输数据的体积，节省网络带宽，从而提高数据传输性能。

最后，由于 gRPC 需要实现不同平台、不同语言实现的服务之间的 RPC 调用，而不只是内部服务之间的 RPC 调用，典型的例子是移动设备与服务端的 RPC 调用，故采用 HTTP 协议实现数据在公网的传输，避免基于 TCP 协议和 Socket 在传输中会被防火墙拦截的问题。

在数据序列化以及基于 IDL 定义业务数据类型、服务方法方面，具体介绍如下。

gRPC 没有提供 IDL 的实现，而是使用 Google 已有的数据序列化框架 protobuf 来定义数据结构和服务方法，具体为在一个 .protobuf 文件中定义。由于 protobuf 框架是跨语言的，所以提供了各编程语言对应的 protobuf 编译器，使用对应语言的 protobuf 编译器来编译 .protobuf 文件，即可生成该编程语言对应的接口文件。例如，服务提供者是使用 Java 实现的，则使用 Java 对应的 protobuf 编译器来编译 .protobuf 文件，生成对应的 Java 接口文件，之后服务提供者就可以实现这个接口来定义业务逻辑。

在数据序列化、反序列化方面，protobuf 本身就是一个跨语言、高性能、基于二进制的数据序列化框架，所以在 gRPC 框架中，首先如上面描述的，使用 .protobuf 文件来定义数据结构和服务方法，然后在进行数据传输之前，由 protobuf 框架将这些数据结构定义的数据序列化为二进制数据，或者在接收到数据时，将二进制数据反序列化为对应数据结构的数据。

在使用方面，主要包括使用 .protobuf 文件来定义数据结构和服务方法，然后编译为对应编程语言的文件，再使用 gRPC 的相关 API 实现服务消费者客户端和服务提供者服务端。下面基于 IDEA 和使用 Java 语言实现一个简单的 HelloWorld 例子来展示 Grpc 的基本用法。

以下项目的完整代码链接为：

```
https://github.com/yzxie/java-framework-demo/tree/master/grpc-demo
```

（1）在 .protobuf 文件定义业务数据类型和服务方法并编译。

首先在 hello_message.proto 文件定义数据结构，在 rpc_hello_service.proto 文件中定义服务方法（关于 protobuf 语法的更多知识可以参考官方文档），实现如下。

hello_message.proto：定义了请求数据结构 HelloRequest，响应数据结构 HelloResponse。

```
syntax = "proto3";
package com.yzxie.demo.java.grpc.proto;
// 编译生成的 Java 文件对应的包和类名
option java_multiple_files = true;
option java_package = "com.yzxie.demo.java.grpc.rpc";
option java_outer_classname = "HelloMessageProto";
// 请求数据结构
message HelloRequest {
```

```
    string userName = 1;
}
// 响应数据结构
message HelloResponse {
    string message = 1;
}
```

rpc_hello_service.proto：声明了一个RpcHelloServer服务接口和一个sayHello方法。

```
syntax = "proto3";
package com.yzxie.demo.java.grpc.proto;
// 编译生成的Java文件对应的包和类名
option java_multiple_files = true;
option java_package = "com.yzxie.demo.java.grpc.rpc";
option java_outer_classname = "RpcHelloServiceProto";
import "com/yzxie/demo/java/grpc/proto/hello_message.proto";
// RPC接口
service RpcHelloService {
    // RPC方法声明
    rpc sayHello(HelloRequest) returns (HelloResponse);
}
```

接着需要编译为Java对应的类文件，可以使用命令来生成，不过一般会结合maven的编译插件来实现，这样可以在IDEA直接编译，maven的插件配置如下：

```
<plugin>
    <groupId>org.xolstice.maven.plugins</groupId>
    <artifactId>protobuf-maven-plugin</artifactId>
    <version>0.5.0</version>
    <configuration>
        <protocArtifact>com.google.protobuf:protoc:${protobuf.version}:exe:
${os.detected.classifier}</protocArtifact>
        <pluginId>grpc-java</pluginId>
          <pluginArtifact>io.grpc:protoc-gen-grpc-java:${grpc.version}:exe:
${os.detected.classifier}</pluginArtifact>
    </configuration>
    <executions>
        <execution>
            <goals>
                <goal>compile</goal>
                <goal>compile-custom</goal>
            </goals>
        </execution>
    </executions>
</plugin>
```

然后可以在 IDEA 的右边看到如图 9.3 所示的编译选项，直接执行即可编译出对应的 Java 类文件，最后打包成标准的 jar 包，从而可以被 gRPC 服务端和 gRPC 客户端引用。

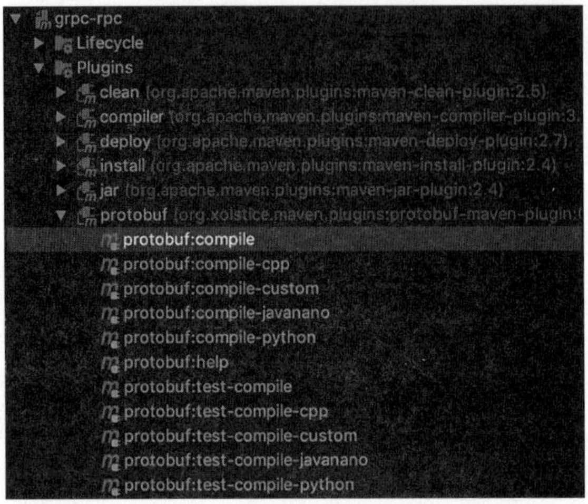

图 9.3　IDEA 的 .protobuf 文件编译选项

（2）实现 RPC 服务方法和 gRPC 服务端。

通常步骤（1）编译得到的接口文件为 RpcHelloServiceGrpc，所以 RPC 服务方法的实现主要是通过继承 RpcHelloServiceGrpc 的静态内部类 RpcHelloServiceImplBase 并重写对应的方法来实现业务逻辑，实现类 RpcHelloServiceImpl 继承于 RpcHelloServiceGrpc.RpcHelloServiceImplBase，并重写 sayHello 方法如下：

```
public class RpcHelloServiceImpl extends RpcHelloServiceGrpc.
RpcHelloServiceImplBase {
    @Override
    public void sayHello(HelloRequest request,
        StreamObserver<HelloResponse> responseObserver) {
        HelloResponse response = HelloResponse.newBuilder()
                .setMessage("Hello, " + request.getUserName())
                .build();
        // 响应 RPC 客户端的 RPC 调用请求
        responseObserver.onNext(response);
        responseObserver.onCompleted();
    }
}
```

gRPC 服务端的核心实现主要是在指定的端口监听 gRPC 客户端的 RPC 请求到来，然后进行处理。源码实现如下：

```
@PostConstruct
public void init() {
```

```
    // 指定监听端口和 RPC 服务的业务逻辑实现类 rpcHelloService
     server = ServerBuilder.forPort(port).addService(rpcHelloService).
build();
}
// 开启在指定端口监听 gRPC 客户端的 RPC 方法调用请求
public void start() {
    try {
        server.start();
        LOG.info("GrpcServer listen on {}", port);
        server.awaitTermination();
    } catch (Exception e) {
        LOG.error("GrpcServer listen on {}", port, e);
    }
    // 关闭回调 hook
    Runtime.getRuntime().addShutdownHook(new Thread() {
        @Override
        public void run() {
            LOG.info("GrpcServer shutdown {}", port);
            GrpcServer.this.stop();
        }
    });
}
```

（3）实现 gRPC 客户端。

首先通过指定 gRPC 服务端的域名 host 和监听端口号 port 来创建 gRPC 客户端和 gRPC 服务端通信的 channel，然后需要创建该 RPC 服务对应的客户端端点（stub），源码实现如下：

```
// gRPC 客户端 channel
private ManagedChannel channel;
// RPC 服务端点（stub）
private RpcHelloServiceGrpc.RpcHelloServiceBlockingStub blockingStub;
@PostConstruct
public void init() {
    // 指定 gRPC 服务端的域名和端口
     channel = ManagedChannelBuilder.forAddress(host, port).usePlaintext(true).
build();
    blockingStub = RpcHelloServiceGrpc.newBlockingStub(channel);
}
```

然后通过该RPC服务类的客户端端点来对gRPC服务端发起对该RPC服务类的方法调用。源码实现如下：

```
public String getHello(String userName) {
    try {
        HelloRequest request = HelloRequest.newBuilder().setUserName(userName).
```

```
build();
        // 通过 RPC 服务端点（stub）发起 RPC 方法调用
        HelloResponse response = blockingStub.sayHello(request);
        return response.getMessage();
    } catch (StatusRuntimeException e) {
        LOG.error("getHello {}", userName, e);
    }
    return "";
}
```

2. Thrift 的设计与使用

Thrift 框架与 gRPC 框架类似，也是一款跨语言、跨平台、高性能的 RPC 框架，是 FaceBook 于 2007 年开发的，目前已经支持在 28 种编程语言中使用，包括 C、C++、Java、Go、JavaScript 等。

在跨语言实现方面，与 gRPC 依赖额外的 protobuf 框架来实现不同，Thrift 框架自身提供了 IDL 语言的实现和数据序列化、反序列化的实现，并且 Thrift 框架的数据序列化性能高于 protobuf。所以 Thrift 既是一个 RPC 框架，也是一个数据序列化框架，而 gRPC 只是一个 RPC 框架，数据序列化依赖 protobuf 框架来实现。

在设计层面，Thrift 基于 RPC 远程方法调用的核心流程，采用分层结构设计，从上到下依次为网络 IO 与线程模型层、协议层、数据传输层，具体如图 9.4 所示的 Thrift 的官方文档。

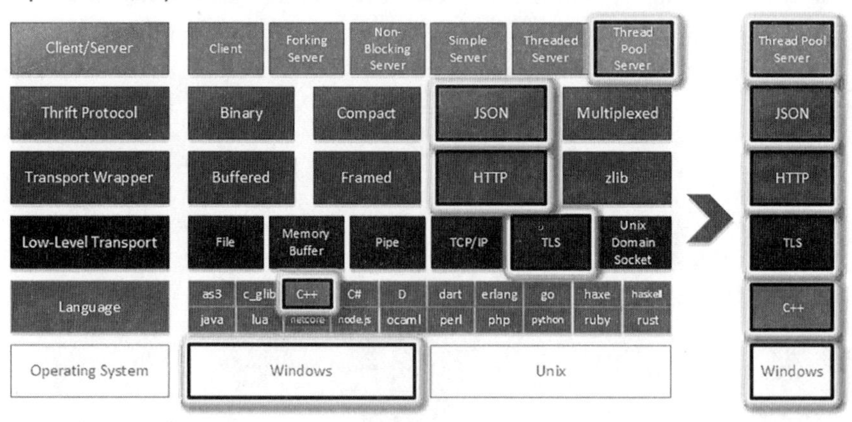

图 9.4　Thrift 整体架构

如图 9.4 所示，在网络通信方面，Thrift 支持 TCP、HTTP、文件等通信方式，同时可以根据需要选择使用阻塞 BIO 还是非阻塞 NIO；在所传输的数据格式方面，支持二进制数据和 JSON 格式数据。

在使用 IDL 定义数据结构和服务方法方面，相对于 protobuf 只提供标准的基本数据类型，如bool、int等，Thrift除了支持这些标准的基本数据类型之外，还支持更加丰富的数据类型和支持自定义数据类型，具体为支持list、set、map三种集合数据类型，支持基于结构体struct和枚举enum来自定义数据类型。

在使用方面，Thrift也是首先需要基于自身的IDL语法来在.thrift文件中定义数据结构和服务方法，然后使用对应编程语言的Thrift编译器来编译.thrift文件，从而生成对应编程语言的文件，如Java则是生成对应的服务接口.java文件，之后由服务提供者根据业务逻辑实现该接口文件定义的方法，服务消费者则是调用接口的方法来发起RPC远程方法调用请求。下面以基于IDEA使用Java语言实现一个HelloWorld例子来展示Thrift的基本用法。

以下例子的完整项目代码链接为：

```
https://github.com/yzxie/java-framework-demo/tree/master/thrift-demo
https://github.com/yzxie/java-framework-demo/tree/master/thrift-IDL
```

（1）创建Thrift项目，并在.thrift文件定义数据结构与服务方法。

基于IDEA来开发Thrift项目，首先需要在IDEA中集成对应的thrift插件，然后可以直接创建包含.thrift文件的Thrift项目，如图9.5所示的对应Thrift项目的结构。

图9.5　Thrift项目结构

与gRPC类似，在Thrift中也是在.thrift文件定义业务数据结构和服务方法的。例如，在RpcHelloServiceThrift.thrift文件中定义RPC服务方法，需定义RpcHelloService服务或者称为RpcHelloService接口，声明一个getHello方法。定义如下：

```
namespace java com.yzxie.demo.java.thrift.api
service RpcHelloService {
    // 返回Hello, userName
    string getHello(1:string userName)
}
```

语法与protobuf类似，关于Thrift的语法的更多知识可以参考Thrift的官方文档。

然后可以将该.thrift文件编译为对应的Java类文件，其中对应如上的.thrift文件定义，编译得到的Java类文件为RpcHelloService.java，最后将该RpcHelloService.java文件拷贝到一个Java项目中，该项目可以专门用于管理Thrift对应的.java文件，从而实现Thrift的客户端thrift-client项目与服务端thrift-server项目只需要引入该项目的jar包依赖即可，如图9.6所示在thrift-rpc项目定义。

```
▼ thrift-demo
  ▶ thrift-client
  ▼ thrift-rpc
    ▼ src
      ▼ main
        ▼ java
          ▼ com.yzxie.demo.java.thrift.api
            ▶ RpcHelloService
      ▶ test
    ▶ target
    pom.xml
  ▶ thrift-server
  pom.xml
```

图 9.6　Thrift 文件编译得到的 Java 类文件

（2）实现 RPC 服务与 Thrift 服务端。

RPC 服务的实现主要是实现 .thrift 文件编译得到的 Java 类文件的 Iface 接口，然后实现对应的业务方法即可。在 RpcHelloServiceImpl 文件中实现 RpcHelloService 的 Iface 接口并实现 getHello 方法如下：

```
public class RpcHelloServiceImpl implements RpcHelloService.Iface {
    @Override
    public String getHello(String userName) throws TException {
        return "Hello, " + userName;
    }
}
```

接着需要开发 Thrift 服务端来监听 Thrift 客户端对该服务方法的 RPC 调用请求，关于 Thrift 框架的相关核心类的更多知识可以参考 thrift 的官方文档。核心逻辑如下：

```
public void start() {
    try {
        // 非阻塞 NIO 通信
        TNonblockingServerTransport serverTransport =
            new TNonblockingServerSocket(port);
        // 服务端参数设置
        TNonblockingServer.Args serverArgs =
            new TNonblockingServer.Args(serverTransport);
        serverArgs.protocolFactory(new TBinaryProtocol.Factory());
        // 可以不指定，TNonblockingServer 默认为 TFramedTransport
        serverArgs.transportFactory(new TFramedTransport.Factory());
        // RPC 请求处理器，需要指定提供 RPC 方法的服务类对象
        RpcHelloService.Processor processor =
            new RpcHelloService.Processor<RpcHelloService.Iface>(rpcHelloService);
        serverArgs.processor(processor);

        // NIO 服务器监听 thrift 客户端的连接请求和后续的 RPC 方法调用请求
```

```
        TNonblockingServer server = new TNonblockingServer(serverArgs);
        LOG.info("TNonblockingServer listen on: {}", port);
        // 阻塞等待客户端连接到来
        server.serve();
    } catch (Exception e) {
        LOG.error("start {}", port, e);
    }
}
```

其中需要指定RPC服务对应Thrift的RPC请求处理器，如RpcHelloService.Processor，并且需要指定RPC服务的对象，如rpcHelloService。之后Thrift服务端启动后会在指定的端口监听Thrift客户端的连接请求和后续的RPC方法调用请求。

（3）实现Thrift客户端。

Thrift客户端的实现主要包括创建连接Thrift服务端的Socket套接字和RPC服务对应的客户端代理对象，该代理对象的类型为通过编译.thrift文件得到的Java类的内部类Client，如RpcHelloService对应的RpcHelloService.Client。具体定义如下：

```
public class ThriftClientWrapper {
    private TTransport tTransport;
    private RpcHelloService.Client helloClient;
    public void init(String host, int port){
        // 指定需要连接的thrift服务端的域名host与port来创建对应的通信socket
        tTransport = new TFramedTransport(new TSocket(host, port));
        // RPC服务调用代理
        helloClient = new RpcHelloService.Client(new TBinaryProtocol(tTransport));
    }
    public void open() throws TTransportException {
        // 建立socket连接
        this.tTransport.open();
    }
    public void close() {
        // 关闭socket连接
        this.tTransport.close();
    }
    // 业务方法调用该方法获取RPC服务调用代理对象来发起RPC方法调用请求
    public RpcHelloService.Client getHelloClient() {
        return this.helloClient;
    }
}
```

接着在Java的标准Service类，如HelloService中调用以上的ThriftClientWrapper类对象来发起RPC方法调用请求，核心实现如下：

```
public String sayHello(String userName) {
    try {
        // 建立 socket 连接
        thriftClient.open();
        // 发起 RPC 方法调用请求
        return thriftClient.getHelloClient().getHello(userName);
    } catch (TException e) {
        LOG.error("sayHello {}", userName, e);
    } finally {
        // 关闭 socket 连接
        thriftClient.close();
    }
    return "";
}
```

首先需要调用 open 方法来建立 Socket 连接，然后通过客户端 RPC 服务调用代理来发起 RPC 方法调用请求，最后需要调用 close 方法来关闭 Socket 连接。

9.1.3 ▶ 服务治理型：Dubbo 与 Motan

Dubbo 和 Motan 都是基于 Java 语言实现的 RPC 框架，相对于跨语言调用型 RPC 框架 gRPC 和 Thrift，Dubbo 和 Motan 提供了服务动态发现和服务治理等机制，以及在服务可用性、服务健壮性等方面优于 gRPC 和 Thrift，所以更加适用于基于微服务架构的大型分布式系统，而不是两个服务之间简单的远程方法调用。除此之外，Dubbo 和 Motan 都适用于并发量非常高的内部服务间的 RPC 调用，并且在高并发调用下能够保持高性能。

Dubbo 和 Motan 的服务治理型 RPC 模型如图 9.7 所示。

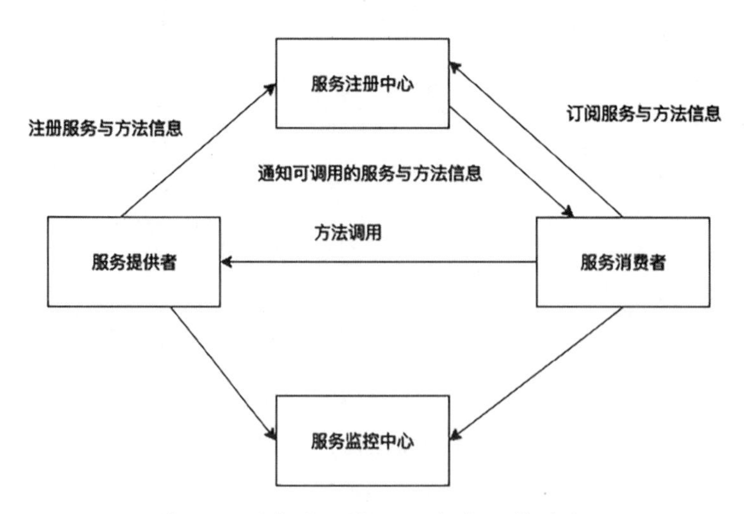

图 9.7　服务治理性 RPC 框架工作流程

在使用层面，Dubbo和Motan都支持根据业务特点灵活地配置RPC方法调用涉及的相关技术实现，如数据序列化、负载均衡策略、容错机制等。

在底层通信方面，Dubbo和Motan都是基于Netty长连接来实现，所以可以减少频繁地连接建立与断开的资源开销，通过该长连接进行高并发、小数据量的请求调用，非常适合于RPC方法调用，即由于只包含方法名信息和方法调用参数数据，故数据量非常小，所以使用一个长连接即可应对高并发的方法调用。以下将对Dubbo和Motan的设计与使用进行详细分析。

1. Dubbo的设计与使用

Dubbo是由阿里巴巴基于Java语言开发的一款分布式RPC调用与服务治理框架，具有高性能、上手简单、拓展性好等特点，适用于内部服务之间的小数据量、高并发的RPC远程方法调用场景。

在RPC实现方面，Dubbo支持多种RPC协议，具体包括Dubbo自身提供的dubbo协议，该协议默认使用hessian2作为数据序列化实现，底层基于Netty实现的长连接来进行网络通信，其中dubbo协议也是默认协议。除此之外还支持基于hession、rmi、http、webservice、thrift、memcached、redis、rest实现的RPC协议。

除RPC调用的相关实现之外，Dubbo还支持丰富的服务动态发现、服务治理等机制，具体包括基于Zookeeper实现服务提供者的服务注册，服务消费者的服务订阅和服务自动发现机制。服务消费者支持多种负载均衡策略来访问服务提供者，以及支持FailOver容错策略实现故障自动切换，FailFast快速失败等多种容错机制。最后是服务提供者和服务消费者都支持并发调用监控统计与限流等功能。

不过，Dubbo框架的不足之处是不支持跨语言，即Dubbo只能用在基于Java语言实现的服务提供者和服务消费者之间进行RPC调用，不支持其他编程语言的服务调用。

在使用方面，Dubbo通过拓展实现Spring Schema机制，可以透明化、API零侵入地接入到基于Spring开发的项目中，只需要在XML文件中使用Dubbo提供的相关XML标签进行配置即可使用，具体的使用方法与例子可以参考Dubbo的官方文档。

2. Motan的设计与使用

Motan是由新浪网基于Java语言开发的一款与Dubbo框架类似的分布式RPC调用与服务治理框架。不过功能方面没有Dubbo框架丰富，如RPC协议方面只支持自身定义的motan协议，其中motan协议可以使用hessian2或JSON作为序列化实现，底层也是基于Netty实现的长连接来进行网络通信，不支持其他的如基于http、rmi等实现的RPC协议。不过在性能方面Motan优于Dubbo。

在服务发现与治理方面，Motan 也提供了丰富的支持，具体包括基于 Consul 来实现服务的注册与发现，支持丰富的负载均衡策略与容错机制等，这些都可以根据业务特点来进行自定义。

在跨语言方面，Motan 与 Dubbo 类似，也是没有提供很好的解决方案，不过目前也在逐步加强对应跨语言的支持，如目前在官方 Github 已经有 PHP 对应的客户端版本实现和 Go 的客户端与服务端实现。

在使用方面，Motan 也是通过对 Spring Schema 机制的拓展来实现 API 零侵入地集成到基于 Spring 开发的项目中，具体的使用方法与例子可以参考 Motan 的 Github 官方文档，由于篇幅有限，在此不再进行展示。

9.2 分布式消息队列

在 Java 并发编程当中，一般会使用 Java 并发包的 LinkedBlockingQueue 作为消息队列来实现不同线程之间的数据传递，典型的应用场景为多线程的生产者与消费者模型。而在分布式系统当中，一般需要使用分布式消息队列来实现不同服务之间的消息传递，其中分布式消息队列在分布式系统中的应用场景包括系统解耦、流量削峰、消息通信等。

分布式消息队列一般会基于高级消息队列协议 AMQP 来实现，其中基于 AMQP 协议实现的消息队列包括 ActiveMQ 和 RabbitMQ，RabbitMQ 是在分布式企业级应用中最常使用的一种分布式消息队列。除此之外，在大数据领域也开发了 Kafka 这种可以支持海量数据存储和处理的消息队列，Kafka 支持高拓展性和高吞吐量。

不过 ActiveMQ、RabbitMQ 和 Kafka 都是专业、重量级的分布式消息队列实现，都需要在服务器部署对应的进程来提供服务。这在只需要进行系统解耦或者少量消息通信的应用场景中未免过于复杂。所以也可以基于 Redis 的列表数据类型来实现一个轻量级的消息队列，以及可以使用 Redis 的发布订阅模式来实现系统解耦。

9.3 AMQP 协议实现：RabbitMQ

RabbitMQ 是使用 erlang 语言，基于 AMQP 协议开发的一款分布式消息队列中间件，其中 AMQP 协议的全称为 Advanced Message Queuing Protocol，即高级消息队列协议，该协议主要用于制定基于队列进行消息传递的一个开放标准。

AMQP的核心概念包括虚拟主机vhost、连接Connection、信道Channel、数据交换器Exchanger、队列Queue、交换器与队列之间的绑定Binding及统一负责消息接收、存储和分发的服务端Broker。由于RabbitMQ是基于AMQP协议实现的，故在RabbitMQ的内部实现当中也是围绕这些概念进行内部功能组件的设计，并将这些组件整合起来提供一个完整的消息队列服务。

在应用方面，RabbitMQ起源于金融系统，主要用于分布式系统的内部各子系统之间的数据转发、传输，在分布式系统中的具体用法如下。

（1）系统解耦：如果是单体应用则通常可以使用内存队列，如Java的LinkedBlockingQueue即可。而将单体应用拆分为分布式系统之后，则通过RabbitMQ这种进程级别的队列来实现各子系统间的消息传递，从而达到系统解耦的作用。

（2）流量削峰：RabbitMQ还可以用在高并发系统当中的流量削峰，即将请求临时存放到RabbitMQ当中，从而避免大量的请求流量直接到达后台服务，把后台服务冲垮。通过使用RabbitMQ来存放这些请求流量，后台服务从RabbitMQ中消费数据，从而达到流量削峰和异步处理的目的。

（3）消息通信：除了系统解耦和流量削峰外，RabbitMQ最常用于消息通信，如可以用于实现即时消息聊天系统。

9.3.1 ▶ RabbitMQ的核心组件

由以上分析可知，RabbitMQ是基于AMQP协议实现的一款分布式消息队列中间件，主要用于分布式系统中不同系统之间的消息传递。所以在核心设计层面也是围绕AMQP协议来展开的。以下基于AMQP协议的相关核心概念来分析RabbitMQ的核心组件实现。

1. 虚拟主机vhost与权限

（1）虚拟主机vhost。

多租户或者称为虚拟主机vhost，主要用于实现不同业务系统之间消息队列的隔离，即可以部署一个RabbitMQ服务端，但是可以设置多个虚拟主机给多个不同的业务系统使用，这些虚拟主机对应的消息队列内部的数据是相互隔离的。

所以多个虚拟主机也类似于同一栋房子的多个租户，每个租户都自己做饭、吃饭，不会去其他租户家里做饭、吃饭。虚拟主机的概念相当于Java应用程序的命名空间namespace，不同虚拟主机内部可以包含相同名字的队列。

RabbitMQ服务器默认包含一个虚拟主机，即“/”，如果需要创建其他的虚拟主机，可以在 RabbitMQ 控制台执行如下命令：通过 rabbitmqctl add_vhost 命令添加一个新的“test_host”虚拟主机。源码实现如下：

```
// 查看所有的虚拟主机列表
xyzdeMacBook-Pro:plugins xyz$ rabbitmqctl list_vhosts
Listing vhosts
/

// 新增虚拟主机
xyzdeMacBook-Pro:plugins xyz$ rabbitmqctl add_vhost test_host
Creating vhost "test_host"
xyzdeMacBook-Pro:plugins xyz$ rabbitmqctl list_vhosts
Listing vhosts
/
test_host
```

（2）用户与权限。

一个 RabbitMQ 服务端可以包含多个虚拟主机，而这些虚拟主机通常是对应多个不同的业务。为了保证不同业务不会相互影响，RabbitMQ 定义了用户和权限的概念。

在 RabbitMQ 中，权限控制以虚拟主机 vhost 为单位，即当创建一个用户时，该用户需要被授予对一个或者多个虚拟主机进行操作的权限，而操作的对象主要包括交换器、队列和绑定关系等，如添加、删除交换器、队列等操作。

创建用户和设置权限的相关命令主要在 rabbitmqctl 命令中定义，RabbitMQ 默认包含一个 guest 用户，密码也是 guest，该用户的角色为管理员。具体定义如下：

```
// 查看所有用户
xyzdeMacBook-Pro:plugins xyz$ rabbitmqctl list_users
Listing users
guest [administrator]

// 查看用户对指定虚拟主机的权限列表
xyzdeMacBook-Pro:plugins xyz$ rabbitmqctl list_permissions -p /
Listing permissions in vhost "/"
guest .*    .*     .*

xyzdeMacBook-Pro:plugins xyz$ rabbitmqctl list_permissions -p test_host
Listing permissions in vhost "test_host"
```

2. 连接 Connection 与信道 Channel

在高并发系统设计当中，需要尽量减少服务器的连接数，因为每个连接都需要占用服务器的一个文件句柄，而服务器的文件句柄数量是有限的，具体可以通过 ulimit 命令查看。

为了减少连接的数量，AMQP 协议抽象了信道 Channel 的概念，一个客户端与 RabbitMQ 服务器建立一个 TCP 连接，在客户端可以使用多个 Channel，这些 Channel 共用这条 TCP 连接来进行与服务端之间的数据传输。即 Channel 是建立在这个 TCP 连接之上的虚拟连接，不过在业务层面，每个 Channel 都相当于一个独立的 TCP 连接，不同 Channel 之间的数据不会相互影响。Channel 机制的具体实现为每个 Channel 实例都对应一个唯一的 ID，故这个真实的 TCP 连接发送和接收到数据时，则可以根据这个唯一的 ID 来确定数据属于哪个 Channel 实例。

使用 Channel 的场景通常为客户端的每个工作线程都使用一个独立的 Channel 实例来进行数据传输，这样就实现了不同线程之间的隔离。不过由于所有线程都共用一个 TCP 连接进行数据传输，如果传输的数据量小则问题不大，如果需要进行大量数据传输，则该 TCP 连接的带宽就会成为性能瓶颈，所以此时需要考虑使用多个 TCP 进行连接。

3. RabbitMQ 服务器实现 Broker

在 AMQP 协议中，消息队列服务器实现称为 Broker，在 Broker 中接收生产者的消息，将该消息放入对应的队列中存储，然后将消息分发给订阅这个队列的消费者。为了将接收到的消息放到对应的队列当中，在 Broker 内部通常包含路由交换器 Exchanger 和队列 Queue 两大组件，以及需要实现这两大组件之间的绑定。

（1）消息路由。

在 RabbitMQ 的设计当中，交换器主要用于分析生产者传递过来的消息，根据消息的路由信息，即路由键 route key 和自身维护的队列 Queue 的绑定信息来决定将消息放到哪个队列中。或者如果没有匹配的队列，则丢弃该消息或者扔回给生产者。

根据路由算法的不同，路由交换器主要分为四种类型，分别为 fanout、direct、topic 和 headers。

fanout：相当于广播类型，忽略生产者传递过来的消息的路由信息，将该类型的所有消息都广播到所有与这个交换器绑定的队列中。

direct：完全匹配。根据消息的路由键 route key 去完全匹配该交换器与队列的绑定键 binding key，如果存在完全匹配的，则将该消息投递到该队列中。

topic：模糊匹配。交换器与队列之间使用正则表达式类型的绑定键，具体规则如下。

- 绑定键 binding key 和消息的路由键 route key 都是使用点号“.”分隔的字符串，如 trade.alibaba.com 为路由键，*.alibaba.com 为绑定键；
- 在绑定键中，可以包含星号“ * ”和井号“ # ”，其中 # 号“ # ”表示匹配 0 个或者多个单词，星号“ * ”表示匹配一个单词。

所以 topic 类型相对于 direct 类型能够匹配更多的消息，即 topic 类型的交换器可以成功投递更多的消息到其绑定的队列中。

headers：headers 类型不是基于消息的路由键来进行匹配的，而是基于消息 headers 属性的键值对来进行匹配的。具体为首先在交换器和队列之间基于一个键值对来建立绑定映射关系，当交换器接收到消息时，分析该消息 headers 属性的键值对是否与这个建立交换器和队列绑定关系的键值对完全匹配，是则投递到该队列。由于这种方式性能较低，故基本不会采用。

（2）消息存储。

在 RabbitMQ 的设计当中，队列 Queue 是进行数据存放的地方，即路由交换器 Exchanger 只是维护了路由键与队列之间的映射关系而已，不会进行数据存储和占用 RabbitMQ 服务器的资源。而队列 Queue 由于在消费者消费消息之前，需要临时存放生产者传递过来的消息，故需要占用服务器的内存和磁盘资源。

在默认情况下，RabbitMQ 的数据是存放在内存中的，当消费者消费了队列的数据并且发回了 ACK 确认时，RabbitMQ 服务器才会将队列 Queue 中的该数据标记为删除，并在之后某个时刻进行实际删除。不过 RabbitMQ 也会使用磁盘来存放消息。

第一种场景是当内存不够用时，RabbitMQ 服务器会将内存中的数据临时换出到磁盘中存放，之后当内存充足或者消费者需要消费时，再换回内存。

第二种场景是队列 Queue 和生产者发送过来的消息都是持久化类型的，其中队列 Queue 持久化需要在创建该队列时指定，而消息的持久化是指，通过设置消息的 deliveryMode 属性的值为 2 来提示 RabbitMQ 服务器持久化这条消息到磁盘。

如果 RabbitMQ 服务器是采用集群部署并且没有开启镜像队列，则消息也是只存放在一个队列中。这种情况下集群的目的主要是在不同的机器节点部署不同的队列 Queue，解决单机在存放和处理大量数据消息时的性能瓶颈，而不是保障数据的高可靠性。如果开启了镜像队列，则是基于 Master-Slave 主从模式，将队列的数据复制到集群其他节点的队列中进行冗余存放，从而实现数据高可用和高可靠。

4. 生产者

生产者主要负责投递消息到 RabbitMQ 服务器 Broker。首先，建立与 Broker 的一个 TCP 连接；然后，创建一个或者多个虚拟连接 Channel，每个 Channel 就是一个生产者，在 Channel 中指定需要投递的交换器、消息的路由键和消息内容；最后，调用 publish 方法发送消息到路由交换器。

路由键 route key：生产者需要指定消息的路由键，路由键通常与 Broker 的交换器和队列之间的绑定键 binding key 对应，然后结合交换器的类型、路由键和绑定键共同来决定投递给哪个队列。如果没有可以投递的队列，则丢失消息或者返回消息给生产者。

消息确认机制：主要用于保证生产者投递的消息成功到达 RabbitMQ 服务器。即成功到达 RabbitMQ 服务器的交换器，如果此交换器没有匹配的队列，也会丢失该消息。

如果要保证数据成功到达队列，可以结合 Java API 的 mandatory 参数，即没有匹配的队列可投递，则返回该消息给生产者，然后由生产者设置回调来处理，或者转发给备份队列来处理。

5. 消费者

消费者用于消费队列中的数据，与生产者类似，消费者也是作为 RabbitMQ 服务器的客户端实现，即首先需要建立一个 TCP 连接，然后建立对应的 Channel 作为队列的消息消费者，实现不同 Channel 对应不同队列消费者。

在数据消费层面，RabbitMQ 服务器会将同一个队列的数据以轮询的负载均衡方式分发给订阅了这个队列的多个消费者，每个消息默认只会给到其中一个消费者，不会重复消费。

（1）推模式和拉模式。

消费者消费队列中的数据可以基于推、拉两种模式，其中推模式为当 RabbitMQ 服务器对应的队列有数据时，主动推送给消费者 Channel；而拉模式是消费者 Channel 主动发起获取数据请求，每发起一次则获取一次数据，不发起则不会获取数据。在代码实现层面，如果在一个 while 无限循环中轮询，则相当于拉模式。不过这种方式很耗费资源，通常采用推模式来代替。

（2）消息确认 ACK 与队列的消息删除。

在 RabbitMQ 的设计当中，RabbitMQ 服务器不会主动删除队列中的消息，而是需要等到消费这条消息的消费者发送回 ACK 确认给 RabbitMQ 服务器时，RabbitMQ 服务器才会将队列中的这条消息删除。注意，RabbitMQ 服务器在等待消费者的 ACK 确认过程中，没有超时的概念，如果该消费者连接还存在且没有回传 ACK，则这条消息会一直保留在该队列中。如果该消费者连接断了且没有回传 ACK，则 RabbitMQ 服务器将该消费发送给另外一个订阅了该队列的消费者。

消费者确认在使用 Java API 时，可以使用自动确认和手动确认方式。其中自动确认这种方式存在的问题是，如果消息到达消费者那里，而消费者还没处理消息系统就出现崩溃，此时会出现数据丢失，是“至多一次”的场景。手动提交这种方式存在的问题是，在消费者处理完消息，还没提交 ACK 的时候，而消费者系统出现崩溃的异常情况，此时 RabbitMQ 会重复投递给其他消费者，故是“至少一次”的场景，导致消息被重复消费。

所以 RabbitMQ 在数据重复性和数据丢失方面，提供的是“至少一次”和“至多一次”

的保证，不提供“恰好一次”的保证，即可能存在消息被重复消费或消息丢失的情况。对于重复消费问题可以在应用程序中进行幂等处理。

（3）消息拒绝与重入队。

当消费者接收到RabbitMQ服务器发送过来的消息时，可以选择拒绝接收这条消息。消费者在拒绝的时候，可以告诉RabbitMQ服务器是否将该条消息重新入队，如果是，则RabbitMQ服务器会将该条消息重新投递给其他消费者，否则将丢弃这条消息。

9.3.2 ▶ 持久化与镜像队列

RabbitMQ是对普通的内存队列，如Java的阻塞队列LinkedBlockingQueue的一种升级，作为一个进程队列实现不同进程之间的消息通信交互。而内存队列，如LinkedBlockingQueue则通常用于实现一个Java进程的不同线程之间的消息通信交互。这也是顺应从单体应用系统架构到分布式系统架构演变，所必须的消息队列的演进。分布式消息队列解决了分布式系统不同系统之间的消息传递问题。

由于RabbitMQ主要用于实现不同进程或者说不同系统之间的消息传递，与内存队列在进程重启自动销毁、数据丢失情况类似，RabbitMQ的相关组件，如交换器、队列、消息等默认情况下也是存放在内存中的，当RabbitMQ服务器重启时，这些组件相关的元数据和消息都会丢失，重启时需要重新创建这些核心组件。这样设计的合理之处在于RabbitMQ并不是一个数据存储系统，而是相对于内存队列，提供了通过网络的方式为不同系统间传递消息功能，这也是AMQP协议的核心所在。

不过在实际应用中，由于组成分布式系统的各个子系统的功能通常是固定的，如电商网站中的账号系统、订单系统、物流系统等，当选择RabbitMQ作为这些子系统的消息队列时，通常需要保证RabbitMQ在意外宕机或者重启后，相关的交换器、队列、未消费的消息还存在，而不需要重新创建交换器和队列，这样才能减少对生产者和消费者，如以上的电商系统的相关业务子系统的影响。所以一般需要对交换器、队列和队列的消息进行持久化处理，即持久化到磁盘中，当RabbitMQ宕机或者重启时，可以从磁盘将这些组件的数据重新加载到内存中。

1. 持久化：高可靠

（1）交换器与队列持久化。

交换器和队列的持久化主要是在创建交换器或者队列时，通过设置durable参数为true，来告诉RabbitMQ服务器对该交换器或者队列进行持久化处理。通常需要对交换器和队列同时设置持久化，这样才能保证不只是交换器和队列在RabbitMQ重启时还存在，交换器和队列之间的绑定关系也还存在，这样对生产者和消费者影响最小，即生产者和消费者可以继续正常生产数据或者消费数据，就像 RabbitMQ 没有重启过一样。

交换器和队列的持久化主要是针对交换器和队列的相关元数据的持久化，将这些元数据持久化到磁盘中。

对于交换器而言，需要持久化的元数据主要包括队列的名字、队列类型，如 fanout、direct、topic 或者 headers，以及其他相关属性，如持久化属性 durable。交换器持久化之后，当 RabbitMQ 重启后，生产者可以继续使用这个交换器来传递数据，而无须再手动创建这个交换器，这样能尽可能地降低对生产者的影响。

对于队列而言，需要持久化的元数据主要为队列的名字、属性，如是否持久化 durable，是否自动删除。不过这里需要注意的是，如果一个队列是排他队列，即只对当前的连接 Connection 有效和只能被当前连接 Connection 的多个 Channel 访问，则即使设置了该队列为持久队列，当这个连接Connection断开时，该队列也会自动删除掉，而不会再持久化到磁盘中。

除了需要持久化交换器和队列自身的元数据外，交换器和队列之间的绑定映射关系也会持久化。在磁盘存储方面，交换器和队列的持久化信息通常存放在 RabbitMQ 服务器的 /var/lib/rabbitmq/mnesia/ 目录下面。

（2）消息持久化。

以上分析的交换器和队列的持久化只是针对交换器和队列自身元数据的持久化，而不会对消息进行持久化，即消息还是存放在 RabbitMQ 服务器的内存中的，如果 RabbitMQ 服务器宕机或者重启，队列中的消息就会丢失。

所以如果要保证投递到队列中的消息在 RabbitMQ 服务器宕机或重启时不会丢失，需要进行消息持久化。消息持久化主要是由生产者控制，即生产者在创建消息时，可以设置消息的 deliveryMode 属性的值为 2 来指定这个消息需要持久化。当将该消息投递到 RabbitMQ 服务器的队列之后，首先会将该消息写到磁盘中，然后再在内存队列中保留这条消息，最后如果生产者需要确认 ACK，则再回调通知生产者这条消息投递成功。

由于消息写入磁盘是随机写操作，性能较低，会在一定程度上影响 RabbitMQ 服务器的整体吞吐量，所以一般用在不允许消息丢失场景的消息中，如交易系统的交易信息，才将该消息设置为持久化。还有就是当对磁盘文件写入时，操作系统不是将每次写入都直接写到磁盘文件中，而是会写到操作系统的页缓存中，之后再刷到磁盘，所以如果在这期间机器宕机了，即使设置了消息持久化，也可能会造成消息丢失。

2. 镜像队列：高可用

以上的消息持久化机制只能保证在该机器不宕机，磁盘不损坏的情况下的数据可靠性，并没有实现消息在其他机器的冗余存储，即 RabbitMQ 的消息默认是只在其所被投递到的某台机器的 RabbitMQ 服务器的某个队列中存放一份，在其他队列或者其他机器的队列并没有拷贝一份，所以缺乏高可用特性。

为了实现高可用，RabbitMQ 提供了镜像队列机制。所谓镜像队列其实就是在另外一台 RabbitMQ 服务器存放该队列的一个拷贝队列，实现队列内消息的冗余存储。镜像队列机制是基于 Master-Slave 主从模式实现的，具体分析如下。

（1）针对这个队列的所有操作都只能在主节点进行完成，包括生产者发布消息到队列，分发消息给消费者，跟踪消费者的消费确认 ACK 等，然后将这些操作对应的消息由主节点广播同步给其他从节点。

（2）针对消息消费，与 MySQL 和 Redis 的主从模式中主节点负责写请求，从节点负责读请求实现读写分离不同的是，在 RabbitMQ 的镜像队列模式中，消费者是从主节点消费数据的，即不管消费者连接的是哪个节点进行消费，如连接到从节点消费，从节点会将消费请求转发到主节点进行消费。

当成功消费并返回 ACK 确认来通知删除该消息时，由主节点再同步这个删除信息给从节点。所以镜像队列解决的是消息高可用问题，而不是基于主从模式实现读写分离来提高吞吐量。高吞吐量主要是通过 RabbitMQ 集群来实现的，即在不同节点创建不同队列来进行水平拓展，提高整体的消息处理能力和吞吐量。

（3）消费者默认不会从从节点消费数据，只有当主节点宕机，从节点升级为主节点时才会消费这个节点的数据。主节点宕机时，会根据加入时间来判断从所有从节点中选择最早加入这个镜像队列集合的从节点作为新的主节点。

9.3.3 ▶ 集群：对等集群

与其他中间件产品类似，RabbitMQ 也是通过集群的方式来解决单节点在处理海量消息时的性能瓶颈，通过集群的方式来实现水平拓展和提高吞吐量。如单个 RabbitMQ 节点每秒只能处理 1000 条消息，而通过集群方式拓展，则可以进一步达到每秒处理 10 万条消息或者更高的吞吐量。不过这种吞吐量的提升，是通过在集群的多个节点建立多个不同的队列来分散消息到多个不同节点来实现的，所以在业务层需要对消息进行细粒度的分类来创建更多的队列，最后将消息放到不同队列中。

与大部分中间件的集群，如 Redis，MySQL，Zookeeper 等的集群采用读写分离的方式来应对高并发数据请求不同的是，RabbitMQ 的集群不是一个主从模式的集群，而是一个对等集群，即节点之间是对等的，不存在主从关系，每个节点存放的是不同的队列，所以存放的是不同的消息，由集群内所有节点的所有队列的消息共同组成该集群的所有消息。

集群内部每个节点在应对客户端的数据请求方面不存在主从关系，对于某条消息的请求，如生产者写入该消息或者消费者消费该消息，都需要首先定位到该消息所在队列的节点，然后交给该节点来处理。其他节点由于不存在这个队列，或者是镜像队列的slave节点，故不能处理这条消息的请求。不过如果使用了镜像队列，则集群中的某些节点作为该队列的主节点的从节点，存在主从关系，这个主从关系主要用于实现队列消息的冗余存储，实现队列和队列内部消息的高可用，不是用于读写分离来实现高并发。

不过从客户端的角度来看，RabbitMQ集群其实就是一个逻辑上的单节点，即客户端可以连接RabbitMQ集群的任何一个节点，不需要约束为只能连接该客户端所要请求的消息对应的队列所在的节点。任何一个节点接收到客户端的请求后，如果该请求对应的消息属于自身节点的队列，则由该节点处理，否则将该请求转发给该消息所属队列所在的节点处理，这个过程对客户端来说是透明的。所以通过这种方式，RabbitMQ集群可以通过增加节点个数来应对高并发请求，因为客户端可以连接任意一个节点。

除此之外，出于性能方面的考虑，RabbitMQ集群一般需要部署在同一个局域网内部，这样才能保证不同节点之间的请求转发的高性能。

以上分析了RabbitMQ通过集群的方式来实现高吞吐量和高并发处理，以下针对RabbitMQ集群如何做到这些进行分析。

1. 节点的名字

RabbitMQ集群通过名字来唯一确定一个节点，所以集群内部每个节点的名字都是唯一的。RabbitMQ集群节点的命名规范为“前戳+域名”，前戳一般为rabbit，如单机集群的两个不同节点为rabbit1@localhost，rabbit2@localhost；不同机器的两个不同节点可以为rabbit@node1.xyz.com，rabbit@node2.xyz.com。

节点名字可以通过环境变量RABBITMQ_NODENAME来配置，如果不配置，则RabbitMQ节点的默认名字为rabbit@当前机器的域名。

2. 集群的元数据与传播

每个RabbitMQ节点通常包含以下元数据。

- 虚拟主机vhost的元数据：该vhost内部包含的交换器、队列，交换器与队列绑定关系；
- 交换器的元数据：交换器的名字、类型、属性；
- 队列元数据：队列名字、属性；注意这是队列元数据，不包括队列中存放的消息；
- 交换器与队列之间的绑定关系。

这些元数据是集群级别的，由集群内部所有节点的所有vhost、交换器、队列的信息组成，并且在集群内部的每个节点都是存在的，即每个节点可以获取所在集群的任意一个节点的相关信息。

当在某个节点新建了一个交换器和队列之后，需要广播给集群内部的所有节点，保证每个节点都拥有集群内部所有节点的元数据信息。这样就可以实现当客户端连接到任意一个节点时，任意一个节点都能知道客户端请求的消息位于哪个节点的哪个队列当中，从而可以判断是由节点自身处理还是转发到其他节点处理。

3. 节点的类型

针对节点存放集群元数据方式的不同，可以将集群的节点分为RAM内存节点和DISK磁盘节点，其中内存节点将元数据存放在内存中，磁盘节点将元数据存放在磁盘中。由于内存中的数据在节点重启时会丢失，故需要从集群中的磁盘节点同步过来，所以集群中至少需要存在一个磁盘节点，如果全是内存节点，则RabbitMQ集群将会禁止任何添加元数据的操作，如新建交换器、队列等。

出于内存操作性能高于磁盘操作性能和元数据可靠性方面的考虑，一般需要设置两个或者两个以上节点作为磁盘节点，这样可以避免一个磁盘节点挂了，导致集群元数据丢失的问题。

4. 节点间的认证与通信

由节点的名字分析可知，集群内部的每个节点需要包含不同的名字，而名字命名规范是后面使用域名。这样设计的主要目的是，集群内部的节点通过其他节点的名字中包含的域名来定位其他节点，即跟通过URL访问某个Web资源类似，该节点通过DNS域名解析定位到其他节点后，可以发起对其他节点的请求，如转发消息请求给其他节点。

除此之外，集群节点之间的通信需要一个认证信息，这样才能判断通信的节点是否属于同一个集群。RabbitMQ在认证方面，主要是通过设计一个统一的cookies来实现，这个cookies相当于一个共享私钥。同一个RabbitMQ集群内部的节点在请求其他节点时都要带上这个cookies信息，这样其他节点通过检查这个cookies与自身的cookies是否一致来判断是否来自同一个集群的其他节点的请求。

认证cookies默认放在文件/var/lib/rabbitmq/.erlang.cookie中，在部署集群之前，需要在各个节点的该文件设置好统一cookies的内容。

5. 节点的对等性：高并发与高吞吐量

由客户端可以连接集群的任意一个节点的分析可知，集群的节点是对等节点，如果不存在镜像队列，集群的每个节点存放不同的队列，所以也就存放不同的消息。而从消息的角度来看，每条消息只存放在某个节点的某个队列中，当客户端需要请求某条消息，如生产者客户端写入消息或者消费者客户端消费消息，客户端将请求其所连接的节点，如果消息对应的队列就在这个节点则直接处理，否则该节点根据集群元数据定位到该消息对应的队列所在的节点，将该消息请求转发给这个节点处理。

所以通过节点的对等性设计，RabbitMQ集群可以通过增加节点的方式来应对高并发客户端连接请求，不过在具体实施时还需要结合对消息类型进行细分，设计出更多不同的队列从而分散队列到不同的节点来实现，因为任何一个队列只能存在于一个集群节点中。（如果某个队列包含镜像队列，则该消息存放在多个队列中，但是消息请求方面还是只能由队列的主节点来处理。）

6. 队列的消息与镜像队列

由以上分析可知，如果该队列没有镜像队列，每条消息只能存放在这个队列中。如果存在镜像队列，则队列主节点需要将该队列的消息同步给从节点的镜像队列，从而实现消息的冗余存储，实现高可用。这样当队列主节点宕机时，升级一个从节点作为该队列主节点，从而可以继续进行消息请求处理。

在高可靠性方面，队列的消息是否需要持久化到磁盘中，由生产者生产这条消息时指定，持久化到磁盘后，节点在重启时，该消息能继续加载回队列中而不会丢失。

9.4 海量消息处理：Kafka

Kafka是一款高吞吐量、高拓展性、高性能和高可靠的基于发布订阅模式的消息队列中间件，是由Linked公司基于Java和Scala语言开发。通常用于大数据量的消息传递场景，如日志分类、流式数据处理等。

Kafka体系结构的核心组件包括：消息生产者，消息消费者，基于消息主题进行消息分类，使用Kafka服务器broker集群来进行数据存储，同时使用Zookeeper进行集群管理。包括主题的分区信息，分区存放的broker信息，每个分区由哪些消费者消费以及消费到哪里的信息。

Kafka相对于其他MQ，最大的特点是具有高拓展性。包括消息通过主题拓展，主题通过分区拓展，消息消费通过消费者组拓展，数据存储通过broker机器集群拓展。具体对Kafka的这些核心组件分析如下。

9.4.1 ▶ 主题与分区

1. 消息主题 Topic

Kafka 是一个消息队列，故需要对消息进行分类。Kafka 通过主题 Topic 来对消息进行分类，即可以根据业务需要在 Kafka 服务器创建多个主题，其中每条消息属于一个主题。为 Kafka 提供的用于创建、删除和查看 Kafka 当前存在的主题命令行工具如下。

创建主题：指定分区数 partitions，分区副本数 replication-factor、zookeeper。

```
./kafka-topics.sh --create --topic mytopic --partitions 2 --zookeeper
localhost:2181 --replication-factor 2
```

查看某个主题的信息命令；相关核心概念包括 PartitionCount 分区数量，Replication Factor 分区副本数量；主分区 leader（负责该分区的读写），Isr 同步副本。

```
xyzdeMacBook-Pro:bin xyz ./kafka-topics.sh --describe --topic mytopic
--zookeeper localhost:2181
      Topic:mytopic   PartitionCount:2  ReplicationFactor:2        Configs:
      Topic: mytopic  Partition: 0      Leader: 2   Replicas: 2,1  Isr: 2,1
      Topic: mytopic  Partition: 1      Leader: 0   Replicas: 0,2  Isr: 0,2
```

由于在本机存在 3 个 broker，对应的 server.properties 的 broker.id 分别为 0、1、2，所以通过 describe 选项查看 mytopic 的详细信息可知，mytopic 的分区 0 的分区 Leader 为 broker2，同步副本为 broker1 和 broker2；分区 1 的分区 Leader 为 broker0，同步副本为 broker0 和 broker2。

查看所有主题信息的命令：

```
./kafka-topics.sh --list --zookeeper localhost:2181
```

删除主题的命令：

```
xyzdeMacBook-Pro:bin xieyizun$ ./kafka-topics.sh --delete --topic mytopic
--zookeeper localhost:2181
Topic mytopic is marked for deletion.
Note: This will have no impact if delete.topic.enable is not set to true.
```

主题就相当于一个个消息管道，同一个主题的消息都在同一个管道中流动，不同管道的消息互不影响。作为一个高吞吐量和大数据量的消息队列，如果一个主题的消息非常多，由于所有消息都需要进行排队处理，故很容易导致出现性能问题。所以在主题的基础上可以对主题进一步地分类，这就是消息分区。

2. 消息分区 Partition

分区是对主题 Topic 的拓展，每个主题可以包含多个分区，每个分区包含整个主题全部信息的其中一部分，该主题的全部信息由所有分区的消息组成。所以主题就相当于一根网线，而分区是网线里面五颜六色的数据传输线。

对于消息有序性，由于主题的消息分散到了各个分区中，故如果存在多个分区，则该主题的消息在整体上是无序的，而每个分区相当于一个队列，故内部消息是有序的。所以如果需要保证某个主题的所有消息都是有序的，则只能使用一个分区。除此之外，为了实现消息的高可靠性，每个分区还有对应副本来进行消息的冗余存储，具体分析如下。

分区副本 Replication：高可靠性。为了实现可靠性，即避免分区的消息丢失，每个分区可以包含多个分区副本，通过数据冗余存储来实现数据的高可靠性。每个分区的多个副本中，只有一个作为分区 Leader，由该分区 Leader 来负责该分区的所有消息读写操作，其他分区副本作为 Followers 从该分区 Leader 同步数据。

分区副本的存储：为了避免某个 broker 机器节点故障导致数据丢失，每个分区的多个副本需要位于不同的 broker 机器节点存放。这样当分区 Leader 所在的 broker 机器节点出现故障不可使用时，可以从其他 broker 机器节点选举该分区的另一个副本作为分区 Leader 来继续处理该分区的读写请求。

所以 broker 机器集群节点的数量需要大于或者等于最大的分区副本数量，否则会导致主题创建失败。

同步副本 Isr：分区 Leader 的选举由 Zookeeper 负责，因为 Zookeeper 存储了每个分区的分区副本和分区 Leader 信息。如果当前分区 Leader 所在的 broker 机器节点挂了，则 Zookeeper 会从其他分区副本选举产生一个新的分区 Leader。

Zookeeper 不是随便选举一个分区副本作为新的分区 Leader 的，而是从该分区的同步副本 Isr 集合中选举。所谓同步副本就是该副本的数据是与分区 Leader 保持同步，“几乎”一致的。故在分区 Leader 所在的 broker 机器节点挂了时，可以减少数据的丢失。一个分区副本成为同步副本的条件如下：如果当前不存在同步副本，则分区 Leader 可以抛异常拒绝数据写入。

```
replica.lag.time.max.ms，默认 10000，副本未同步数据的时间
replica.lag.max.messages，4000，副本滞后的最大消息条数
```

9.4.2 ▶ 生产者

1. 消息路由

前面介绍了 Kafka 通过主题和分区来对消息进行分类存储，而消息生产者负责生产消息，

指定每条消息属于哪个主题的哪个分区。即 Kafka 的消息路由是由生产者负责的，生产者在生成消息时需要指定消息的主题和分区。

指定消息所属分区的方式：如果生产者不显示指定消息的分区，则 Kafka 的 Producer API 默认是基于 round-robin 轮询来发送消息给该主题的多个分区。

生产者可以指定一个 key，然后 Kafka 会基于该 key 的 hash 值将相同 key 的消息路由到同一个分区，从而实现相同 key 消息的有序，如在股票行情中，使用股票代号作为 key，实现同一只股票的分时价格数据有序。

自定义分区路由规则 partition：可以实现 Partitioner 接口并重写 partition 方法来自定义分区路由。

2. 消息确认 ACK 实现可靠性

生产者负责生成并发送消息给各个主题的各个分区，由于网络的不稳定性和分区 Leader 所在的 broker 机器可能出现故障，故需要一种机制来保证消息的可靠性传输，这种机制就是 ACK 机制。ACK 机制的工作原理为生产者发送一条消息之后，只有在收到 Kafka 服务器返回的 ACK 确认之后才认为该消息成功发送，否则进行消息重发，其中 Kafka 的消息重发是幂等的。

ACK 实现消息可靠性，需要在整体的吞吐量和性能间取一个折中。Kafka 的 ACK 机制相关配置参数主要包括 acks、retries、producer.type。

acks 参数：消息确认。

```
acks=0：发送后则生产者立即返回，不管消息是否写入成功，这种方式吞吐量和性能最好，但是可靠性最差；
acks=1：默认，发送后，等待分区 Leader 写入成功返回的 ACK，则生产者才返回；
acks=-1：发送后，不仅需要分区 Leader 的 ACK，还需要等待所有副本写入后的 ACK，可靠性最高，吞吐量和性能最差。
```

retries：可重试错误的重试次数，如返回 LEADER_NOT_AVALIAVLE 错误时，则需要重试。

producer.type：发送类型，sync 同步发送（默认）和 async 异步发送（batch 批量发送）。

9.4.3 ▶ broker 机器集群

broker 机器集群就是 Kafka 的服务端实现，主要负责存储各个主题的各个分区消息，接收生产者的数据写入请求，以及处理消费者的数据读取请求。

每个 broker 可以存放多个主题的多个分区消息，而相关的统计信息，即某个分区位于哪个 broker 由 Zookeeper 维护。同一个分区的多个分区副本需要位于不同的 broker，从而避免某个 broker 机器故障导致该分区的数据丢失。

9.4.4 ▶ 消费者

消费者负责消费某个主题的某个分区的数据，为了实现可拓展性和同一个分区的数据被多种不同的业务重复利用，Kafka 定义了消费者组的概念，即每个消费者属于一个消费者组。

1. 消息重复消费

同一个消费者组：单播。一个主题的其中一个分区只能被同一个消费者组中的一个消费者消费，消费者组内的一个消费者可以消费多个主题的多个不同分区，从而避免消费者组内对同一个分区的消息进行重复消费，导致消息重复。如股票的股价提醒，对于同一只股票只能由同一个消费者组的其中一个消费者线程处理，否则会导致重复提醒。

不同消费者组：广播。不同的消费者组代表不同的业务，每个消费者组都可以有一个消费者对同一个主题的同一个分区消费一次，所以实现了消息的重复消费利用和消费的可拓展性。

2. 消息消费跟踪

每个消费者在消费某个主题的一个分区的消息时，基于 offset 机制来保证对该分区所有消息的完整消费和通过修改 offset 来实现对该分区消息的回溯。

消费者每消费该分区内的一条消息，则递增消费 offset 并上传给 Zookeeper 来维护。使用 Zookeeper 维护的好处是，假如该消费者挂了，则 Zookeeper 可以从该消费者组选择另外一个消费者并且从 offset 往后继续消费，避免数据的重复消费或者漏掉消费。其中消费者上传提交 offset 给 Zookeeper 可以是自动提交或者由应用程序控制手动提交。具体可以通过以下参数来定义。

```
enable.auto.commit：默认为true，即自动提交，是Kafka Consumer会在后台周期性的去commit

auto.commit.interval.ms：自动提交间隔。范围：[0,Integer.MAX]，默认值是 5000 (5 s)
```

3. 自动提交 offset

消费者消费消息默认是自动提交 offset 给 Zookeeper 的。使用自动提交的好处是编程简单，应用代码不需要处理 offset 的提交。缺点是可能导致消息的丢失，即当消费者从 broker 读取到某条消息，然后自动提交 offset 给 Zookeeper。如果消费者在处理该消息之前挂了，则会导致消息没有被处理而丢失了，因为此时已经上传了 offset 给 Zookeeper，则下一个消费者不会继续消费该消息了。故自动提交模型是 at most once，即最多消费一次，可能存在消息丢失。

4. 手动提交 offset

如果关掉自动提交，即设置 enable.auto.commit 为 false，则需要应用程序消费消息后手动提交。这种方式的好处是消费者线程可以在成功处理该消息后才提交到 Zookeeper，如果处理中途挂了，则不会上传给 Zookeeper，下个消费者线程可以继续处理该消息。所以缺点是可能导致消息的重复消费，如消费者线程在成功处理该消息后，写入数据库成功了，但是在提交之前消费者线程挂了，导致没有提交该 offset 给 Zookeeper，则会造成重复消费。故手动提交模型是 at least once，即至少消费一次，可能存在重复消费。

9.5 Redis 消息队列与发布订阅

Redis 作为一个分布式缓存实现，提供了丰富的数据类型，其中可以用于实现消息队列的数据类型为列表 list。Redis 自身提供了消息发布订阅的实现，故可以基于 Redis 实现一个轻量级的消息发布订阅服务。

9.5.1 ▶ 基于列表的消息队列

在使用层面，Redis 提供了用于存放字符串数据的列表这种数据类型，在数据存储容量方面，列表最多可以存放 2 的 32 次方减 1 个字符串元素，不过一般不要存放这么多，否则由于数据是存放在内存中的，可能会撑爆内存。

在内部数据结构实现层面，列表主要是基于链表实现的。字符串数据按照插入顺序在链表中排序，其中插入方式可以在链表前面和后面插入。除此之外，Redis 还提供了列表的阻塞读取命令 BLPOP 和 BRPOP。

除了以上所述列表这种数据类型的特点之外，Redis 服务器是以单线程的方式处理客户端请求，所以 Redis 的列表非常适合用于实现一个轻量级的分布式消息队列，即生产者往队列填充数据，消费者从队列等待读取数据，从而在分布式系统的各子系统之间实现一个类似于 Java 并发包的阻塞队列 LinkedBlockingQueue 的数据类型。其中 LinkedBlockingQueue 是 Java 编程中常用于实现同一个 Java 进程的多个线程之间的生产者消费者模型的一个线程安全的队列实现。

1. 使用方法

在使用方面，主要是基于列表可从队列头部读取、尾部插入字符串元素和列表支持可阻塞读的特性。除此之外，在编程方面也可以在消息队列消费者端使用 while(true) 无限循环来轮询获取队列的数据，不过这种方式对程序性能影响较大，不推荐使用。如果生产者往列表填充了数据，而没有消费者从列表读取数据，则数据继续存放在列表中直到有消费者读取才删除该数据。

（1）基于 Redis 命令行的使用。

基于 Redis 命令行操作列表来实现消息队列主要用于演示这种功能，在实际应用中不会用到，而是基于所用的编程语言对应的 Redis 代码库提供的 API 来进行编程实现。下面演示实现一个 FIFO 的消息队列。

消息队列的消费者调用 BLPOP 命令，从消息队列的头部或者说是左边，阻塞获取数据，其中命令格式为：BLPOP [key1 key2…] timeout，其中 key 为队列名称，可以指定多个队列，只要有一个队列有数据返回时，则调用返回。timeout 为阻塞指定的时间，值为 0 则是一直阻塞直到有数据可以读取则返回，大于 0 则是阻塞指定的秒数。

第一次阻塞 1 秒直接返回，没有读取到数据，第二次则是阻塞直到队列中有数据到来，当读取到一个数据后，则返回。

```
127.0.0.1:6379> BLPOP queueList 1
(nil)
(1.05s)
127.0.0.1:6379> BLPOP queueList 0
1) "queueList"
2) "stringData1"
(3.94s)
```

消息队列的生产者调用 RPUSH 命令往消息队列的尾部或者说是右边填充数据，调用 RPUSH 从列表 queueList 尾部，即右边，填充了两个字符串数据，其中第一个字符串内容为 stringData1，所以上面的消费者也是读取到了这个字符串后返回。

```
127.0.0.1:6379> RPUSH queueList stringData1 stringData2
(integer) 2
```

再次调用 BLPOP 命令则直接从列表中读取到了刚刚填充的第二个字符串数据 stringData2，无须阻塞可以马上返回。

```
127.0.0.1:6379> BLPOP queueList 0
1) "queueList"
2) "stringData2"
```

（2）基于 Java 客户端 Jedis 的使用。

当使用 Java 语言，基于 Redis 列表实现一个消息队列时，可以使用 Redis 的 Java 客户端 Jedis，如果使用了 spring-data-redis 则可以使用该包提供的相关类和 API，如 RedisTemplate。如下代码演示了基于 Jedis 实现一个消息队列。

消息队列生产者：往列表 queueList 依次填充了两个数据 stringData1 和 stringData2。

```
@Test
public void queuePublish() {
    Jedis producer = new Jedis("127.0.0.1", 6379);

    // 第一个参数为需要填充的列表
    producer.rpush("queueList", "stringData1", "stringData2");
}
```

消息队列消费者：Jedis 的列表的 blpop 方法是返回类型为 Java 列表类型，大小为 2，其中第一个数据为列表名称，第二个为读取的数据。

```
@Test
public void queueSubscribe() {
    Jedis consumer = new Jedis("127.0.0.1", 6379);
    System.out.println("consumer waiting data...");

    // 第一个参数为超时时间，第二个参数为需要消费的列表名，
    // 返回类型为列表 List，大小为 2，其中第一个数据为列表名称，第二个为读取的数据
    List<String> listData = consumer.blpop(0, "queueList");
    System.out.println("consumer get data:" + listData);
}
```

打印结果如下：

```
consumer waiting data...
consumer get data: [queueList, stringData1]
```

如下代码演示队列的消费者使用不是阻塞版本的列表方法和结合 while(true) 轮询列表来实现：

```
@Test
public void queueSubscribeNotBlocking() {
    Jedis consumer = new Jedis("127.0.0.1", 6379);
    System.out.println("consumer waiting data...");
    while (true) {
        try {
            String data = consumer.lpop("queueList");
            if (data != null) {
                System.out.println("consumer get data:" + data);
                // 有数据则继续消费
                continue;
            }
            // 没有数据则每隔 1 秒轮询一次
            Thread.sleep(1000);
```

```
        } catch (InterruptedException e) {
            e.printStackTrace();
        }
    }
}
```

打印结果如下：

```
consumer waiting data...
consumer get data: stringData1
consumer get data: stringData2
```

2. 缺陷分析

虽然可以基于 Redis 列表这种数据类型来实现一个轻量级的分布式消息队列，但是这种方式也存在以下一些不足之处。

消息可靠性：Redis 如果崩溃，则队列消息会丢失，虽然可以通过持久化机制来实现崩溃不丢失，不过 Redis 通常用作缓存，不太适合作为数据存储，因为持久化会对性能造成一定的影响。特别是队列的消息通常具有一定的实时性，所以崩溃恢复后再同步消息意义不大。

内存资源消耗：如果生产者填充消息到队列的速度大于消费者消费的速度，则由于 Redis 的数据是存放在内存中的，故会导致内存爆满。

消息无法广播消费：Redis 队列由于是基于列表实现的，一个消息从队列读出之后就不再存在，所以每条消息只能被消费一次。这个特性与 RabbitMQ 的队列类似，RabbitMQ 的某个队列可以被多个消费者订阅，队列的消息是基于轮询的负载均衡方式将消息分发给这些消费者，每条消息正常情况下只能被其中一个消费者成功消费。

如果是 Kafka，则队列的每条消息可以被不同消费者组进行多次消费，即可以通过消费者组的概念来实现广播，而这其中的主要实现原理为，Kafka 是基于追加方式顺序添加数据到文件来进行数据存储的，在这个文件内通过维护读取索引 offset 的方式来模拟队列功能，所以多个不同的消费者组（具体为该消费者组的某个消费者）可以各自维护一个独立的读取 offset 来进行多次消费。

9.5.2 ▶ 消息发布与订阅的使用

在上一小节介绍了使用 Redis 列表这种数据类型来实现一个轻量级的分布式消息队列，不过使用列表实现的消息队列存在一个缺陷，就是由于是基于列表实现，所以消息出队列之后则不再存在，所以只能被一个消费者消费一次，不支持被多个不同的消费者各消费一次，即不支持消息广播。

为了实现消息队列常见的消息发布订阅 PubSub 模式，在 Redis 中提供了消息的发布与订阅实现，即消息生产者客户端可以往某个指定的频道 Channel 或者模式 pattern 发布一条消息，然后 Redis 将这条消息广播给多个订阅了这个频道 Channel 的客户端或者广播给订阅了该消息匹配的某个模式 pattern 的客户端。

所以 Redis 提供的是消息的发布与订阅，不是传统的消息队列实现，发布的消息并不会被存储，如 Redis 基于列表实现的消息队列会在消费之前存放在列表中。Redis 提供的消息订阅发布是实时的消息发布和订阅接收。如果消息所发往的频道 Channel 或者模式 pattern 没有订阅者，则该条消息不会传给任何其他客户端，会被直接过掉或者说丢弃掉。

1. 轻量级消息发布订阅实现

Redis 所提供的消息订阅发布，可以理解为是一个轻量级的分布式消息订阅发布实现。所谓轻量级是相对于 RabbitMQ 和 Kafka 这种专业的消息队列所提供的消息订阅发布而言的，即 RabbitMQ 和 Kafka 需要在服务器单独配置和启动服务端 Broker 进程来接收客户端的消息写入或消息读取，而 Redis 提供的消息发布订阅功能是 Redis 内置的，由于在项目中通常会使用 Redis 作为分布式缓存实现，所以不需要进行其他额外的配置和部署。

如果项目中刚开始没有使用 RabbitMQ 这种专业的队列，而项目后期又需要对项目进行解耦，需要用到消息的发布订阅功能，同时不想额外在生产服务器申请资源来部署 RabbitMQ 或者 Kafka，则可以直接使用作为缓存的 Redis 所提供的消息发布订阅功能。

其中消息的发布订阅模式的一个应用场景是，集群部署的某个服务的多个部署实例为了提高性能，使用本地缓存，如 Java 并发包的 ConcurrentHashMap 来缓存数据（不常更新），由于客户端可能连接任意一个部署实例，并对这个缓存进行更新，为了实现不同部署实例间的本地缓存数据同步，则这些部署可以订阅同一个 Channel，当某个实例接收到客户端的更新请求时，更新本地缓存后，发布该更新到该 Channel，从而将该更新操作同步给订阅了这个 Channel 的其他部署实例。

2. 使用方法

在使用层面，主要包括基于 Channel 的消息精确匹配的发布与订阅，基于模式 pattern 的消息模糊匹配的发布与订阅两种方式。

（1）基于 Redis 命令行使用。

客户端首先在命令行订阅名为 testChannel 的 Channel，阻塞等待：

```
127.0.0.1:6379> SUBSCRIBE testChannel
Reading messages... (press Ctrl-C to quit)
1) "subscribe"
```

```
2) "testChannel"
3) (integer) 1
```

然后在另外一个命令行往 testChannel 这个 Channel 发布一条消息：

```
127.0.0.1:6379> PUBLISH testChannel "hello"
(integer) 1
```

在最开始的订阅命令行接收到了这条发布的消息，并且继续阻塞等待：

```
127.0.0.1:6379> SUBSCRIBE testChannel
Reading messages... (press Ctrl-C to quit)
1) "subscribe"
2) "testChannel"
3) (integer) 1
1) "message"
2) "testChannel"
3) "hello"
```

订阅模式主要是模糊匹配，如模式 test* 则匹配所有以 test 开头的模式和频道 Channel 的消息发布，即如果某个客户端订阅了模式 test*，则当另外一个客户端往 testChannel 这个 Channel 发布了一条消息或者往 test* 这个模式发布了一条消息，该客户端会收到消息。

订阅 test* 这个模式 pattern，然后使用上面的命令往 testChannel 这个频道发布一条消息 hello，则该客户端会收到消息，源码如下：

```
127.0.0.1:6379> PSUBSCRIBE test*
Reading messages... (press Ctrl-C to quit)
1) "psubscribe"
2) "test*"
3) (integer) 1
1) "pmessage"
2) "test*"
3) "testChannel"
4) "hello"
```

（2）基于 Java 客户端 Jedis 使用。

在 Java 编程中，可以基于 Redis 的 Java 客户端 Jedis 来对消息订阅与发布功能进行使用，以下使用 Jedis 进行一个简单演示。

```
public void testReidsSub() {
    Jedis jedis = new Jedis("127.0.0.1", 6379);
    JedisPubSub pubSub = new JedisPubSub() {
        // 接收往频道 channel 发布的消息
        @Override
        public void onMessage(String channel, String message) {
```

```
            System.out.println("onMessage:" + message);
        }
        // 接收往模式 pattern 发布的消息
        @Override
        public void onPMessage(String pattern, String channel, String message) {
            System.out.println("onPMessage:" + message);
        }
        // 省略其他代码
    };
    // subscribe 和 psubscribe 都是阻塞等待，故以下只有 subscribe 接收到消息，
    // 即只会在 onMessage 方法得到回调。

    // 订阅频道 channel
jedis.subscribe(pubSub, "testPubSub");
    // 订阅模式 pattern
    jedis.psubscribe(pubSub, "test*");
    System.out.println("end...");
}
```

当发布消息到某个频道 Channel 时，由于模式 pattern 是模糊匹配，所以如果存在匹配的 pattern，则订阅了这个 pattern 的客户端也会收到消息。

由于 Jedis 的频道接收 subscribe 和模式接收 psubscribe 都是阻塞方法，所以只有一个会收到并在 JedisPubSub 方法的回调方法打印。在实际编程中，由于是阻塞方法，通常在不同的线程进行分别接收。

9.6 分布式缓存

在高并发场景中，为了解决热点数据的数据库访问性能问题，一般会从数据库加载该数据到分布式缓存或者本地缓存中，其中分布式缓存是一个独立部署的进程，常用的分布式缓存实现包括 MemCached 与 Redis。对于本地缓存，在 Java 编程中，一般会使用 Java 并发包的 ConcurrentHashMap 作为本地缓存，或者使用 Google 工具包 guava 的相关类来实现一个本地缓存。

分布式缓存相对于本地缓存的好处是，分布式缓存是独立部署的进程，故存放在分布式缓存中的数据不会受到业务服务进程的启动和停止的影响。如果是本地缓存则会在重启时丢失数据。其次，由于本地缓存会占用业务服务进程的内存空间，故不适合进行大数据量的热点数据存储，而分布式缓存则可以通过集群或者部署多个进程的方式来实现拓展，从而应对大数据量数据的存储。最后，分布式缓存的数据支持被多个业务服务进程访问，所以利于业

务服务基于集群部署来拓展的实现。

以下将对应用程序开发中最常使用的两个分布式缓存 MemCached 和 Redis，从支持的数据类型、内存管理、请求处理线程模型与网络 IO 模型、数据持久化、集群拓展几个方面来展开详细介绍。

9.6.1 ▶ MemCached

MemCached 是一款高性能、轻量级的分布式内存对象缓存系统，主要用于解决高并发场景中热点数据的访问性能瓶颈问题，即通过在内存中缓存数据来加快数据的访问速度。除此之外，相对于本地缓存，如 Java 并发编程中常用于实现本地缓存的 ConcurrentHashMap，由于 MemCached 是以单独进程的方式运行且基于 C/S 架构来提供缓存功能，故在 MemCached 内维护的数据可以被多个应用进程访问。

在业务服务的集群部署当中，可以使用 MemCached 来代替在集群中的每项业务服务进程都需要维护本地缓存的方式，使得集群内所有业务服务进程共享 MemCached 在内存维护的数据。这种方案可以避免在本地缓存方案中，当出现数据更新时，需要同步更新所有业务服务进程的本地缓存问题，简化了缓存在集群部署中的使用。以下将对 MemCached 的核心设计进行分析。

1. 数据类型

MemCached 是一款轻量级的分布式缓存实现，轻量级的一个体现是在其所支持的数据类型和数据的操作复杂度方面。在数据类型方面，MemCached 只支持 key-value 简单的键值 KV 存储，即 MemCached 相当于 Java 语言的 HashMap，其中键 key 是字符串类型，而值 value 可以是任意格式的数据，如简单的数字、字符串、对象等，以及文件、图像、视频等复杂格式的数据。

由于每个 MemCached 进程相当于是在内存维护了一个非常大的哈希表来存储数据，所以对应的数据操作复杂度都是 O(1)，即常量级别，这也是 MemCached 高性能的一种实现方式，键值对存取速度都非常快。

2. 内存管理

在数据存储方面，MemCached 的所有数据都是存储在物理内存当中的，不会将数据换出到 swap 交换分区存储。同时 MemCached 进程在内存维护了一个非常大的哈希表来存储键值对数据，并且键值对数据的数量是没有限制的。但是 MemCached 进程所能使用的物理内存空间又是有限的，故当 MemCached 进程存储了太多数据导致超出物理内存限制时，需要使用内存淘汰机制来删除哈希表中的某些键值对数据，从而腾出空闲内存空间来存储新数据。

在内存淘汰机制的实现方面，MemCached 主要是基于 LRU（最近最少访问）算法进行键值对数据清除。与大多数缓存一样，MemCached 也支持对键值对数据设置一个过期时间，当键值对数据过期时，MemCached 采用的是惰性删除机制，即当再次访问到该过期的键值对数据时，MemCached 才会将该键值对数据从内存中删除。

如果内存空间不足，触发了 LRU 内存淘汰机制，MemCached 也会优先删除过期键值对数据。如果删除过期数据之后，内存空间还不够，才会继续基于 LRU 来删除数据。

3. 线程与网络 IO 模型

在线程与网络 IO 模型方面，MemCached 使用多线程和 IO 多路复用技术来处理客户端请求，其中 IO 多路复用是基于 libevent 库使用 Linux 的 epoll 机制来实现。具体为 MemCached 在主线程监听客户端的连接请求并建立连接，在 Worker 工作线程负责处理已建立连接的客户端的后续数据读写请求。

由于使用的是多线程，故需要保证多线程并发操作的数据一致性问题，其中多线程并发的数据一致性实现的典型方式为加互斥锁或者基于 CAS 机制来实现，而 MemCached 的多线程数据一致性是基于后者，即 CAS 机制来实现的，从而提高了并发场景中的性能。

4. 数据持久化

MemCached 设计的其中一个目的是解决业务服务的集群部署当中，多个业务服务进程的本地缓存的数据维护问题。即通过使用一个独立部署的缓存进程在内存中存储数据来替代本地缓存，使得各个服务进程可以基于 C/S 架构，从该缓存进程存取数据，而不需要在每个服务进程本地内存额外维护一个本地缓存。

MemCached 本质上就是一种分布式内存对象存储系统，而不是一种数据库系统，所以允许 MemCached 进程重启后，之前缓存的数据丢失，这点跟本地缓存类似，所以 MemCached 没有提供数据持久化机制。

5. 集群

一般数据存储系统的集群机制是指不需要应用系统配合，自身可以通过部署更多服务进程来实现数据存储的水平拓展。即集群的每个节点对应的进程存储整个数据集合的部分数据。MemCached 并没有提供集群特性，即 MemCached 自身无法做到根据键值对数据的 key 来自动将数据分散到集群的多个 MemCached 进程中。

如果需要通过集群来对 MemCached 缓存进行水平拓展，则可以部署多个 MemCached

进程，然后在应用系统自身来基于键值对数据的key和MemCached进程的数量使用hash算法，如一致性哈希算法，将键值对数据分散到集群的多个MemCached进程中。其次是MemCached集群的数据高可用等方面也需要应用系统自身来实现，故复杂度较高。

9.6.2 ▶ Redis

Redis可以说是对MemCached的功能升级，在数据缓存方面，Redis可以提供所有MemCached所提供的功能，MemCached可以看作是Redis的一个子集。除此之外，Redis提供了更加丰富的特性，如丰富的数据类型，支持数据持久化，数据的主从同步和集群等高级特性，所以Redis既可以作为分布式缓存，也可以作为数据库来使用。

除此之外，可以利用Redis自身提供的主从同步机制和集群特性来进行水平拓展，而不需要应用系统自身来实现，从而简化了应用系统的开发难度，提高了应用系统的健壮性。在目前的应用开发中都会优先考虑使用Redis作为分布式缓存实现。下面对Redis的相关特性和核心实现进行详细分析。

1. 数据类型

在MemCached的键值对数据中，值value只是一个对象而已，没有特定的数据结构实现，如哈希表、链表、集合等，不支持在MemCached自身基于value进行相关操作，如数字自增、基于集合去重等。

而在Redis的键值对数据中，值value不再只是一个对象而已，而是有具体的数据类型，具体包括5种数据类型，分别为字符串、列表、哈希表、集合、有序集合。故可以基于这些数据类型对应的底层数据结构的特性来在Redis层面，而不是在应用系统层面进行相关数据操作。这5种数据类型的特性与对应的数据结构分析如下。

（1）字符串string。

由于Redis是使用C语言开发的，故对于整数类型，如果不超过C语言long类型的范围，则使用long类型来存储，如果超过则使用embstr或者raw字符串来存储；对于字符串和浮点数统一使用embstr或raw字符串来存储。

int：可以使用long类型来保存的整数。

embstr：字符串的字节数小于等于32时，使用embstr来编码，注意无法使用long类型来保存的整数、浮点数，在Redis中都是使用字符串来存储的。如果遇到计算命令，如incrby递增，则Redis在读出该字符串后，先转换为相应的整数或浮点数进行计算。

raw：embstr无法存储的字符串，即字节数大于32个字节的，则使用raw来编码。

embstr和raw编码一样，都是用于存储字符串，embstr是对raw在存储短字符时的一种优化，embstr 主要用于存放短字符串。在内存分配方面使用一次内存分配来创建数据类型 string 在 Redis 内部对应的对象 redisObject，以及用于存储数据的简单动态字符串 sds。而 raw 由于需要分配较大的 sds，故使用两次内存分配分别创建以上两个对象。

（2）列表 list。

列表主要用于存放多个相同或不同的字符串元素，在底层编码方面也存在压缩列表和双向链表两种数据结构实现。

底层数据结构选择规则：列表中所保存的字符串元素的长度都小于 64 个字节，且列表中元素个数小于 512 个时，使用压缩列表，否则使用双向链表。以上为默认规则，字符串长度和列表元素个数可以在配置文件 redis.conf 中通过 list-max-ziplist-value，list-max-ziplist-entries 来修改。

（3）哈希表 hash。

字典主要用于存放键值对数据，在底层编码也存在压缩列表和链式哈希表两种数据结构实现。

底层数据结构选择规则为：哈希对象的键和值的字符串长度都小于 64 个字节且所有哈希对象个数小于 512 个，则使用压缩列表，否则使用链式哈希表。以上为默认规则，也可以通过 redis.conf 中的 hash-max-ziplist-value 和 hash-max-ziplist-entries 参数来修改。

（4）集合 set。

集合 set 是一个存放无重复元素的集合，在底层编码方面存在整数集合和链式哈希表两种数据结构实现。

底层数据结构选择规则为：集合中所有元素均为整数值（具体为 int8）且元素个数不超过 512 个，则使用整数集合 intset，否则使用链式哈希表。以上为默认规则，其中元素个数可以在 redis.conf 中通过 set-max-intset-entries 参数来修改。

（5）有序集合 zset。

有序集合主要实现了通过分数 score 来排序的功能，其中 score 可以重复，成员对象 member 不能重复，即有序是面向分数 score 的，集合是面向成员对象 member 的。在底层编码也存在压缩列表和跳跃表两种数据结构实现。

底层数据结构选择规则为：有序集合元素个数少于 128 个且每个元素的成员对象 member 的长度都小于 64 个字节，则使用压缩列表，否则使用跳跃表。以上规则可以在 redis.conf 中通过 zset-max-ziplist-entires 和 zset-max-ziplist-value 来修改。

2. 内存管理

Redis 作为一个内存数据库，为了避免内存的过度使用而影响系统其他应用程序的运行，所以需要对 Redis 使用的最大内存进行限制，具体为在 Redis 的配置文件 redis.conf 中，通过 maxmemory 选项来设置 Redis 能够使用的最大内存。当 Redis 进程使用的内存大小超过 maxmemory 指定的最大值时，则运行内存淘汰机制。与 MemCached 类似，Redis 也支持 LRU 算法来对内存中最近最少使用的数据进行删除。

除此之外，Redis 还支持 Random 机制随机删除某些键值对数据，TTL 机制删除设置了过期时间，并且过期时间离当前时间最近的键值对数据，以及从不删除数据，当内存空间被用完时，无法添加新数据，而是抛异常给客户端。同时 LRU 和 Random 淘汰机制可以进一步根据键值对数据是否设置了过期时间，来决定是只从设置了过期时间的键值对集合，还是从所有键值对集合中选择某些键值对数据进行删除。

其次，由于 Redis 支持对键值对数据的 key 设置过期时间，当达到过期时间之后，可以将该键值对数据从内存中删除，从而腾出内存空间来存放其他数据。对于过期数据的删除方面，一般有三种删除策略，分别为定时删除、惰性删除和定期删除。

定时删除：根据键值对数据的 key 所设置的过期时间，为该 key 设置一个定时器，当到达过期时间时，则立即删除该 key 对应的键值对数据，从而实现内存空间使用率的最大化。由于这种策略需要为每个设置了过期时间的 key 都设置一个定时器，故需要消耗大量的 CPU 资源。不过好处是可以及时删除过期数据，从而腾出空间来存放其他数据。

惰性删除：与 9.6.1 小节介绍的 MemCached 一样，对于键值对数据，只有在被访问时，才会检查该键值对数据是否为过期数据，如果是则从内存中删除。如果过期键值对数据之后没有被访问，则会一直驻留在内存中，只有在内存不够用，运行内存淘汰机制时才可能被删除掉，所以造成内存空间的浪费，不过好处是节省 CPU 资源。

定期删除：每隔一定的时间对设置了过期时间的键值对数据集合进行检查，判断是否存在达到过期时间的键值对数据，如果存在则删除这些过期的键值对数据。不过为了避免对 CPU 资源的过度使用，需要限制每次清除操作的最大执行时间和执行检查的频率，具体可以根据业务特点进行灵活配置。

在 Redis 的实现当中是结合使用定期删除和惰性删除两种方式清除过期数据，这也是兼顾 CPU 开销和内存空间使用率两个方面的一个折中解决方案，既不会消耗太多的 CPU 资源，也能够保证过期数据能够尽快从内存中清除，从而腾出内存空间来存放其他数据。

3. 单线程与网络 IO 模型

与 MemCached 使用多线程不一样，Redis 使用单线程来处理所有请求，所以在 CPU 利用方面，MemCached 能够充分利用多核 CPU 来处理请求，而 Redis 无法充分利用多核 CPU 资源。不过使用单线程的好处是可以减少线程上下文切换的开销，并且 Redis 作为缓存系统，主要对内存数据进行存取操作，而内存操作是非常快速的，并且不需要进行大量计算，故不是 CPU 密集型应用，在单个线程中应对所有请求也是能够保证高性能的。

除此之外，Redis 使用单线程来处理所有请求，即所有请求都在该线程的请求处理队列排队处理，可以避免多线程的数据竞争问题。所以 Redis 的数据操作都是线程安全的，不存在并发问题，不需要额外考虑通过加锁或者CAS机制来解决多线程并发操作的数据一致性问题，既提高了性能和数据可靠性，又简化了应用系统编程难度。

在网络 IO 模型方面，Redis 也是使用 IO 多路复用技术来减少线程的数量，使用 IO 多路复用选择器 Selector 来处理所有的客户端连接和后续的数据读写请求。

4. 数据持久化

与 MemCached 只能将数据保存在内存，在重启时会丢失不同的是，Redis 支持将内存中的数据持久化到磁盘中，在 Redis 重启时可以从磁盘重新加载回内存。Redis 支持的持久化策略包含快照持久化 RDB 和命令追加持久化 AOF 两种。

RDB 是 Redis 的默认持久化方案，是将 Redis 数据库某个时间点的全部数据保存到一个 dump.rdb 的二进制文件中，即 dump.rdb 是 Redis 该时间点所存放的所有数据的快照。何时触发 RDB 有两种方式：

（1）在 redis-cli 客户端或者程序 API 客户端直接使用命令 BGSAVE 或 SAVE，其中 BGSAVE 为通过 fork 一个子进程的方式，在子进程中负责读取 Redis 数据并保存到 dump.rb 文件，此时主进程可以继续处理客户端请求。

fork 子进程使用了操作系统的 COW，即写时拷贝技术，具体内容后面介绍；而 SAVE 则是在 Redis 主进程中进行该过程，而 Redis 是单进程单线程处理客户端请求的，所以要尽量避免使用该命令，否则会阻塞所有的客户端读写操作，如果数据量很大，则可能造成服务器几分钟甚至长达几小时的停顿。

（2）在 redis.conf 配置文件中，配置在一定时间段内，有多少 key 被修改了则自动采用 BGSAVE 进行 RDB 持久化，配置的格式如下：

```
save 900 1
save 300 10
save 60 10000
```

以上配置的含义为：900 秒内有一个 key，300 秒内有 10 个 key，60 秒内有 10000 个 key 发生修改则执行一次 RDB。对于检测周期，如果是 save 60 10000，则是每 60 秒检测一次，如果 50 秒时，有超过 10000 个 key 被修改了，也是在第 60 秒的时候才会执行 RDB。

如果需要关闭 RDB，则注释掉以上 save 900 1 这些配置，打开 save "" 注释，重启 Redis，或者在 redis-cli 使用 CONFIG SET SAVE ""，关闭，不过使用 redis-cli 记得在 redis.conf 配置文件配置 save ""，否则下次启动时会继续开启 RDB。

AOF是以文件追加的方式，即在每次对Redis执行写操作时，将写操作命令追加到AOF文件当中，所以对应的AOF文件可能会增长很快。与RDB相比，在Redis重启时，如果使用AOF文件重新加载数据到内存的话，耗时会比较多，因为需要一条条地执行命令。

对于数据安全性方面，如果应用的数据需要高度的安全性，不容忍丢失，则采用AOF持久化可最大程度的保证数据的安全性。但是如果频繁地执行AOF写操作，Redis整体读写性能会有所下降，故需要在数据安全性和性能两个方面来考虑使用哪种持久化方案。在redis.conf配置如下：yes则为开启，默认AOF为关闭的。

```
appendonly no
```

5. 集群

与MemCached自身无法实现集群不一样，Redis基于数据分片技术来实现集群机制，Redis集群也是Redis实现分布式数据库的一种解决方案。具体为通过数据分片机制将一个完整数据库的数据分散到集群中的各个节点，即整个集群构成一个完整的数据库。集群中各个节点负责处理其中一部分数据。这样可以通过增加集群节点的方式来实现数据存储的水平拓展，从而可以存储更多的数据，解决单机模式的Redis在存储海量数据时的瓶颈和性能问题。

在实现层面，Redis集群是在Redis的基础上实现的集群，即对于集群的每个节点分为集群层和Redis层两层，其中Redis层就是一个普通Redis，进行数据存取。集群层则是首先基于数据分片机制，将集群的整个数据库分成16384个槽，每个槽存放部分键值对数据，键值对数据根据key映射到这16384个槽的其中一个。

对于集群节点，每个集群节点可以包含0个到最多16384个槽，每个槽可以重分片，即从一个集群节点转移到另外一个集群节点，并且每个集群节点可以包含从节点，从而实现高可用。

键值对数据到槽的映射是在集群层实现的，即集群层负责键值对数据的key到槽的映射管理，应用系统不需要关注某个键值对数据需要放到哪个槽或者说哪个集群节点，这在MemCached中实现集群时，需要应用系统自身来实现。

9.7 分布式锁

在并发编程当中，锁主要用于同步多个线程对共享资源的并发访问，即任何时候只允许一个线程对该共享资源进行修改操作，其他线程需要等待该线程操作完成，从而保证该共享资源在多线程并发访问下的数据一致性。不过由于加锁操作会导致其他线程阻塞等待和线程的上下文切换，故会在一定程度上影响应用的并发性能。

如果共享某个资源的多个并发线程是属于同一个进程，则可以使用线程锁来对这些线程进行同步，其中编程语言一般都会提供线程锁的实现，所以直接使用即可。如果这多个并发线程是分布在不同的进程中，则线程锁就无能为力了，此时需要使用分布式锁或者称为进程锁来对不同进程的线程进行同步。

线程锁和分布式锁的相关概念，以及基于 Redis 和 Zookeeper 实现分布式锁的原理，具体分析如下。

9.7.1 ▶ 线程锁与分布式锁

如上所述，在分布式系统设计层面，根据需要进行同步的多个线程是否都属于同一个进程可以分为线程锁和分布式锁，即如果是属于同一个进程，则为线程锁，否则为分布式锁。线程锁是在应用编程中最常使用到的，如使用 Java 的关键字 synchronized 或者 Java 并发包的 ReentrantLock 来对同一个 JVM 进程的多个并发线程进行同步。线程锁只能对同一个进程的多个线程进行同步，对不同进程的线程进行同步，此时需要使用分布式锁。

分布式锁一般用在集群的场景中，即当系统采用集群部署时，一个系统在多台不同的机器部署多个进程，这多个进程提供相同的服务。此时如果存在某个共享资源被这些不同进程的线程共享且需要对该共享资源进行并发操作，则需要使用分布式锁来同步这分布在多个不同进程的线程，任何时候只允许某个进程的某个线程对该共享资源进行访问。由于分布式锁是同步多个不同进程的线程对共享资源的并发操作，所以也称为进程锁。

与线程锁由编程语言自身实现不同，分布式锁一般需要结合第三方数据存储软件来实现，其中在开发中最常使用的就是结合数据库、Redis 或 Zookeeper 来实现分布式锁。分布式锁的底层实现原理都是使用第三方数据存储软件的某个状态值来表示锁，多个分布式进程通过判断设置该状态值成功与否来判断是否成功获取锁，以及加锁进程通过删除或修改该状态值来释放锁。

接下来详细分析基于 Redis 和 Zookeeper 来实现分布式锁的核心原理。

9.7.2 ▶ 基于 Redis 实现分布式锁的原理

基于 Redis 实现分布式锁是利用 Redis 的 set 命令对应的键值对数据的 key 来对应一个锁，不同的 key 对应不同的锁，即参与竞争某个分布式锁的多个并发进程是同时对 Redis 发送 set 命令来设置该锁对应的键值对数据的 key 和 value 的，第一个设置该 key 的进程获取锁。

不过单纯基于 set 命令是无法区分出哪个进程是第一个设置该 key 的，因为后续的 set 命令也会调用成功，所以需要进一步利用Redis提供的setnx key value命令，其中setnx命名的含义是“Set if not exists”，即只有Redis不存在该key对应的键值对时，才能设值value成功，否则什么都不做，返回失败。所以只有第一个调用setnx key value命令的进程可以返回成功，实现了获取锁成功的语义。

除此之外，结合之前章节对Redis的相关特性分析可知，Redis是单线程处理所有请求的，即发送给Redis的所有数据操作都是在单个服务器线程串行执行的，这些数据操作按照请求时间的先后顺序，在Redis的请求处理队列中排队等待处理。

所以基于Redis实现分布式锁也利用了Redis的单线程特性来实现对多个并发进程的加锁请求进行排队处理，避免并发问题的出现。所以如果多个进程（具体为进程的某个线程）同时调用setnx命令对同一个key进行设值，则这些进程对应的setnx操作会在Redis的处理队列排队，其中最先发起请求的进程会调用成功，其他后面排队的请求均会返回失败。故该最先发起请求的进程成功获取该分布式锁。当该线程对共享资源操作完毕后，则需要删除该key对应的键值对数据，从而实现解锁的语义。

不过需要注意死锁问题，即如果这个成功获取锁的进程挂了，或者实际发起请求的线程挂了，而没有删除该key来进行解锁，则此时会发生死锁问题。为了解决死锁问题，需要通过expire命令对该key设置过期时间，当到了过期时间则自动删除该key对应的键值对数据，从而实现自动解锁。

由于加锁过程包括调用setnx命令设值和调用expire设置过期时间两步完成，而这两步不是原子性的，则可能会出现setnx命令执行成功之后，持有锁的进程挂了，则没有执行expire命令设置过期时间，此时也会发生死锁问题。所以为了解决这个问题，可以使用Redis结合Lua语言实现原子命令的特性来实现setnx命令和expire命令的原子性。不过从Redis的2.6.12版本之后，也可以使用Redis的set命令来同时设置过期时间和NX参数来替代setnx命令和expire命令。

最后，由于多个进程是通过对Redis的某个key进行设值来竞争该分布式锁，所以如果不做特殊限制，则之后任意一个进程都可以发送一个del命令将该key删除，故无法保证解锁操作由持有锁的进程来完成。

为了保证解锁操作由持有锁的进程来完成，参与竞争的多个进程使用相同的键key，但是可以使用不同的值value，即该value可以对应一个不可预测的随机字符串。在每个进程加锁期间，维护自身的该次加锁请求对应的该随机字符串，如使用IP + 时间戳或者UUID.randomUUID()等。

在执行解锁操作时，首先需要通过get命令获取该key对应的值value，然后检查该value是否等于自身维护的该随机字符串，如果等于才执行del命令删除该key，从而完成解锁操作。由于该方法涉及get和del两个命令，故需要使用Lua脚本来实现原子性。

9.7.3 ▶ 基于 Zookeeper 实现分布式锁的原理

1. Zookeeper 的核心设计

在介绍基于 Zookeeper 实现分布式锁之前，首先介绍一下 Zookeeper 的核心设计与数据节点的特性，以便读者理解基于 Zookeeper 实现分布式锁的原理。

在数据存储方面，Zookeeper 是一个基于树目录结构来组织和存储数据的分布式、小数据量数据存储服务，即与数据库基于数据表、数据行等来组织数据，Redis 基于键值对 Key-Value 来组织数据类似，Zookeeper 是基于类似文件系统的目录结构来组织数据的。

不过与文件系统只在文件存储数据，而不在目录存储数据不一样，Zookeeper 在每级目录都会存储数据，没有文件的概念。对于某个数据的存储位置，是由一个使用斜杠“/”分隔的多级目录名称构成的路径来唯一确定，具体的数据存储结构如图 9.8 所示。

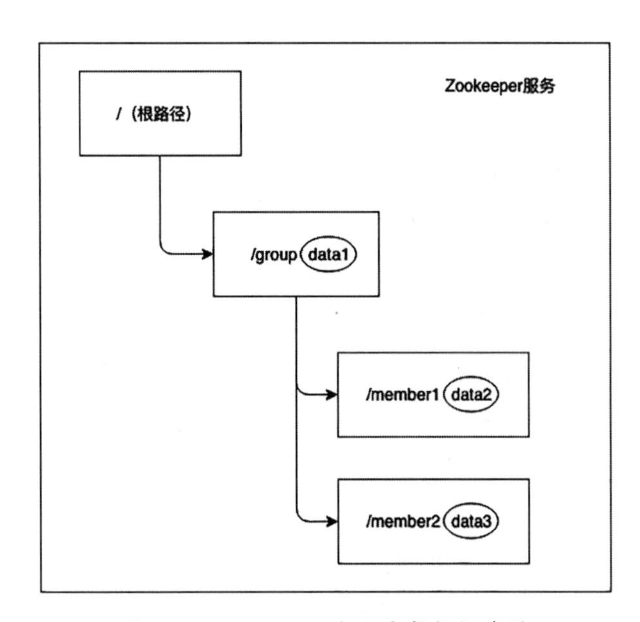

图 9.8　Zookeeper 的目录式数据存储

在图 9.8 中，data1 存储在路径 /group 对应的目录节点，data2 存储在 /group/member1 对应的目录节点，data3 存储在 /group/member3 对应的目录节点，其中 member1 和 member2 目录节点属于 group 目录节点的子目录节点。除此之外，data 的大小一般不能超过 1M，因为 Zookeeper 主要用于小数据量的存储，如应用配置数据等。

在 Zookeeper 的设计中，目录节点的类型是基于 Zookeeper 实现相应业务功能的基础，即需要根据业务特征来确定需要创建哪种类型的节点。其中基于 Zookeeper 实现分布式锁也是利用了这个特性。

Zookeeper 的目录节点类型主要基于持久化和有序性两个维度来定义，具体包括四种类型的目录节点：持久节点（PERSISTENT）、持久有序节点（PERSISTENT-SEQUENTIAL）、临时节点（EPHEMERAL）、临时有序节点（EPHEMERAL-SEQUENTIAL）。

其中持久节点是指当建立这个目录节点的客户端与 Zookeeper 断开连接时，该目录节点不会被删除掉，依然存在。临时节点是指当该客户端断开连接后，该目录节点会从 Zookeeper 中删除。有序节点则是 Zookeeper 会根据目录节点的创建时间顺序来给对应的目录节点的名称增加编号，假如图 9.8 的 /group 目录节点的子节点是有序节点，且子节点的名称前戳是 member-，则对应的子目录节点的名字依次为 member-0000000001，member-0000000002 等。

除此之外，Zookeeper 提供了对目录节点的 Watcher 监控机制，即客户端可以对某个目录节点设置一个监视器，当该目录节点产生以下变化时，Zookeeper 都会发送通知给添加了对该目录节点设置了监视器的客户端，从而客户端可以基于通知的事件来进行相应处理。

目录节点本身被添加；

目录节点本身被删除；

目录节点所存储的数据内容被更新；

目录节点对应的子目录节点列表发生变化，如新增或者删除了子目录节点。

2. 基于 Zookeeper 实现分布式锁

基于 Zookeeper 实现分布式锁主要是利用了 Zookeeper 的临时有序目录节点和目录节点 Watcher 监视机制来实现的，具体实现步骤和对应的实现原理分析如下。

分布式锁服务对应的目录节点创建：在 Zookeeper 中新增一个持久节点代表该分布式锁服务，如命名为“/distribute-lock”，该持久节点作为其他各个锁目录节点的父目录节点。

除此之外，可以根据需要使用分布式锁的业务功能，在“/distribute-lock”节点下继续创建对应的类型为持久节点的子目录节点，如需要实现在消息推送系统集群的多个进程中，竞争某条消息的推送对应的分布式锁时，可以在“/distribute-lock”节点下创建一个名为“/message-push”的持久化目录节点。由于使用的是持久化节点，故不会受到 Zookeeper 自身重启以及客户端断开等操作的影响。

分布式锁对应的目录节点的创建：还是对消息推送系统对应的分布式锁进行分析。可以根据需要推送消息的 id 来命名该消息对应的分布式锁，即对应的 Zookeeper 目录节点命名为“/message-1-”，其中 1 代表该消息的 id，然后在各个进程使用 Zookeeper 的客户端连接 Zookeeper 并在目录节点“/message-push”下新建名称为“/message-1-”的子目录节点，并且需要把节点类型设置为临时有序节点（EPHEMERAL-SEQUENTIAL），然后 Zookeeper 会根据各个客户端发送“/message-1-”节点创建请求的时间先后顺序，依次增加 0000000001，0000000002 等编号，得出最终的子目录节点“/message-1-0000000001”“/message-1-0000000002”等。使用临时有序节点的好处是，如果获取锁的进程异常断开了与Zookeeper的连接，则该进程对应的目录节点会被Zookeeper自动删除，故解决了死锁问题。

在各个进程中通过Zookeeper客户端获取目录节点“/message-push”的子目录节点列表，即名称前戳为“/message-1-”的子目录节点列表，各个进程判断自己所创建的子目录节点是否是该列表编号最小的目录节点，如果是则获取锁成功，否则查找比当前进程对应的“message-1-”子目录节点编号次小的目录节点，并对该次小的目录节点设置Watcher监视机制，如目录节点编号为0000000003的进程对编号为0000000002的目录节点设置Watcher监视机制。

这样当子目录节点编号为0000000002对应的进程获取锁成功，执行完业务操作，断开与Zookeeper的连接时，由于“/message-1-”目录节点是临时有序节点，故Zookeeper会自动删除编号0000000002对应的目录节点。此时编号为0000000003的目录节点对应的进程可以收到“节点被删除”通知，故可以重新检查自身当前是否是编号最小的目录节点。所以基于Zookeeper会根据节点创建时间顺序为有序节点添加编号的机制，实现了对并发进程的同步操作。

9.8 小结

在进行分布式系统设计时，需要结合分布式系统设计理论来保证系统的可行性，根据业务特点在数据强一致性和服务高可用性方面进行折中取舍。在完成系统设计之后，就需要进行项目的落地，此时需要结合相关的分布式框架和中间件来完成项目的实现。

由于分布式系统的多个子系统是分布在网络中的不同进程节点，所以相互之间需要通过网络来进行远程方法调用，即RPC调用。在基于Java语言实现的系统中，可用的RPC框架主要包括跨语言型的gRPC和Thrift，服务治理型的Dubbo和Motan。

除通过RPC进行远程方法调用之外，子系统之间也可以通过分布式消息队列来进行数据传输，如实现请求的异步处理。典型的分布式消息队列实现包括RabbitMQ、Kafka，以及可以基于Redis实现一个轻量级的消息队列。

为了加快数据的处理速度，一般会使用缓存，而为了实现分布式系统中的多个子系统或者集群的多个节点的数据共享，一般会使用分布式缓存。分布式缓存的主要实现包括Redis和MemCached。最后是如果需要对集群中不同进程节点进行线程同步，则需要使用分布式锁。分布式锁可以基于数据库、Redis缓存或者Zookeeper来实现。

第四部分

实战篇

第 10 章

10

开源框架高并发源码分析

本章首先通过对 Dubbo 框架的 RPC 方法调用请求的发起和结果获取的实现，以及客户端和服务端限流实现的分析，介绍 Java 多线程和并发包的相关核心类的运用。然后介绍 Netty 和 Tomcat 框架的线程模型设计，分析 Java 多线程的设计方式。

前面的基础篇和进阶篇，主要介绍了线程的概念和使用方法，以及Java并发包的相关核心类的使用方法和实现原理。使用这些类来进行多线程程序设计，可以充分利用服务器的多核CPU进行并发处理，从而实现应用程序的高并发和高性能。

不过对于Java初学者或者平常主要进行业务开发，接触高并发应用程序设计比较少的读者而言，可能对于如何将这些类结合起来实现一个完整功能或者哪些场景应该使用哪个类比较陌生，其实最简单也是最有效的方法就是分析将这些类结合起来提供了一个完整功能的源代码，学习和分析Java相关的服务端开源框架的源代码就是一种好的方式。

在Java开源框架当中涉及多线程编程和高并发比较多的框架包括阿里巴巴的开源RPC框架Dubbo，高性能网络编程框架Netty以及我们最常使用的Java Web的servlet容器Tomcat。这几个框架都是需要接收客户端的请求，然后分配对应的处理线程来处理相关的请求，从而实现请求的并发处理。

以下针对这几个框架中，使用了Java多线程和Java并发包来实现某些功能的源代码进行分析，帮助读者了解这些框架的开发者是如何合理地使用这些类来进行Java高并发程序设计的，从而提高读者开发Java高并发程序的实战能力。

10.1 Dubbo高并发编程实战

Dubbo作为一个基于Java语言实现的RPC远程服务调用框架，主要用于实现部署在不同机器节点的Java服务进程之间的透明化远程方法调用。在Dubbo内部封装了方法调用所涉及的数据序列化，与服务提供方进程建立连接，通过网络进行数据传输，服务提供方进程接收该方法调用请求，进行数据反序列化，然后进行方法调用获取结果，最后将该结果响应方法调用进程等一系列细节，在Java应用程序中，只需要跟开发单体应用一样进行方法调用即可。

由于Dubbo实现的是一种请求响应的服务处理模型，所以就涉及服务请求方（或称为服务消费者）和服务响应方（或称为服务提供者），两者之间需要建立连接来进行数据传输。由于服务消费者需要对服务提供者进行频繁的方法调用，服务提供者需要同时处理多个服务消费者的方法调用请求，所以如何高效地处理这些高并发的请求调用与响应是Dubbo开发者需要考虑的一个问题。同时为了保证服务的稳定性，避免服务消费者发送超过服务提供者处理能力数量的请求给服务提供者，Dubbo需要实现一种限流机制来保证整个框架请求处理数量的可控性。

接下来主要针对 Dubbo 的请求调用和响应，以及服务端和客户端限流两个方面的功能来分析如何结合 Java 多线程和 Java 并发包的相关类来实现这些功能。

10.1.1 ▶ Dubbo 协议方法调用的请求与响应

Dubbo 框架可以基于多种协议来实现服务提供者和服务消费者的请求调用与响应，包括 hession 协议、HTTP 协议、dubbo 协议等，其中最常使用的就是 dubbo 协议，dubbo 协议也是 Dubbo 框架自身开发的一种基于二进制数据的 RPC 协议。

dubbo 协议非常适合于高并发小数据的请求处理，即服务消费者可以发送大量的方法调用请求给服务提供者，而每个请求携带很少的数据，数据主要是方法参数数据。这也是 Web 服务主要的方法调用方式。

在请求的调用与响应的内部实现层面，在 dubbo 协议中，默认情况下，服务消费者客户端基于单一 Netty 长连接来处理所有的 Service 类相关方法的调用请求，使用这个单一长连接来进行并发方法调用和结果获取，即该服务消费者客户端可以通过这个长连接来发送多个方法调用请求和获取对应的结果。

在 Web 环境中，任何一个时刻，可能存在多个线程并发对 Service 类进行并发调用，这些请求都是通过该单一的 Netty 长连接来发送请求和获取结果，而 Netty 所有请求都是异步的，那么 dubbo 协议是如何保证这些并发线程能正确获取到自己的请求结果，而不会造成数据混乱呢？

这其中的设计和实现就应用到了 Java 多线程的生产者消费者模型 Object 的 wait 和 notify 方法，以及 Java 并发包的相关类，具体实现原理介绍如下。

在服务消费者的请求包装类 Request 类中，通过 Long 类型的线程安全原子类 AtomicLong 来生成当前应用进程的一个全局唯一 id 作为请求 id，当发起方法调用请求时，发送这个全局唯一的 id 给服务提供者，服务提供者在接收到该请求并处理后，在响应时，回传这个请求 id 给服务消费者进程。

在服务消费者发出请求后，由于请求是异步处理的，故在服务消费者当中，通过在响应包装类 Response 定义一个 static 静态的，类型为 ConcurrentHashMap 的 FUTURES 变量来保存该请求 id 和异步结果 DefaultFuture 之间的关系。

当服务提供者响应时，通过查询根据 Response 的回传请求 id，从 FUTURES 中获取该 response 对应的 DefaultFuture，通过 Object 的 wait 和 notify 机制实现请求发起线程和结果获取线程之间的通信，最终请求发起线程得到最终的结果。

以上解析可能有点抽象，下面结合源代码进行详细分析。

1. 客户端发起方法调用的请求

在 Dubbo 框架的内部实现层面，对于服务消费者而言，针对服务提供者所暴露的每个服务类 Service，都是使用一个代理对象实例来处理服务消费者对这个服务 Service 的所用方法调用请求，即该代理对象拦截服务消费者对这个服务类 Service 的所有方法调用请求。

（1）无状态设计。

由于可能存在多个服务消费者线程需要调用这个 Service 类的方法，即服务消费者包含的这个 Service 类的代理对象实例是由所有线程共享的，所以该代理对象需要保证线程安全。与 Java 的动态代理接口 InvocationHandler 在 invoke 方法拦截所有方法调用类似，dubbo 协议的服务消费者的服务调用代理 DubboInvoker 也定义了一种 invoke 方法，针对这个 Service 类的所有方法调用都是通过这种 invoke 方法来拦截的，invoke 方法在 DubboInvoker 的父类 AbstractInvoker 定义，核心实现如下：

```
// 参数为方法调用相关数据的封装类 Invocation，返回值为结果定义 Result
@Override
public Result invoke(Invocation inv) throws RpcException {
    // 方法调用的参数
    RpcInvocation invocation = (RpcInvocation) inv;
    invocation.setInvoker(this);
    // 省略其他代码
    try {
        // 发起对服务提供者的方法调用，
        // 由具体的协议实现来定义该协议的方法调用请求发起逻辑
        // 如 dubbo 协议是在 DubboInvoker 中定义
        return doInvoke(invocation);
    }
    // 省略异常处理
}
```

对于 dubbo 协议而言，对应的方法调用实现类为 DubboInvoker，在 DubboInvoker 中实现 doInvoker 方法来定义 dubbo 协议的方法调用的请求发起的逻辑。DubboInvoker 的 doInvoke 方法实现在后面详细分析。

由 invoke 的方法定义可知，该方法只有一个 Invocation 类型的参数 inv，其中 Invocation 是由调用线程在进行方法调用时传递进来。在 Invocation 中封装了需要调用的方法和相关参数数据，Invocation 接口的核心定义如下：

```
// 封装方法调用的信息
public interface Invocation {
    // 方法的全限定名称，由类的全限定名和方法名组成
    String getMethodName();
```

```
    // 方法参数类型列表
    Class<?>[] getParameterTypes();
    // 方法参数列表
    Object[] getArguments();
    Map<String, String> getAttachments();
    // 服务调用代理对象的引用
    Invoker<?> getInvoker();
}
```

在 DubboInvoker 的 invoke 方法内部只包含这个 inv 参数数据和相关的局部变量，所以这是无状态设计来实现线程安全的方式。

不同线程在调用 invoke 方法时，由于只涉及方法参数数据 inv 和内部的局部变量，即所涉及的数据都是在线程自己私有栈帧中，所以是线程安全的。多个服务消费者线程可以共享这个代理对象并且同时调用 invoke 方法来对服务提供者对应的服务类 Service 发起 RPC 方法调用。

（2）方法调用的异步请求发起。

在 dubbo 协议的底层通信传输层面，在默认情况下所有 Service 类都对应到一个 Netty 长连接，即每个 Service 类对应的代理对象共享这个 Netty 长连接，通过这个单一 Netty 长连接来传输所有方法调用线程对 Service 类的方法调用请求到服务提供者。由上面的分析可知，所有方法调用线程都是共享该 Service 类的一个代理对象来对服务提供者的该 Service 类发起方法调用请求。

由于 Netty 的请求与响应是异步执行的，而 Java 应用程序在进行方法调用时需要同步获取到方法调用的结果，所以 dubbo 协议需要保证服务消费者的某个调用线程在进行某次方法调用时，能阻塞当前调用线程直到获取到服务提供者的响应结果才返回。并且针对这个 Service 类的所有调用都是使用同一个 Netty 长连接来进行数据传输的，所以服务消费者的调用线程需要知道哪个结果是自己的。

在实现层面，对于服务消费者的方法调用的请求发起和同步获取调用结果是基于 Dubbo 框架自定义的 ResponseFuture 来获取的。ResponseFuture 接口类似于 Java 并发包的 Future 接口，而 RPC 方法调用则类似于提交一个 Runnable 任务到 ThreadPoolExecutor 线程池，然后在任务提交线程中，通过 Future 来同步获取该任务的执行结果。

对于服务消费者的多个方法调用线程准确获取属于自己的方法调用结果，是基于 Java 并发包 Long 类型的线程安全原子类 AtomicLong 产生一个当前 Java 进程全局唯一的 id 来标识每种方法调用的。以下结合 dubbo 协议的实现源代码来分析。

首先基于 Java 静态的类变量与 Java 进程的关系来分析方法调用请求的全局唯一 id 的实现。每个静态类变量在 Java 进程中都是只存在一个对象引用，由该 Java 进程的所有线程所共享，所以如果维护一个静态的，类型为线程安全的原子类 AtomicLong 类变量，则每个线程每次调用该类型为 AtomicLong 的类变量的 incrementAndGet 或者 getAndIncrement 方法递增一次，都能获取一个当前 Java 进程唯一的 id 值。

所以在 dubbo 协议的请求封装类 Request 中就是封装了这样一个静态的 AtomicLong 类型的类变量 INVOKE_ID，来为每个服务消费者方法调用线程的每次方法调用都产生一个唯一的 id，然后与请求数据一起通过这个 Netty 长连接传递给服务提供者。

服务提供者接收到方法调用请求以后，进行方法调用获取结果，然后通过这个 Netty 长连接回传结果时，在结果中带上这个 id，则服务消费者就可以根据这个 id 找到发起这次方法调用的 Future，从而唤醒对应的调用线程，然后方法调用成功返回。

Dubbo 框架的方法调用请求类 Request 的核心定义如下：

```
// 方法调用请求封装类
public class Request {
    // Java 进程全局唯一 id 生成器
    private static final AtomicLong INVOKE_ID = new AtomicLong(0);
    // 当前请求的 id
    private final long mId;
    private Object mData;
    // 请求构造函数，初始化当前请求对象的 id
    public Request() {
        mId = newId();
    }
    public Request(long id) {
        mId = id;
    }
    // 获取一个当前进程范围内全局唯一的 id
    private static long newId() {
        // 线程安全地递增 1
        return INVOKE_ID.getAndIncrement();
    }
    // 省略其他代码
}
```

dubbo 协议的方法调用请求的发起的实现，具体在传输包 remoting 的 HeaderExchangeChannel 类的 request 方法定义，源码实现如下：

```
public ResponseFuture request(Object request, int timeout) throws
RemotingException {
    // 创建当前方法调用的请求对象，使用默认构造函数，内部会初始化该请求的 id
    Request req = new Request();
    req.setVersion(Version.getProtocolVersion());
```

```
    req.setTwoWay(true);
    req.setData(request);
    // 同步获取异步方法调用的结果的 Future 类
    DefaultFuture future = DefaultFuture.newFuture(channel, req, timeout);
    try {
        // 通过该 Netty 长连接发送请求给服务提供者
        channel.send(req);
    } catch (RemotingException e) {
        future.cancel();
        throw e;
    }
    // 返回 Future 给方法调用线程
    return future;
}
```

首先创建一个请求类 Request 的对象实例，并且该对象实例的 setData 方法将方法参数传递进来的请求数据 request 封装到该请求对象实例中，对于 dubbo 协议来说，request 参数的具体类型为 Invocation。然后创建一个同步获取该异步方法调用结果的 DefaultFuture 类的对象实例，该对象是返回给调用方法调用线程的，方法调用线程基于这个 future 对象来阻塞同步获取该方法调用的结果。最后通过调用 Netty 长连接的 channel 的 send 方法将该请求发送给服务提供者。

2. 客户端获取方法调用的响应

由以上分析可知，dubbo 协议由于是基于 Netty 长连接来发送方法调用请求和获取方法调用的结果响应的，而 Netty 的请求与响应是异步执行的。在服务消费者客户端的方法调用线程通过以上介绍的 request 方法返回的类型为 ResponseFuture 的 future 来阻塞同步获取该异步调用的结果。

其中 ResponseFuture 是一个接口，代表方法调用的结果，由具体实现类定义同步获取方法调用结果的逻辑，命名为 Future 也是为了说明该类的功能与 Java 并发包的任务执行结果获取类 Future 类似，该接口的核心定义如下：

```
public interface ResponseFuture {
    // 阻塞获取结果
    Object get() throws RemotingException;
    // 阻塞指定毫秒的时候获取结果，超过没有获取到结果，则返回
    Object get(int timeoutInMillis) throws RemotingException;
    // 设置获取结果的回调实现
    void setCallback(ResponseCallback callback);
    // 判断是否获取到结果
    boolean isDone();
```

```
}
```

由以上方法调用的请求发出的实现方法 request 的实现可知，dubbo 协议对于该接口的实现类为 DefaultFuture，即 request 方法返回的 future 对象的类型为 DefaultFuture，在 request 方法中，构造 future 对象的实现如下：

```
// 同步获取异步方法调用的结果的 Future 类
DefaultFuture future = DefaultFuture.newFuture(channel, req, timeout);
```

其中 channel 就是该 Netty 长连接的 channel 引用，req 是类型为 Invocation 的方法调用相关数据的封装类，而 timeout 是指方法调用线程阻塞等待获取方法调用结果时等待的最长时间，默认值为 1000 毫秒，即 1 秒。

由之前分析可知，在 dubbo 协议中，对于当前服务消费者进程的每次方法调用都是使用一个全局唯一的 id 来标识的，当服务提供者响应该方法调用请求时回传这个 id，然后服务消费者进程才能知道该请求结果属于哪个方法调用线程。

所以基于这个实现原理，在 DefaultFuture 中定义了静态的，类型为 Java 并发包的 ConcurrentHashMap 的静态类变量 FUTURES 集合，其中 key 为请求的全局唯一 id，value 为该请求的结果等待类 DefaultFuture 对象实例。所以当前服务提供者返回请求结果时，则使用该结果所回传的 id 作为 key，在该 FUTURES 类中找到对应 DefaultFuture 对象。

DefaultFuture 类的核心定义如下：

```
// 请求的响应结果等待类
public class DefaultFuture implements ResponseFuture {
    private static final Logger logger = LoggerFactory.getLogger(DefaultFuture.class);
    // 静态的 ConcurrentHashMap 对象，
    // key 为请求的全局唯一 id，value 为执行该次请求传输和响应的 netty 长连接的 channel
    // 使用时机是当需要关闭某条 channel 的时候
    private static final Map<Long, Channel> CHANNELS = new ConcurrentHashMap<>();
    // 静态的 ConcurrentHashMap 对象，key 为请求的全局唯一 id，
    // value 为该请求的结果等待类 DefaultFuture 对象实例
     private static final Map<Long, DefaultFuture> FUTURES = new
ConcurrentHashMap<>();
    // 调用 id 与请求的 id 相同
    private final long id;
    private final Channel channel;
    private final Request request;
    private final int timeout;
    // 基于 ReentrantLock 和 Condition 来实现
    // 方法调用线程与结果获取线程之间的生产者消费者模型，即
    // 方法调用线程作为消费者，调用 done 的 await 方法进入等待获取结果，
    // 结果获取线程作为生产者，当从 Netty 长连接 channel 获取到结果时，
```

```
    // 调用 done 的 signal 方法唤醒方法调用者线程
    private final Lock lock = new ReentrantLock();
    private final Condition done = lock.newCondition();
    private final long start = System.currentTimeMillis();
    private volatile long sent;
    // 响应结果封装类，包含响应的状态和数据
    private volatile Response response;

    // 获取响应结果的回调
    private volatile ResponseCallback callback;
    // 创建一个 DefaultFuture 对象，每次方法调用创建一个对应该次方法调用的结果
    private DefaultFuture(Channel channel, Request request, int timeout) {
        this.channel = channel;
        this.request = request;
        // 请求类对象 Request 的全局唯一 id
        this.id = request.getId();
        this.timeout=timeout>0?timeout :channel.getUrl().getPositiveParameter
        (Constants.TIMEOUT_KEY, Constants.DEFAULT_TIMEOUT);
        // 该次方法调用请求 id 与结果的映射
        FUTURES.put(id, this);
        // 该次方法调用请求 id 与执行该次请求传输和响应的 netty 长连接的 channel 的映射
        CHANNELS.put(id, channel);
    }
    // 省略其他代码
}
```

分析：

实现了 ResponseFuture 接口，定义了类型为 ConcurrentHashMap 的静态类变量 FUTURES，用于维护请求 id 和请求结果等待类对象 future 的映射。

除此之外，定义了类型为 ReentrantLock 的 lock 成员对象，用于实现锁；类型为 ConditionObject 的 done 对象，用于实现是否获取结果。即基于 Java 并发包的可重入锁 ReentrantLock 和条件 Condition 来实现方法调用线程与响应结果获取线程之间的生产者消费者模型。

具体为当方法调用线程发出请求后，调用 done 对象的 await 方法进入等待状态。当结果获取线程获取到服务提供者的响应结果时，调用 done 的 signal 方法，唤醒和通知方法调用线程目前已经获取方法调用的结果，可以返回了。响应结果的内容具体封装在 Response 类对象 response 中，此时该次方法调用过程结束。

方法调用线程发出方法调用请求后，调用 DefaultFuture 的 get 方法同步阻塞等待获取服务提供者的响应结果，get 方法的实现如下：

```
// 方法调用线程调用 get 方法同步阻塞等待响应结果
// 基于 ReentrantLock 和 Condition 实现生产者消费者模型的消费者端的实现
@Override
public Object get(int timeout) throws RemotingException {
    if (timeout <= 0) {
        timeout = Constants.DEFAULT_TIMEOUT;
    }
    // 当还没获取到响应结果时，进入等待
    if (!isDone()) {
        long start = System.currentTimeMillis();
        // 获取锁
        lock.lock();
        try {
            while (!isDone()) {
                // 调用 done 的 await 方法进入等待
                done.await(timeout, TimeUnit.MILLISECONDS);
                // 方法调用线程被唤醒时，调用 isDone 判断是否获取到了响应结果，
                // 如果是，则直接调用 break 退出等待逻辑
                if (isDone() || System.currentTimeMillis() - start > timeout) {
                    break;
                }
            }
        } catch (InterruptedException e) {
            throw new RuntimeException(e);
        } finally {
            lock.unlock();
        }
        if (!isDone()) {
            throw new TimeoutException(sent > 0, channel,
            getTimeoutMessage(false));
        }
    }
    // 从 DefaultFuture 中提取出响应的实际内容 Response 返回给业务代码
    return returnFromResponse();
}
```

由 get 方法的实现可知，该方法是典型的基于 Java 并发包的可重入锁 ReentrantLock 和条件 Condition 来实现多线程的生产者消费者模型，其中消费者端等待生产者提供结果和唤醒。

响应结果获取线程从 Netty 长连接获取到服务提供者的响应结果时，根据响应结果回传的请求 id，从 FUTURES 找到该请求 id 对应的 DefaultFuture，然后调用该 DefaultFuture 的静态方法 received 来通知和唤醒以上调用 get 方法进入阻塞等待的方法调用线程。

DefaultFuture 的静态方法 received 方法实现如下 ：

```
// 接收到服务提供者的响应结果
public static void received(Channel channel, Response response) {
    try {
        // 从 response 中获取响应回传的 id,
        // 然后使用该 id 作为 key,
        // 从 FUTURES 中获取并删除对应的此次请求的结果等待对象 future
        DefaultFuture future = FUTURES.remove(response.getId());
        if (future != null) {
            // 在 doReceived 方法中实现唤醒方法调用线程的逻辑
            future.doReceived(response);
        } else {
            // 省略其他代码
        }
    } finally {
        // 从 CHANNELS 中移除该次请求的 id
        // 与发出该次请求和接收响应结果的 Netty 长连接 channel 的映射
        CHANNELS.remove(response.getId());
    }
}
```

方法调用结束之后，从 FUTURES 和 CHANNELS 中删除该次方法调用请求对应 DefaultFuture 对象，并且调用 DefaultFuture 类的 doRecevied 方法来唤醒调用 get 方法进入阻塞等待的方法调用线程。

DefaultFuture 的 doReceived 方法实现如下：

```
// 唤醒方法调用线程的实现
// 基于 ReentrantLock 和 Condition 实现生产者消费者模型的生产者端的典型实现
private void doReceived(Response res) {
    lock.lock();
    try {
        response = res;
        if (done != null) {
            // 调用 done 的 signal 方法唤醒之前调用了 done 的 await 方法
            // 进入阻塞等待的方法调用线程
            done.signal();
        }
    } finally {
        lock.unlock();
    }
    if (callback != null) {
        // 执行响应结果回调
```

```
        invokeCallback(callback);
    }
}
```

doReceived方法是典型的基于ReentrantLock和Condition实现的生产者消费者模型的生产者端的实现例子，具体为生产者线程调用Condition的signal方法来唤醒之前调用了Condition的await方法进入阻塞等待状态的消费者线程。

3. 方法调用与响应获取的线程模型

以上多次提到方法调用线程与结果获取线程，其中方法调用线程是发起这个方法调用的服务器线程，如Tomcat框架的一个请求处理线程；结果获取线程是底层进行数据传输的Netty长连接所对应的channel所绑定的IO线程EventLoop。

Dubbo框架作为一个RPC调用的中间件产品，不是像Tomcat这种服务器或者Netty这种网络编程框架实现，Dubbo框架在处理方法调用时，并没有额外开子线程或者使用在内部额外定义线程池来处理请求，只是定义了方法调用的请求发起和响应获取的逻辑，这点跟Spring框架类似。

在dubbo协议实现中，对于方法调用线程在发出方法调用请求后，是调用DefaultFuture的get方法来同步阻塞等待服务提供者返回响应，具体为在DubboInvoker的doInvoke方法实现，该方法的同步方法调用的核心源码如下：

```
RpcContext.getContext().setFuture(null);

// request 方法的返回值类型为 DefaultFuture，调用 DefaultFuture 的 get 方法
// 使得方法调用线程阻塞等待最多 timeout 的时间来获取方法调用的结果
return (Result) currentClient.request(inv, timeout).get();
```

对于获取方法调用请求的响应结果，则是在底层进行数据传输的Netty长连接所对应的channel所绑定的IO线程EventLoop当中。

当该IO线程EventLoop发现该channel有数据到来时，即服务提供者的响应数据Response，则解析这个响应数据封装到Response对象，在Response对象中会包含服务提供者回传的请求id。然后使用这个请求id作为key，去之前介绍的FUTURES中获取该请求对应的DefaultFuture，最终唤醒阻塞在get方法的方法调用线程。

具体为服务消费者端的Netty的IO线程EventLoop在发现长连接对应的channel有数据可读时，即接收到了服务提供者的响应数据后，交给ChannelHandler的实现类NettyClientHandler的channelRead方法处理，NettyClientHandler的channelRead方法的实现如下：

```
// 服务消费者获取服务提供者的响应
@Override
public void channelRead(ChannelHandlerContext ctx, Object msg) throws
Exception {
    NettyChannel channel = NettyChannel.getOrAddChannel(ctx.channel(),
url, handler);
    try {
        // handler 的实现为：HeaderExchangeHandler
        handler.received(channel, msg);
    } finally {
        NettyChannel.removeChannelIfDisconnected(ctx.channel());
    }
}
```

其中 handler 的实现类为 HeaderExchangeHandler，其 received 方法关于方法调用的响应的实现如下：

```
@Override
public void received(Channel channel, Object message) throws
RemotingException {

        // 省略其他代码
        // 服务消费者端处理服务提供者的响应数据
        } else if (message instanceof Response) {
            // 服务消费者获取服务提供者的响应数据
            handleResponse(channel, (Response) message);
        }
    // 省略其他代码
}
```

内部调用的 handleResponse 的方法实现如下：

```
// 处理服务提供者的响应数据
static void handleResponse(Channel channel, Response response) throws
RemotingException {
    if (response != null && !response.isHeartbeat()) {

        // 在 received 方法内，从 FUTURES 获取到最终的该请求对应的 DefaultFuture，
        // 并通知和唤醒方法调用线程
        DefaultFuture.received(channel, response);
    }
}
```

所以最终调用的就是 DefaultFuture 的静态方法 receviced，该方法的具体实现源码在前面部分已经介绍过了。具体为在该方法中从之前介绍的请求 id 和同步阻塞等待响应结果的

DefaultFuture 对象的映射 FUTURES 中，获取该响应对应的请求 id 对应的 DefaultFuture 对象，最终调用该 DefaultFuture 对象的 Condition 类型成员属性 done 的 signal 方法通知和唤醒方法调用等待线程，完成此次调用的整个过程。

4. 总结

在 dubbo 协议的方法调用的请求发起和获取响应的实现当中，主要利用到了 Java 并发包的 AtomicLong、ConcurrentHashMap、ReentrantLock、Condition 等类，具体介绍如下。

使用类型为 AtomicLong 的静态类变量来产生每次方法调用所对应的 RPC 请求的唯一 id，通过该 id 来唯一标识该次方法调用。在服务消费者与服务提供者之间通过这个 id 来进行协作，即服务提供者通过在响应中回传这个 id 来告诉服务消费者这个响应结果属于哪个方法调用请求。

使用线程安全版本的 HashMap 实现 ConcurrentHashMap 来维护请求 id 与方法调用线程对应的响应结果等待类 DefaultFuture 对象实例之间的映射。具体在 DefaultFuture 类的静态类变量 FUTURES 中定义该映射。

当服务提供者响应某个方法调用请求结果时，结果获取线程从 FUTURES 获取到这个请求对应的同步响应结果等待类 DefaultFuture 对象，然后进一步在 DefaultFuture 对象内部基于 ReentrantLock 和 Condition 来实现请求调用线程与结果获取线程之间的生产者消费者模型。即结果获取线程在获取到响应结果时，唤醒请求调用线程，并将响应结果交给请求调用线程，从而结束本次的方法调用。

除此之外，在服务消费者的 Service 类代理对象中，基于无状态设计来保证该代理对象被多个方法调用线程共享的线程安全性，即保证不同方法调用线程进行并发方法调用时，所涉及的相关数据不会相互影响。

10.1.2 ▶ 服务端与客户端的限流

Dubbo 框架作为一个 RPC 框架，服务提供者每秒需要处理大量的并发方法调用请求，为了避免某个 Service 类或者某个 Service 类的某个方法的调用过于频繁而导致服务提供者服务器压力过大，进而影响到其他 Service 类的方法调用，Dubbo 框架需要提供一种可控的方法调用机制，即限流机制。具体为在服务 Service 级别限制某个 Service 类的所有方法，或者在方法 Method 级别限制某个特定方法的并发调用次数。

在 Dubbo 框架的服务消费者端和服务提供者端都支持方法调用的限流，两种限流方式区别如下。

（1）服务消费者端的限流主要是在服务或者方法粒度，通过 actives 参数，控制客户端对提供者服务的所有方法或者某个方法进行并发访问控制，即在同一时刻，客户端只允许 actives 个请求并发调用服务的某种方法，超过的请求需要等待，如果在 timeout 时间内还是无法执行调用，则异常退出。

（2）服务提供者端的限流主要是在服务端通过在服务 Service 或者方法 Method 级别，利用 executes 参数设置对每种方法所允许并发调用的最大线程数。即在任何时刻，只允许 executes 个线程同时调用该方法，超过的则抛异常返回，从而对提供者的服务进行并发控制，保护服务提供者服务器的资源。

由于这里主要是结合 Dubbo 限流机制的实现来讲解 Dubbo 框架是如何使用 Java 并发包的相关类实现限流这种功能，所以以上的相关配置可以从 Dubbo 框架的官方文档中详细学习。

1. 服务消费者限流实现：基于 synchronized 关键字与 Object 的 wait/notify 的阻塞实现

由以上的介绍可知，服务消费者的限流不管是在类级别，即配置在服务 Service 类上，还是在方法级别，配置某种具体的 Method 方法上，都是对方法并发调用次数的限制。即如果是配置在 Service 类上，则是对这个 Service 类的每个方法的并发调用次数进行限制。所以在内部实现层面也是对某个方法的并发调用进行限制。

（1）RPC 调用统计类 RpcStatus。

首先在 Dubbo 框架的 rpc 包中定义了一个方法调用次数统计类 RpcStatus，每种方法对应一个 RpcStatus 对象，通过这个 RpcStatus 对象来记录该方法的总调用次数、失败调用次数，以及最重要的当前正在被并发调用的次数 actives。

actives 表示当前这个时刻有 actives 个方法调用线程正在调用这种方法，故结合配置的该方法最大支持的并发调用次数来决定后续的对该方法的调用是阻塞等待，还是可以马上执行。RpcStatus 类的核心定义如下：

```
// 调用次数统计类
public class RpcStatus {
    // 服务 Service 并发统计，key 是服务 Service 的 uri，value 是该服务 Service 的统计
    private static final ConcurrentMap<String, RpcStatus> SERVICE_STATISTICS =
    new ConcurrentHashMap<String, RpcStatus>();
    // 方法 Method 并发统计，key 是服务的 uri，
    // value 的 map 的 key 是方法，value 是该方法的统计
    private static final ConcurrentMap<String, ConcurrentMap<String, RpcStatus>>
    METHOD_STATISTICS =
    new ConcurrentHashMap<String, ConcurrentMap<String, RpcStatus>>();
    private final ConcurrentMap<String, Object> values =
```

```
    new ConcurrentHashMap<String, Object>();
    // 当前正在进行的该方法的调用次数
    private final AtomicInteger active = new AtomicInteger();
    // 该方法总的调用次数
    private final AtomicLong total = new AtomicLong();
    // 该方法总的失败调用次数
    private final AtomicInteger failed = new AtomicInteger();
    // 省略其他代码
}
```

其中包含两个类型为ConcurrentHashMap的静态类变量SERVICE_STATISTICS和METHOD_STATISTICS，其中SERVICE_STATISTICS是服务Service的并发统计，key是服务Service的URI，value是该服务Service的统计。

METHOD_STATISTICS是方法Method并发统计，key是服务Service的URI，value的类型也是ConcurrentHashMap。该ConcurrentHashMap对应key是该Service的方法，value是该方法的统计，即该方法对应的RpcStatus对象。在服务消费者限流方法主要是从METHOD_STATISTICS中获取方法对应的RpcStatus统计对象，注意不同的方法都是对应一个独立的RpcStatus统计对象的。

RpcStatus的成员属性主要是记录其所统计的方法，当前正在被并发调用的次数actives，方法被调用的总次数total，方法调用失败的总次数failed，以及其他一些统计。由以上类定义可知，这些成员属性的类型都是线程安全的Long的原子类AtomicLong，因为该方法会被多个方法调用线程并发调用，即多个线程并发递增actives和total等的值，所以需要保证线程安全，否则数据会不准确。

（2）RPC方法并发调用的限流实现。

在服务消费者的RPC服务代理对象进行方法调用时，在实际对服务提供者发起方法调用请求之前，会被一些过滤器Filter拦截此次方法调用。这个跟servlet规范中，一个请求被对应的servlet处理之前需要被一些过滤器Filter拦截类似。只有通过这些过滤器的请求才能最终发往服务提供者端，其中方法并发限流就是通过ActiveLimitFilter这个过滤器来实现。

在ActiveLimitFilter过滤器中会结合以上的调用统计类RpcStatus来判断当前需要进行RPC调用的方法是否可以立即发送给服务提供者。即如果当前的调用次数还没有达到该方法所允许的最大并发数，则可以立即调用，否则当前方法调用线程需要阻塞等待，直到其他线程调用完成，并发调用数降低到所允许的最大并发数以下。

当超过最大并发调用次数时，主要是通过Object的wait方法来使当前方法调用线程进入阻塞等待状态。ActiveLimitFilter过滤器的拦截方法invoke关于限流的实现如下：

```
@Override
public Result invoke(Invoker<?> invoker, Invocation invocation) throws
RpcException {
    URL url = invoker.getUrl();
    String methodName = invocation.getMethodName();
    // methodName 对应的方法的最大允许并发调用次数
    int max = invoker.getUrl().getMethodParameter(methodName, Constants.
ACTIVES_KEY, 0);
    // 获取当前调用方法的并发统计，
    // 每种方法对应一个不同的 RpcStatus 类型的 count 对象引用
    // 当前调用的方法为：invocation.getMethodName()
    RpcStatus count = RpcStatus.getStatus(invoker.getUrl(), invocation.
getMethodName());
    if (max > 0) {
        long timeout = invoker.getUrl().getMethodParameter(invocation.
getMethodName(), Constants.TIMEOUT_KEY, 0);
        long start = System.currentTimeMillis();
        long remain = timeout;
        // 当前正在对该方法进行并发调用的线程数量
        int active = count.getActive();
        // 并发调用超过最大限制
        if (active >= max) {
            // count 对象与方法对应，即不同的方法对应不同的 count 对象，
            // 故竞争该同步锁 count 的方法调用线程是当前调用同一个方法的线程
            synchronized (count) {
                // 当前正在进行该方法调用的线程大于最大限制，则进入等待
                // 使用 while 在被唤醒时，
                // 继续检查当前正在并发调用该方法的线程数量是否降到了 max 以下
                while ((active = count.getActive()) >= max) {
                    try {
                        // 调用 count.wait 进入阻塞等待，无法马上发起方法调用
                        count.wait(remain);
                    } catch (InterruptedException e) {
                    }
                   // 省略其他代码
                }
            }
        }
    }
    // 方法调用的实现省略，下面进行分析
}
```

分析：首先从当前的方法 URI 中获取到该方法所允许的最大调用次数 max，调用

RpcStatus.getStatus 方法从 RpcStatus 的静态类变量 METHOD_STATISTICS 获取该方法对应的 RpcStatus 类型的统计对象 count。

如果当前的最大调用次数 actives 等于或者大于 max，则该次调用以及此时其他线程对该方法的并发调用都需要被限流了。然后使用该方法对应的统计对象 count 作为 synchronized 同步锁的监视器对象，再调用 count 的 wait 方法使当前的方法调用线程进入阻塞等待，故该次调用不会马上发给服务提供者，达到了限流的目的。

如果以上方法调用线程调用 count.wait 阻塞等待后，需要其他线程调用 count.signal 来唤醒，这个操作就是其他正在进行方法调用的线程完成方法调用时会执行的操作，因为调用同一种方法的多个方法调用线程是共享这种方法的统计对象 count 的。

进行方法调用时，需要递增当前的并发调用次数；调用结束后，调用 count.signal 唤醒一个阻塞等待的其他方法调用线程的实现，也是在 ActiveLimitFilter 过滤器的 invoke 方法中。源码实现如下：

```
@Override
public Result invoke(Invoker<?> invoker, Invocation invocation) throws
RpcException {
    // 省略检查是否超过最大并发调用次数和调用 count.wait 阻塞等待的代码
    // 当前线程正在进行方法调用
    try {
        long begin = System.currentTimeMillis();
        // 递增服务和方法的并发调用次数
        RpcStatus.beginCount(url, methodName);
        try {
            // 进行方法调用
            Result result = invoker.invoke(invocation);

            // 递减服务和方法的并发调用次数
            RpcStatus.endCount(url, methodName, System.currentTimeMillis()
            - begin, true); return result;
        } catch (RuntimeException t) {
            RpcStatus.endCount(url, methodName, System.currentTimeMillis()
            - begin, false); throw t;
        }
    } finally {
        if (max > 0) {
            // 通知和唤醒其他受限制而等待的方法调用线程，
            // 即唤醒阻塞等待在以上的 count.wait 进入等待的线程
            synchronized (count) {
                count.notify();
```

```
            }
        }
    }
}
```

分析：在try代码块中递增该方法的当前并发调用次数actives，然后进行方法调用；调用完成之后，先递减并发调用次数actives，然后在finally代码块中，调用count.notify方法唤醒其他阻塞等待该方法的调用线程。

以上介绍了服务消费者端对方法调用限流的实现，主要是利用了Long的原子类AtomicLong来实现线程安全地记录当前的并发调用次数，以及使用类型为ConcurrentHashMap的静态类变量来维护每种方法和它的调用统计RpcStatus的映射，并且基于synchronized关键字和Object的wait、notify方法实现方法调用阻塞线程与正在进行方法调用线程之间的协作和通信。

2. 服务提供者限流：Semaphore信号量与非阻塞、快速失败fail-fast实现

除了可以在服务消费者客户端对方法调用进行限流，在服务提供者服务端也支持对方法调用进行限流，具体为服务端可以对服务Service或者方法Method使用executes参数设置每种方法允许并发调用的最大线程数。即在任何时刻，只允许executes个服务提供者的服务器线程同时调用该方法，超过的则抛异常返回，从而对提供者服务进行并发控制，保护服务器资源。

服务端限流的功能与客户端限流类似，在实现层面也是基于一个过滤器ExecuteLimitFilter来实现的。不过在限流方面，与服务消费者客户端的方法调用线程在超过最大并发调用次数时阻塞等待不同，由于服务提供者服务端需要处理所有不同服务消费者的方法调用请求，如果服务端也采用阻塞等待的策略，则并发处理能力将会大大下降，所以服务提供者服务端是采用快速失败FailFast的容错策略，在超过限制时直接抛异常，以非阻塞的方式来处理服务消费者客户端的方法调用请求。

具体为结合Java并发包的Semaphore信号量来进行限流，即每种方法对应一个Semaphore信号量对象，信号量的许可个数是根据executes参数指定的。详细实现过程可以参看ExecuteLimitFilter类的invoke方法，源码实现如下：

```
public Result invoke(Invoker<?> invoker, Invocation invocation) throws
RpcException {
    URL url = invoker.getUrl();
    String methodName = invocation.getMethodName();
    // 实现方法调用限流的信号量
    Semaphore executesLimit = null;
```

```
    boolean acquireResult = false;
    // max 大于 0，则说明配置了服务端的方法限流
    int max = url.getMethodParameter(methodName, Constants.EXECUTES_KEY, 0);
    if (max > 0) {
        // 方法 methodName 对应的调用统计 RpcStatus 对象，由所有方法执行线程共享
        RpcStatus count = RpcStatus.getStatus(url, invocation.getMethodName());
        // 获取该方法的限流信号量
        executesLimit = count.getSemaphore(max);
        // 调用 Semaphore 的 tryAcquire 尝试获取一个信号量 " 许可 ",
        // 如果成功则剩余可用的信号量 " 许可 " 的个数减一
        if(executesLimit != null && !(acquireResult = executesLimit.tryAcquire())) {
            // 获取失败，直接抛异常退出
            // 省略异常代码
        }
    }
    // 拥有可用的信号量 " 许可 "，则执行方法调用
    long begin = System.currentTimeMillis();
    boolean isSuccess = true;
    RpcStatus.beginCount(url, methodName);
    try {
        // 执行方法调用
        Result result = invoker.invoke(invocation);
        return result;
    } catch (Throwable t) {
        // 省略异常代码
    } finally {
          RpcStatus.endCount(url, methodName, System.currentTimeMillis() -
begin, isSuccess);
        if(acquireResult) {
            // 释放占用的信号量 " 许可 "，此时该方法的可用信号量 " 许可 " 的数量加一
            executesLimit.release();
        }
    }
}
```

分析：服务提供者的方法执行线程在调用某种方法时，首先获取该方法对应的 RpcStatus 调用统计对象，该 RpcStatus 调用统计对象包含一个类型为 Semphore 的成员变量 executesLimit。然后调用 executesLimit 的 tryAcquire 方法尝试获取一个信号量许可。

其中 Semaphore 类的 tryAcquire 方法是非阻塞的，即如果当前还存在信号量许可，则返回成功 true，此时剩余可用信号量许可减一，否则返回失败 false。由于此时是采用快速失败 FailFast 容错策略的，故直接抛异常退出。最后在方法调用结束时，调用 Semaphore 的 release 方法，释放占用的信号量许可，此时剩余可用的信号量许可数量加一。

总的来说，核心实现为使用 Semaphore 信号量来定义某种方法的最大并发调用次数，并在执行方法调用时，先通过调用 Semaphore 的 tryAcquire 方法非阻塞地尝试获取一个可用的信号量许可，如果当前没有可用的信号量许可了，则返回失败 false，直接抛异常退出，而不是将服务端的方法执行线程阻塞在这里。这样能够提高服务提供者服务端的并发处理能力。所以这里也是 Java 并发包的 Semaphore 信号量用于实现资源池的一个典型案例。

10.2 Netty 与 Tomcat 的线程模型

对于服务端网络应用程序，通常需要处理大量的并发客户端请求，所以通常的服务端网络应用程序实现，如 servlet 容器 Tomcat，Java 网络 NIO 框架 Netty 等，都需要开启多个线程来处理这些并发的客户端请求，从而提高整体的性能和吞吐量。但是由于 Java 应用程序对应的 JVM 进程所包含的多个线程是共享该 JVM 进程的资源的，所以一般需要通过加锁等方式对共享资源进行线程同步来实现线程安全。

其次，由于操作系统所包含的线程数量通常远大于 CPU 的核数，所以会进行线程的上下文切换。由于线程的上下文切换需要在内核态和用户态之间切换，也是存在性能和时间开销的，特别是在高并发情况下，如果线程切换非常频繁，则会导致 CPU 时间大量用在线程上下文切换上，而进行实际工作的 CPU 时间很少，从而导致整体的服务器性能急剧下降。

所以如何进行线程模型设计来规避或者减少这些额外开销是 Java 服务端应用程序设计需要特别关注的。以下基于 Java 服务端应用程序设计常会涉及的 NIO 和 Reactor 线程模型，并结合 Netty 和 Tomcat 来对 Java 服务端应用程序的线程模型设计进行分析。

10.2.1 ▶ NIO 与 Reactor 线程模型

Java 服务端网络应用程序通常需要处理大量的客户端网络 IO 请求，其中网络 IO 最开始使用的 BIO，即阻塞 IO。在基于 BIO 的服务端应用程序当中，每个连接都需要一个独立的服务端线程来处理。由于服务器的线程数量是有限的，所以通常需要使用一个线程池来避免因为大量的客户端连接导致创建大量的线程。而线程池的线程数量有限，所以基于 BIO 的并发处理能力也是有限的，不能支撑大量的客户端连接和请求的处理。

具体工作过程如图 10.1 所示，服务端应用程序对于客户端连接都需要使用一个独立的线程来处理其连接期间对应的 IO 读写事件等。

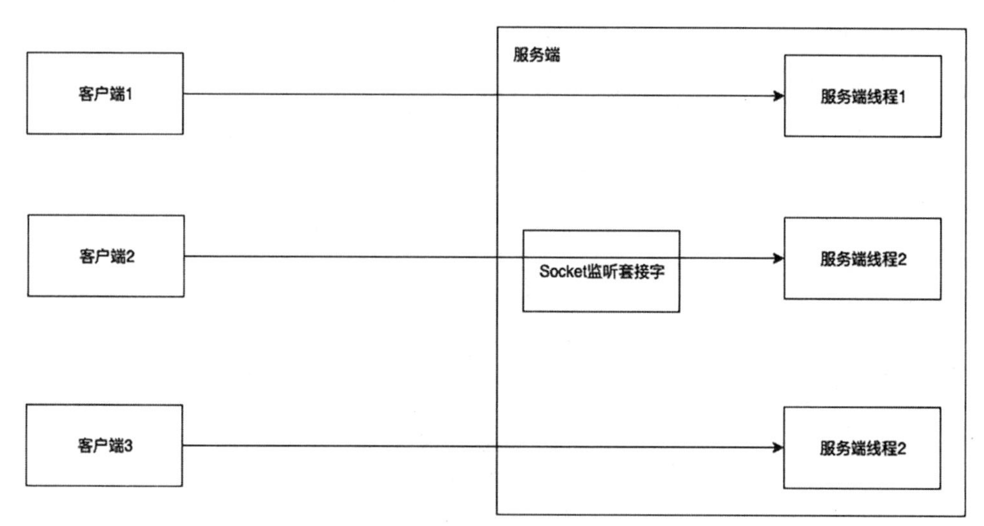

图 10.1 BIO 请求处理模型

所以现代 Java 服务端网络应用程序设计通常使用 Java 的 NIO，即非阻塞 IO 或者称为 IO 多路复用。Java NIO 是基于底层操作系统提供的 IO 多路复用技术来实现的，如 Linux 的 select、poll、epoll 等 IO 多路复用系统调用。

当使用 Java NIO 时，在一个多路复用选择器 Selector 中可以注册多个客户端连接 channel，由该 Selector 来监控和获取这些连接 channel 的 IO 事件，如数据读写等 IO 请求。而通常该 Selector 会对应到或者说关联到一个服务端线程，这样就实现了在一个服务端线程处理多个客户端连接的 IO 请求，从而实现了通过有限的服务端线程来处理远大于线程数量的客户端连接和其 IO 请求，提高了服务端应用程序的并发处理能力和吞吐量。

在使用 Java NIO 和多线程来进行高并发 Java 服务端应用程序设计时，通常是基于 Reactor 线程模型来设计的。Reactor，即包含一个 Java NIO 的多路复用选择器 Selector 的反应堆，当有反应时，即该 Selector 所管理的某个客户端连接有 IO 事件过来时，则在当前线程或者分配到其他线程来处理该 IO 事件。

Reactor 线程模型通常由接收客户端连接请求的 Acceptor 线程和处理客户端的 IO 请求的 IO 线程两部分组成，而 Acceptor 线程和 IO 处理线程可以是同一个线程，也可以是不同的线程或者是各自对应一个线程池。

1. 单线程 Reactor 模型

单线程 Reactor 模型是指由一个线程绑定一个 Java NIO 的多路复用选择器 Selector，由该线程来处理该 Selector 的所有 IO 事件，包括新客户端连接建立请求，即监听套接字的 IO 事件和已经建立连接的客户端套接字的所有 IO 事件请求，如数据读写。在单线程 Reactor 模型中，接收新客户端连接建立请求的 Acceptor 线程和已经建立连接的客户端的 IO 请求处理的

IO 线程是同一个线程。

具体工作模式如图 10.2 所示，服务端使用一个线程来处理新客户端的连接请求和已建立连接的客户端读写 IO 事件。

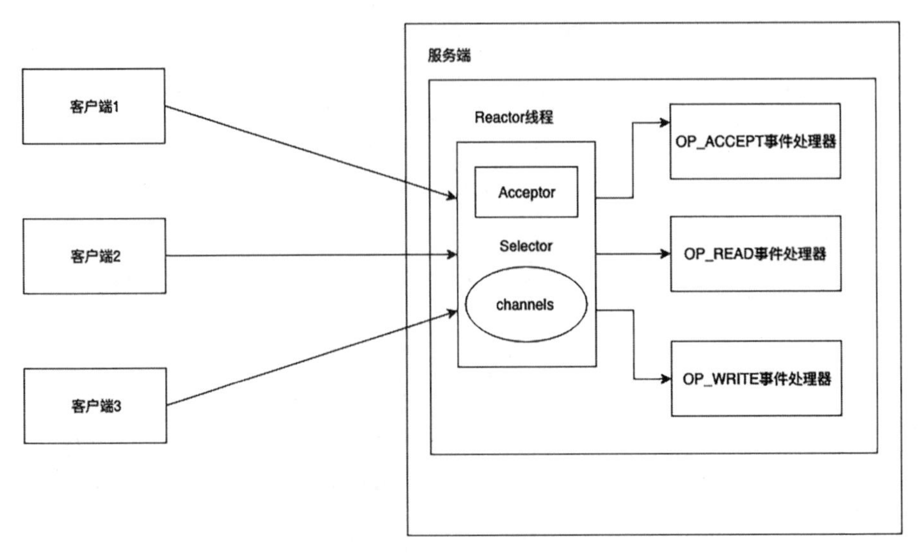

图 10.2　单线程 Reactor 模型

由于该 Selector 管理的所有客户端连接和服务端的监听套接字的 IO 请求都是由该线程来处理，所以如果当前线程正在处理某个客户端的数据读写 IO 请求，则无法处理当前新建立连接的客户端请求，导致客户端无法建立连接或者连接超时。同时由于只使用一个线程，没有充分利用多核 CPU。

虽然通过使用单线程，避免了线程竞争和线程上下文切换，但是由于单个线程处理能力有限，所以单线程 Reactor 模型也无法支撑高并发客户端请求的场景，Java 服务端网络应用程序设计很少使用到该模型。

2. 单 Acceptor 线程多 IO 线程的 Reactor 模型

多线程 Reactor 模型与单线程 Reactor 模型的主要区别是，已经建立连接的客户端套接字的 IO 事件是在另一个线程或者另一个线程池来处理的，这种线程也称为 IO 线程，而处理监听套接字的新客户端连接请求的线程则还是一个独立的 Acceptor 线程。

具体工作过程如图 10.3 所示，使用在一个独立 Acceptor 线程通过监听套接字监听客户端的连接请求，当有新的客户端连接到来时，创建该客户端对应的 channel 并注册到其他一个 IO 线程的 Selector，由该 Selector 监视和获取该客户端 channel 后续的读写 IO 事件并进行处理。

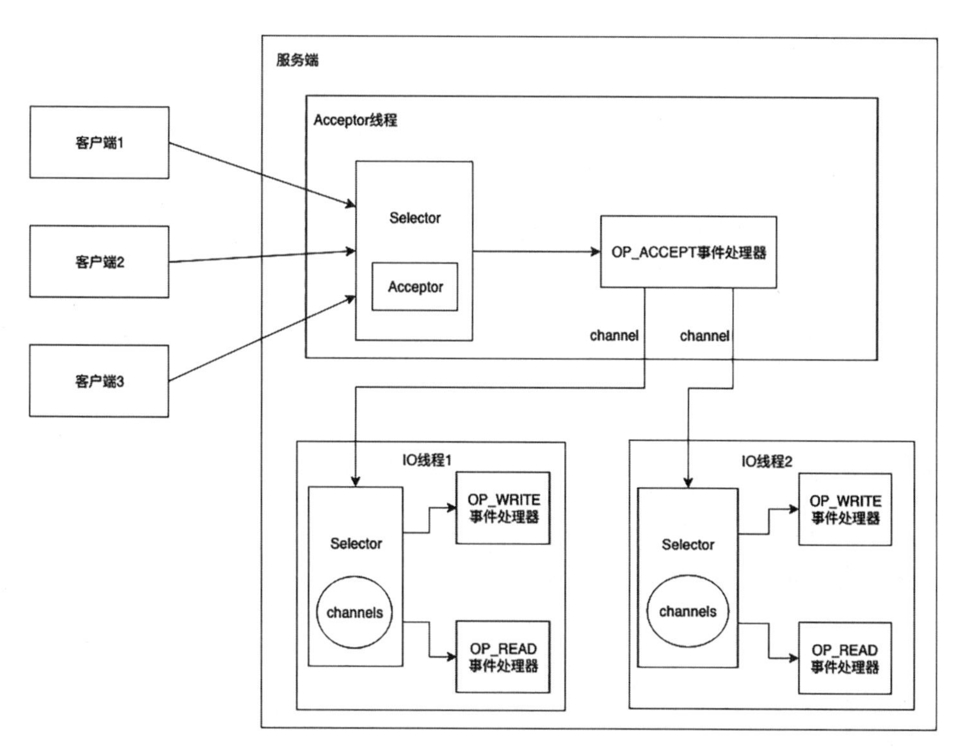

图 10.3　单 Acceptor 线程多 IO 线程 Reactor 模型

图 10.3 中，一个已建立连接的客户端套接字的所有 IO 事件是始终在 IO 线程池的一个 IO 线程中处理的。不过也可以是使用一个专门的 IO 线程来负责监视所有客户端的 channels，当某个客户端有 IO 事件到来时，将该客户端的此次 IO 事件封装为一个 Runnable 任务，交给额外的线程池处理，即某个客户端的所有 IO 事件会在该额外的线程池的不同线程处理。

不过推荐始终在一个 IO 线程中处理，这样就不存在多个线程对该客户端套接字进行并发操作的场景，即不需要通过加锁之类的操作来对该客户端套接字对应的 channel 对象引用进行线程同步。

这种已建立连接的客户端的所有 IO 事件都是在同一个 IO 线程中处理的方式也是 Netty 的 IO 线程模型，通过将客户端 channel 与 IO 线程绑定来避免线程竞争进而提高整体性能，具体内容后面接着详细分析。

3. 多 Acceptor 线程多 IO 线程 Reactor 模型

多 Acceptor 线程多 IO 线程 Reactor 模型实际与单 Acceptor 线程多 IO 线程 Reactor 模型差不多，一个主要区别就是用于接收客户端的连接请求的线程不再是只使用一个 Acceptor 线程，而是使用一个包含多个 Acceptor 线程的线程池，从而解决单个 Acceptor 线程在处理多个不同的端口的高并发客户端连接建立请求时的性能瓶颈。

当服务端需要同时监听多个端口时，可以使用一个包含多个 Acceptor 线程的线程池，每个端口由一个独立的线程来接收连接建立请求。或者如果某个端口的建立连接的请求过多或需要额外进行认证等操作导致处理速度太慢，则可以使用多个 Acceptor 线程来处理该端口的连接请求。

该模型的工作过程如图 10.4 所示，使用多个 Acceptor 线程来处理客户端的连接请求。

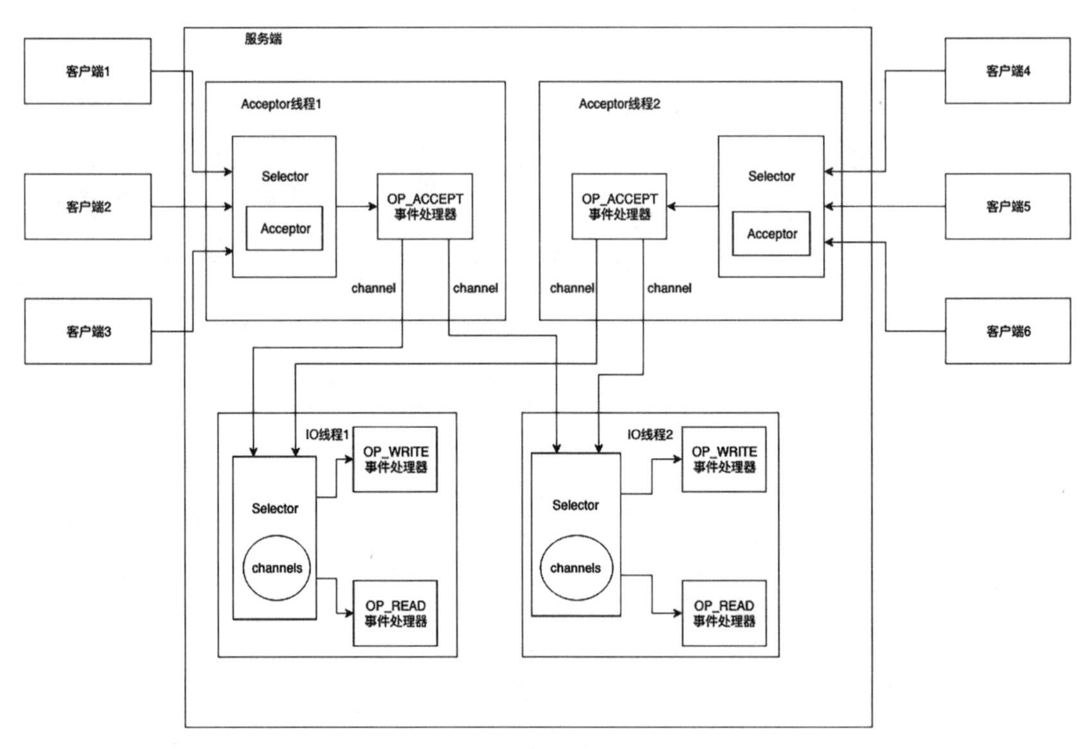

图 10.4　多 Acceptor 线程多 IO 线程 Reactor 模型

10.2.2 ▸ Netty 线程模型设计

Netty 是一个基于事件驱动的高性能的 Java 网络编程框架，主要用于简化 Java NIO 的开发难度和提供一套完整的基于 ChannelHandler 的事件处理模型，开发人员可以专注于自身业务的开发，而不需要关注和处理底层的网络 IO 细节。Netty 框架在处理高并发的网络数据流时能够保持高性能，除了是基于操作系统的 IO 多路复用之外，还有一个很重要的方面就是 Netty 的线程模型设计。

前面介绍了三种 Reactor 线程模型，Netty 的线程模型可以是三种中的任意一种，主要是看使用的时候设置 Acceptor 线程的个数。

如果只使用一个线程池且线程池的线程数量为 1，即 Acceptor 线程和 IO 线程为同一个线程，则使用第一种；

如果是使用两个线程池，即 Acceptor 线程池和 IO 线程池，且只有一个 Acceptor 线程则是第二种；

在第二种的基础上，如果是多个 Acceptor 线程则是第三种。默认情况下是使用多个 Acceptor 线程的，具体数量是处理器核数的 2 倍。

Netty 线程模型的基本工作过程如下。

Acceptor 线程监听指定的端口等待客户端的连接请求的到来，当接收到客户端的连接请求时，为该客户端创建一个 channel 对象，然后从 IO 线程池获取一个 IO 线程。最后将该 channel 注册到该 IO 线程所绑定的 Selector，由该 Selector 监视该客户端 channel 后续的数据读写 IO 事件，并在该 IO 线程中处理该 IO 事件，具体为交给业务代码定义的 ChannelHandler 事件处理器。

每个客户端 channel 的所有 IO 读写事件都是在一个 IO 线程处理的，每个 IO 线程可以处理多个客户端 channel 的 IO 事件，所以该客户端 channel 涉及的数据不会被其他 IO 线程访问，不存在线程竞争，故不需要进行加锁来实现线程安全，减少了线程的上下文切换，提高了整体的并发性能。

不过由于一个 IO 线程会处理多个客户端 channel 的数据读写 IO 事件，所以如果某个客户端的数据耗时太长，如存在磁盘、数据库访问等，则会影响到其他客户端 channel 的数据处理，如果存在这种耗时处理的业务场景，可以封装到一个 Runnable 任务中，然后交给额外的业务线程池来处理。

以下从源码实现的角度，详细分析一下以上介绍的 Netty 线程模型实现。

1. IO 线程实现：EventLoop 事件循环机制

Netty 定义了 EventLoop 接口来代表对客户端 channel 的 IO 事件处理。在 EventLoop 接口的实现类中对客户端 channel 的整个生命周期内所有 IO 事件进行处理，其中 Java NIO 对应的实现类为 NioEventLoop。

NioEventLoop 的对象实例包含一个用于注册和管理客户端 channel 的 Selector 和一个当前 NioEventLoop 对象实例所绑定的 IO 线程的对象引用 thread。该 Selector 所管理的所有客户端 channel 的所有 IO 事件都是在这个线程引用 thread 所对应的线程处理的。具体定义如下。

首先，在 NioEventLoop 类自身定义了一个 Java NIO 的 Selector 对象作为成员变量，线程引用和任务队列则是在 NioEventLoop 的父类 SingleThreadEventLoop 中定义的，NioEventLoop 核心定义如下：

```
// 继承于 SingleThreadEventLoop，在 SingleThreadEventLoop 的父类中定义了线程引用
public final class NioEventLoop extends SingleThreadEventLoop {
    // Java NIO 的 Selector
    private Selector selector;
    // 省略其他代码
}
```

SingleThreadEventLoop 继承于 SingleThreadEventExecutor，实现了 EventLoop 接口，其中线程引用和任务队列是在 SingleThreadEventExecutor 中定义的。核心定义如下：

```
public abstract class SingleThreadEventLoop extends SingleThreadEventExecutor
implements EventLoop {
    // 省略其他代码实现
}
```

SingleThreadEventExecutor 定义了 IO 线程引用和存放新客户端 channel 注册到 Selector 的任务的队列 taskQueue。核心定义如下：

```
public abstract class SingleThreadEventExecutor extends
AbstractScheduledEventExecutor implements OrderedEventExecutor {
    // 任务队列，存放新客户端 channel 注册到 Selector 的任务
    private final Queue<Runnable> taskQueue;
    // IO 线程的对象引用
    private volatile Thread thread;
    // 省略其他代码
}
```

以上只是介绍了 NioEventLoop 的核心字段，而实际执行 IO 事件循环处理机制的实现是 NioEventLoop 的 run 方法。其实 NioEventLoop 相当于一个 Runnable 任务，在 run 方法中使用无限循环来避免退出，从而在 NioEventLoop 所绑定的线程中一直执行。

在 run 方法中，对于已经建立连接的客户端 channels，是通过调用 Selector 的 select 方法来获取存在新的 IO 事件的客户端 channel。对于新建立的连接所对应的需要注册到该 Selector 的客户端 channel，则是被封装为一个 Runnable 注册任务放到任务队列 taskQueue 中，然后由该线程 thread 从该队列取出，并执行该 Runnable 的 run 方法来完成新客户端 channel 到 Selector 的注册。

NioEventLoop 的 run 方法核心实现如下：

```
protected void run() {
    // 无限循环，避免退出
    for (;;) {
        try {
            // 监视该 Selector 所管理的所有客户端 channel 集合
```

```
            // 是否有 IO 事件过来和是否有新的客户端注册任务
                switch (selectStrategy.calculateStrategy(selectNowSupplier,
hasTasks())) {
                case SelectStrategy.CONTINUE:
                    continue;
                case SelectStrategy.SELECT:
                    select(wakenUp.getAndSet(false));
                    if (wakenUp.get()) {
                        selector.wakeup();
                    }
                default:
            }
           // 省略其他代码
            try {
                // 处理已经建立连接的客户端的读写 IO 事件
                processSelectedKeys();
            } finally {
                // 执行新的客户端 channel 注册到 selector 的任务
                runAllTasks();
            }
        }
        // 省略其他代码
    }
}
```

分析：每个 NioEventLoop 对象实例都包含一个 Java NIO 的 Selector 对象来管理客户端 channel 集合，故不同的 NioEventLoop 对象实例由于包含不同的 Selector 对象，管理不同的客户端 channel 集合，故不会相互影响。

通过客户端 channel 到 NioEventLoop 对象实例的 Selector 的绑定，或者称为到 NioEventLoop 对象实例所关联的线程绑定，来实现客户端 channel 粒度的数据无竞争化，实现线程安全。

其次，每个 NioEventLoop 对象相对于一个 Runnable 任务，是在线程引用 thread 中执行，并且在 run 方法中通过无限循环来避免退出的方式来保持一直执行。在 run 方法中通过 Selector 来获取有新的 IO 事件到来的客户端 channel；对于新建立的连接所对应的需要注册到 Selector 的客户端 channel，则是封装为一个 Runnable 注册任务放到任务队列 taskQueue，最后在 NioEventLoop 的 run 方法中取出该注册任务，调用其 run 方法来完成该新客户端 channel 到 Selector 的注册。

2. Acceptor 线程与 IO 线程的协作：LinkedBlockingQueue

在 Reactor 线程模型中是 Acceptor 线程来接收客户端的连接请求，然后将客户端关联到一个IO线程来处理该客户端的IO事件，故在Netty中也存在Acceptor线程与IO线程的协作，协作过程主要是如上面分析的，对于Java NIO的实现，Acceptor线程接收到客户端连接请求之后，首先为该客户端创建对应的channel对象，然后从IO线程池NioEventLoopGroup，选取一个IO线程NioEventLoop，并将新建立连接的客户端channel封装到一个Runnable注册任务中并放到NioEventLoop的任务队列taskQueue中。

其中NioEventLoop的任务队列taskQueue的实现类型是Java并发包的LinkedBlockingQueue。之后NioEventLoop从该任务队列取出该任务并调用其run方法，完成该新客户端channel到Selector的注册。故Acceptor线程与IO线程之间的协作是一种基于阻塞队列LinkedBlockingQueue的生产者消费者模型的实现。

在Netty中，Acceptor接收客户端连接的逻辑是在Netty服务端ServerBootstrap的内部类ServerBootstrapAcceptor中定义的。注册到IO线程池的IO线程的核心实现是childGroup.register(child)的调用。接收客户端连接并将该客户端绑定到一个IO线程的核心实现如下：

```
public void channelRead(ChannelHandlerContext ctx, Object msg) {
    // 当前客户端的 channel
    final Channel child = (Channel) msg;
    child.pipeline().addLast(childHandler);
    // 设置 channelOption
    setChannelOptions(child, childOptions, logger);
    // 设置 channelAttr
    for (Entry<AttributeKey<?>, Object> e: childAttrs) {
        child.attr((AttributeKey<Object>) e.getKey()).set(e.getValue());
    }
    try {
        // 从 IO 线程池获取一个 IO 线程,
        // 然后将该客户端 channel 绑定到这个 IO 线程的 Selector
        childGroup.register(child).addListener(new ChannelFutureListener() {
            @Override
            public void operationComplete(ChannelFuture future) throws Exception {
                // 绑定失败则关闭当前客户端
                if (!future.isSuccess()) {
                    forceClose(child, future.cause());
                }
            }
        });
    } catch (Throwable t) {
        forceClose(child, t);
    }
}
```

3. 拓展：IO 线程的创建

前面我们分析过，Netty 的 IO 事件循环机制实现 NioEventLoop 会绑定到一个 Java 线程 thread，NioEventLoop 本身相当于一个 Runnable 任务，而这个 Java 线程 thread 何时创建？

其实 Netty 是使用懒加载的方式创建该 NioEventLoop 所绑定的 Java 线程和开启这个 NioEventLoop 对象的 IO 事件循环机制的。即该 NioEventLoop 对象在第一次有客户端 channel 注册进来时，才会创建对应的 Java 线程对象 thread，并开始在这个 Java 线程中执行 IO 事件循环。而这个注册任务就是在以上代码 ServerBootstrapAcceptor 的 channelRead 方法调用 childGroup.register(child) 触发的。

以下从 Netty 应用的整体启动过程开始分析。

在 Netty 应用启动时，会创建 IO 线程池实现类 NioEventLoopGroup 的对象实例 childGroup，而此时只是创建指定数量的 NioEventLoop 对象实例并存放在 childGroup 的一个数组类型的成员属性当中，该 NioEventLoop 对象数组为 Netty 体系的线程池实现，此时并没有为这些 NioEventLoop 对象绑定 Java 线程。

然后在 ServerBootstrapAcceptor 的 channelRead 方法中，调用 childGroup.register 方法时，从 childGroup 已经创建好的 NioEventLoop 对象数组中，按照取模轮询的方式选择一个 NioEventLoop 对象，将该客户端 channel 注册到这个 NioEventLoop 对象的 Selector 中。具体实现如下。

首先在创建 NioEventLoopGroup 对象时，在内部创建用户指定数量的 NioEventLoop 对象实例，具体定义在 NioEventLoopGroup 的父类 MultithreadEventExecutorGroup。此时只是创建了 NioEventLoop 对象，而没有实际创建 Java 的线程对象 Thread。源码实现如下：

```
protected MultithreadEventExecutorGroup(int nThreads, Executor executor,
                                                    EventExecutorChooserFactory
chooserFactory, Object... args) {
    if (nThreads <= 0) {
        // 省略异常代码
    }
    // Java 线程执行器，进行实际的 Java 线程创建
    if (executor == null) {
        executor = new ThreadPerTaskExecutor(newDefaultThreadFactory());
    }
    // 初始化线程池数组，大小为 nThreads
    children = new EventExecutor[nThreads];
    for (int i = 0; i < nThreads; i ++) {
        boolean success = false;
        try {
            // 创建 EventLoop 对象，将 executor 作为参数，
```

```
            // 由 executor 在之后负责实际的 Java 线程的创建
            children[i] = newChild(executor, args);
            success = true;
        } catch (Exception e) {
            // 省略其他代码
        }
    }
    // 省略其他代码
}
```

分析：由以上的构造函数可知，调用 newChild 方法初始化了 EventExecutor 数组的每个对象。其中 NioEventLoopGroup 对应的 newChild 实现是创建一个 NioEventLoop 对象，在 NioEventLoop 中并没有马上进行 Java 线程的创建，但是需要注意 newChild 方法使用了 ThreadPerTaskExecutor 类型的对象 executor 作为参数，ThreadPerTaskExecutor 内部包含了一个 Java 线程创建工厂类，具体定义如下：

```
public final class ThreadPerTaskExecutor implements Executor {
    // Java 线程创建工厂
    private final ThreadFactory threadFactory;
    public ThreadPerTaskExecutor(ThreadFactory threadFactory) {
        if (threadFactory == null) {
            throw new NullPointerException("threadFactory");
        }
        this.threadFactory = threadFactory;
    }
    // 使用 Java 线程创建工厂创建一个 Java 线程，并调用 start 方启动
    @Override
    public void execute(Runnable command) {
        threadFactory.newThread(command).start();
    }
}
```

在 ThreadPerTaskExecutor 内部包含了一个 execute 方法，该方法会新建一个 Java 线程来执行给定的 Runnable 任务 command。

下面来看 NioEventLoop 是如何调用 ThreadPerTaskExecutor 的 execute 方法来创建其所绑定线程对象的。

当 ServerBootstrapAcceptor 接收到新的客户端连接时，在其 channelRead 方法中会调用类型为 NioEventLoopGroup 的 childGroup 的 register 方法，将当前客户端 channel 注册到一个 IO 线程中，而对于注册到 NioEventLoop 的 Selector 中的方法，其最终调用到的是 NioEventLoop 的 execute 方法，该调用发生在 AbstractChannel 的 register 方法，源码实现如下：

```
public final void register(EventLoop eventLoop, final ChannelPromise promise) {
    // 此处返回 false，因为 Acceptor 线程与 IO 线程不是同一个线程，
    // 只有第一种 Reactor 模型，即共用一个线程时，才返回 true
    if (eventLoop.inEventLoop()) {
        register0(promise);
    } else {
        try {
            // 调用 NioEventLoop 的 execute，如果当前的 eventLoop 还没绑定 Java 线程，
            // 则调用 NioEventLoop 的类型为 ThreadPerTaskExecutor 的
            // 成员对象 executor 的 execute 方法新创建一个 Java 线程来执行这个任务。
            // 同时将这个新创建的 Java 线程赋值到
            // 当前的 NioEventLoop 对象的成员属性 thread 对象引用中
            eventLoop.execute(new Runnable() {
                @Override
                public void run() {
                    register0(promise);
                }
            });
        } catch (Throwable t) {
            // 省略其他代码
        }
    }
}
```

NioEventLoop 的 execute 方法在继承体系的父类 SingleThreadEventExecutor 中的具体定义如下：

```
public void execute(Runnable task) {
    if (task == null) {
        throw new NullPointerException("task");
    }
    // 第一次是Acceptor线程执行这段代码，故Thread.currentThread()是Acceptor线程，
    // 而 thread 是 null，故返回 false
    boolean inEventLoop = inEventLoop();
    // 添加 register 注册任务，完成注册客户端 channel 到当前的 NioEventLoop 的 Selector 中
    addTask(task);
    // 当前执行这段代码的 Acceptor 线程与 NioEventLoop 对象所绑定的线程不是同一个线程
    // 一般都是返回 false，只有使用共用一个 Java 线程的第一种 Reactor 模型才返回 true
    if (!inEventLoop) {
        // 如果该 EventLoop 对象还没绑定过线程，
        // 则创建一个新的 Java 线程并绑定到当前的 NioEventLoop 对象，
        // 具体是 startThread 内部，通过判断状态 state 是否为 ST_NOT_STARTED，
        // 如果不是，否则直接返回，说明绑定过 Java 线程，IO 事件循环机制已经启动过了
        startThread();
        if (isShutdown() && removeTask(task)) {
```

```
                reject();
            }
        }
        if (!addTaskWakesUp && wakesUpForTask(task)) {
            // 通知该 NioEventLoop 需要处理新客户端的注册任务了
            wakeup(inEventLoop);
        }
    }
```

分析：首先调用 addTask 方法将这个客户端 channel 的注册任务添加到 NioEventLoop 的任务队列 taskQueue 中，然后判断是否需要创建一个 Java 线程并绑定到当前的 NioEventLoop 对象中。如果没有，则调用 startThread 方法创建 Java 线程。最后调用 wakeup 方法通知该 Java 线程处理任务队列 taskQueue 中的任务。

当 NioEventLoop 还没有绑定一个 Java 线程时，即该 NioEventLoop 还没接收过客户端 channel 的注册，则在 startThread 方法中为当前的 NioEventLoop 对象创建一个新的 Java 线程并绑定到该 NioEventLoop 对象，即对该 NioEventLoop 对象的 thread 属性赋值，具体实现如下：

```
private void startThread() {
    // 状态为 ST_NOT_STARTED 则是没有绑定过线程，否则直接返回
    if (state == ST_NOT_STARTED) {
        // 第一次创建线程后，则设置状态为 ST_STARTED
        if (STATE_UPDATER.compareAndSet(this, ST_NOT_STARTED, ST_STARTED)) {
            try {
                // 创建 Java 线程并启动 IO 事件循环，即无限循环
                doStartThread();
            } catch (Throwable cause) {
                STATE_UPDATER.set(this, ST_NOT_STARTED);
                PlatformDependent.throwException(cause);
            }
        }
    }
}
```

分析：startThread 方法主要是根据 state 的值来判断当前的 NioEventLoop 对象是否绑定过 Java 线程。而实际进行 Java 线程创建，绑定到 NioEventLoop 的线程引用 thread，最后开启该 NioEventLoop 对象的 IO 事件循环机制是 doStartThread 方法实现的。

同时由 startThread 的实现可知，当状态 state 由 ST_NOT_STARTED 变为 ST_STARTED 之后，则该返回的调用是直接返回的，故不会重复创建线程。

doStartThread 的核心实现如下：

```
// 创建 Java 线程，绑定到 NioEventLoop 的线程引用 thread，最后开启 IO 事件循环机制
private void doStartThread() {
```

```
    assert thread == null;
    // executor 类型是 ThreadPerTaskExecutor
    // ThreadPerTaskExecutor 的 execute 方法实现为，
    // 首先创建一个新的 Java 线程并调用 start 启动该 Java 线程来执行当前的 Runnable 任务
    executor.execute(new Runnable() {
        @Override
        public void run() {
            // 对 NioEventLoop 的线程引用属性 thread 进行赋值
            thread = Thread.currentThread();
            if (interrupted) {
                thread.interrupt();
            }
            boolean success = false;
            updateLastExecutionTime();
            try {
                // 调用 NioEventLoop 的 run 方法，
                // 在这里开启对当前 NioEventLoop 所管理的 channels 的
                // IO 事件循环和处理新客户端的注册请求。
                SingleThreadEventExecutor.this.run();
                success = true;
            } catch (Throwable t) {
                logger.warn("Unexpected exception from an event executor: ", t);
            } finally {
              // 省略其他代码
            }
        }
    }

    // 省略其他代码
}
```

分析：executor 对象的类型是之前介绍过的 ThreadPerTaskExecutor。ThreadPerTaskExecutor 的 execute 方法会创建一个 Java 线程，然后执行这个 Runnable 任务。在这个 Runnable 任务中，需要核心关注的就是 SingleThreadEventExecutor.this.run() 方法的调用。

对于 Java NIO，这个 run 方法在 NioEventLoop 中实现，具体实现源码在上篇已经分析过，即通过无限循环来阻塞避免退出，这也是 NioEventLoop 的事件循环机制的语义实现，主要完成以下两件事情。

（1）在当前 NioEventLoop 所管理的已建立连接的客户端 channels 集合，检查是否存在某个客户端有读写 IO 事件到来；

（2）从任务队列 taskQueue 中取出由 Acceptor 线程填充进去的新客户端注册任务，完成新客户端 channel 到 Selector 的注册。

4. 总结

以上过程对于不了解Netty框架的读者可能比较难以理解，所以再在这里做一个回顾总结。Netty针对Reactor线程模型的Acceptor实现是ServerBootstrapAcceptor，ServerBootstrapAcceptor接收客户端连接请求和将该客户端channel注册到IO线程NioEventLoop的过程如下。

首先应用启动时，创建IO线程池，其中IO线程池对应到Java NIO的实现为NioEventLoopGroup。在创建NioEventLoopGroup对象时，在NioEventLoopGroup的构造函数中，根据应用指定的线程数量，创建对应数量的IO线程封装类对象，对应到Java NIO实现就是NioEventLoop，注意此时并没有为每个NioEventLoop对象创建其所绑定的Java线程。

NioEventLoop对象所绑定Java线程的创建时机是ServerBootstrapAcceptor接收到新客户端连接，创建对应的客户端channel并交给NioEventLoopGroup线程池时，该线程池基于取模轮询的方式选中一个NioEventLoop对象，检查该NioEventLoop对象是否绑定过Java线程。

如果是第一次被选中，即还没有注册过客户端channel，则该NioEventLoop对象还没绑定过Java线程，然后在该NioEventLoop对象的execute方法中，调用ThreadPerTaskExecutor的execute方法，创建一个新的Java线程来启动该NioEventLoop对象的IO事件循环和将该客户端channel注册到其内部的Selector中，同时将这个新的Java线程的对象引用赋值到该NioEventLoop对象的线程引用thread。

其中NioEventLoop对象的IO事件循环的启动和将该客户端channel注册到其内部的Selector是通过在该线程内调用NioEventLoop的run方法来实现的。

在run方法内通过无限循环来避免退出，从而开启对该NioEventLoop对象所管理的客户端channel集合的IO事件循环。同时Acceptor线程通过封装新客户端的注册请求为一个Runnable任务并添加到IO线程，即NioEventLoop对象的类型为LinkedBlockingQueue的任务队列taskQueue，由该NioEventLoop对象消费该队列的方式来完成新客户端到该NioEventLoop对象的Selector的注册，这也是Java并发编程中基于队列LinkedBlockingQueue来实现线程生产者消费者模型的一种典型案例。

10.2.3 ▶ Tomcat线程模型设计

以上介绍了Reactor的三种Reactor线程模型和Netty的线程模型，其中Netty线程模型是通过将客户端channel注册到IO线程封装类NioEventLoop的Selector来实现客户端与IO线程的绑定，使得该客户端的所有IO事件都在这个IO线程监视和处理，包括后续的数据读写IO事件。

除这种方式外，Reactor线程模型也可以是IO线程只负责监视注册到该IO线程的Selector

的客户端的 IO 事件，即只是监视客户端是否有 IO 事件到来，不会在这个 IO 线程来处理这些 IO 事件，如进行数据读写操作，即只是监视后续的数据读写 IO 事件但是不在 IO 线程进行处理，而是将这些 IO 事件封装为一个 Runnable 任务，然后交给额外工作线程池的线程来处理，这种线程可以称为 Worker 工作线程，此时 IO 线程可以快速直接返回，从而可以继续监视其他客户端的 IO 事件。

通过这样拓展出 Worker 工作线程来处理 IO 事件的方式，类似于将原本由一个人干的活，分给两个人来干，每人完成一个步骤即可，所以提高了 IO 线程处理客户端 IO 事件的速度。因为 IO 线程只需要封装成 Runnable 任务交给这个 Worker 工作线程即可，这种模式比较适合 IO 事件需要进行复杂处理，耗时较长的场景。

其中 Tomcat 的线程模型就是这种由 IO 线程和 Worker 工作线程来一起处理一个客户端请求的方式，这是与 Netty 使用一个 IO 线程来处理 IO 请求不一样的，两者设计差异的主要原因如下。

第一，Tomcat 作为一个 servlet 容器或者称为 Web 服务器，每个请求是一个 Web 请求，会在对应的后台 Web 应用中进行相关复杂操作，如读写数据库等，然后再响应该客户端。故每个请求的处理时间较长或者称为不可控，此时如果全部在 IO 线程来执行，则会导致请求排队，可能会造成超时等，影响整体的性能和吞吐量；

第二，Netty 作为一个 Java 的网络编程框架或者称为网络协议处理器，主要是根据所需要使用的协议，如 HTTP 协议、MQTT 议等，对 IO 请求的字节数据进行编码、解码和对数据进行简单的处理等，处理时间比较短且可控，一般不会进行如数据库读写等依赖外部环境的耗时操作，所以可以在一个 IO 线程中既完成监视感知 IO 事件的到来，又完成该 IO 事件涉及的数据处理。

以下基于 Tomcat 8.5 的源码的角度来详细分析 Tomcat 的这种线程模型实现。

1. Tomcat 的整体工作流程

首先介绍一下 Tomcat 的一个整体设计和整体工作流程。在 Tomcat 的设计当中，自上向下主要包括 Catalina 容器、Coyote 连接器、底层 Socket 通信端点 EndPoint 三部分。

Catalina 容器是 Java servlet 规范的实现，即定义了各层容器的实现，包括 Engine、Host、Context 和 Wrapper，其中部署到 Tomcat 的每个应用对应一个 Context。

Coyote 连接器则是充当了一个适配器的角色，连接 Catalina 容器和底层的 Socket 通信端点 EndPoint。具体为在数据层面，将底层 Socket 通信端点的 HTTP 协议相关的请求和响应数据转换为 servlet 规范的请求和响应数据；在数据流通层面，将 Endpoint 的请求转换后交给 Catalina 容器，将 Catalina 容器的响应转换后交给 EndPoint。

底层Socket通信端点EndPoint主要完成socket通信的相关细节，包括完成TCP三次握手，接收和建立与客户端Socket的连接；接收和解析已建立连接的客户端的请求字节数据；将字节数据转换为HTTP协议的数据；以及整个Tomcat框架线程模型的实现。

2. Tomcat的线程模型

以下主要是基于Java NIO的方式来分析Tomcat的线程模型。Tomcat的线程模型主要由Acceptor线程、Poller线程、Woker工作线程三部分组成，其中Poller线程就是以上提到的IO线程。下面主要对核心类NioEndPoint涉及的相关类进行分析。

（1）Acceptor线程主要是在指定端口监听客户端的连接请求到来，然后创建该客户端对应的socketChannel对象，最后将该socketChannel对象注册到Poller线程的Selector中。Acceptor为NioEndPoint的内部类。核心实现源码如下：

```
// 接收客户端的连接请求
protected class Acceptor extends AbstractEndpoint.Acceptor {
    @Override
    public void run() {
        // 无限循环
        while (running) {
            // 省略其他代码
            try {
                // 新的客户端 socket
                SocketChannel socket = null;
                try {
                    // 调用 accept 方法，监听和接收客户端的连接
                    socket = serverSock.accept();
                } catch (IOException ioe) {
                   // 省略其他代码
                }
                if (running && !paused) {
                    // 为该 socket 设置相关属性，然后注册到 Poller 线程的 Selector 中
                    if (!setSocketOptions(socket)) {
                        closeSocket(socket);
                    }
                } else {
                    // 关闭连接
                    closeSocket(socket);
                }
            } catch (Throwable t) {
                // 省略其他代码
            }
    }
```

```
    }
    // 省略其他代码
}
```

其中注册到 Poller 线程的实现是调用 setSocketOptions(socket) 方法，核心实现如下：

```
protected boolean setSocketOptions(SocketChannel socket) {
    try {
        设置 socket 为非阻塞
        socket.configureBlocking(false);
        Socket sock = socket.socket();
        socketProperties.setProperties(sock);
        // 省略其他代码
        // 基于取模轮询的方式获取一个 Poller 线程，
        // 将该 channel 注册到该 Poller 线程的 Selector 中
        getPoller0().register(channel);
    } catch (Throwable t) {
       // 省略其他代码
    }
    return true;
}
```

（2）Poller 线程则是监视或者称为轮询检查注册到其关联的 Selector 的客户端 socketChannel 是否有 IO 事件到来。如果某个客户端有 IO 事件到来，则将该 IO 事件封装为一个 Runnable 任务，具体类型为 SocketProcessor，然后交给工作线程池的一个 Woker 工作线程处理。Poller 也是 NioEndPoint 的一个内部类。

Poller 类的核心定义如下：

```
// Poller 线程监视其所关联的 Selector 的客户端集合是否有 IO 事件到来
public class Poller implements Runnable {
    // Java NIO 的 Selector
    private Selector selector;
    // 存放需要注册到 Selector 客户端的注册事件
    private final SynchronizedQueue<PollerEvent> events =
            new SynchronizedQueue<>();
    // 省略其他代码
}
```

在 Poller 的 run 方法中无限循环。调用 events 方法，包括处理新客户端的注册事件队列的新的客户端注册请求和检查已经注册到其 Selector 的客户端是否有 IO 事件到来，并将该 IO 事件交给 Worker 线程处理。源码实现如下：

```
public void run() {
    // 无限循环
```

```
    while (true) {
        // 处理客户端注册事件队列的注册请求
        hasEvents = events();
        // 省略其他代码
        // 监听已建立连接的客户端的 IO 事件到来
        Iterator<SelectionKey> iterator =
            keyCount > 0 ? selector.selectedKeys().iterator() : null;
       // 迭代存在 IO 事件的客户端集合
        while (iterator != null && iterator.hasNext()) {
            SelectionKey sk = iterator.next();
            NioSocketWrapper attachment = (NioSocketWrapper)sk.attachment();
            if (attachment == null) {
                iterator.remove();
            } else {
                iterator.remove();
                // 处理该客户端的 IO 事件,
                // 在内部封装成一个 Runnable 任务交给 Worker 线程处理
                processKey(sk, attachment);
            }
        }
    }
    // 省略其他代码
}
```

分析：在 run 方法中调用 processKey 方法将该 IO 事件交给 Worker 工作线程处理。processKey 的方法实现主要处理数据的读写 IO 事件，具体为调用 processSocket 方法，在 processSocket 方法内部完成对应 Runnable 任务的创建和交给工作线程池的一个 Worker 工作线程来处理。具体源码实现如下：

```
// 处理 IO 事件
protected void processKey(SelectionKey sk, NioSocketWrapper attachment) {
    try {
        if ( close ) {
            cancelledKey(sk);
        } else if ( sk.isValid() && attachment != null ) {
            // 读写 IO 事件
            if (sk.isReadable() || sk.isWritable() ) {
                if ( attachment.getSendfileData() != null ) {
                    processSendfile(sk,attachment, false);
                } else {
                    unreg(sk, attachment, sk.readyOps());
                    boolean closeSocket = false;
                    // 读 IO 事件
                    if (sk.isReadable()) {
```

```
                        // 处理客户端的读请求
                        if (!processSocket(attachment, SocketEvent.OPEN_READ, 
true)) {
                            closeSocket = true;
                        }
                    }
                    // 写 IO 事件
                    if (!closeSocket && sk.isWritable()) {
                        // 处理客户端的写请求
                         if (!processSocket(attachment, SocketEvent.OPEN_WRITE, 
true)) {
                            closeSocket = true;
                        }
                    }
                    // 省略其他代码
                }
            }
        } else {
            cancelledKey(sk);
        }
    }
    // 省略其他代码
}
```

processSocket 的核心实现是创建一个 SocketProcessor 对象来包装当前的 IO 事件，其中 SocketProcessor 实现了 Runnable 接口，然后交给工作线程池来执行这个任务，最后直接返回 true 或者 false。注意如果没有工作线程池则直接在 Poller 线程处理。源码实现如下：

```
public boolean processSocket(SocketWrapperBase<S> socketWrapper,
        SocketEvent event, boolean dispatch) {
    try {
        if (socketWrapper == null) {
            return false;
        }
        // 将当前的 IO 事件封装成一个 Runnable 任务，任务具体类型为 SocketProcessor
        // 然后交给工作线程池的 Worker 线程处理
        // processorCache 是一个 SocketProcessor 对象池，
        // 实现对象的重复使用，避免频繁进行对象创建
        SocketProcessorBase<S> sc = processorCache.pop();
        if (sc == null) {
            // 创建一个 SocketProcessor 对象，SocketProcessor 实现了 Runnable 接口
            sc = createSocketProcessor(socketWrapper, event);
        } else {
            sc.reset(socketWrapper, event);
        }
```

```
        // 获取工作线程池
        Executor executor = getExecutor();
        if (dispatch && executor != null) {
            // 将该任务交给 Worker 工作线程池处理
            executor.execute(sc);
        } else {
            // 没有工作线程池则直接在 Poller 线程处理
            sc.run();
        }
    }
    // 省略其他代码
    return true;
}
```

（3）Worker 工作线程执行 SocketProcessor 任务，在 SocketProcessor 中将请求交给应用层协议处理器来处理，如 HTTP 1.1 的协议处理器 Http11Processor。

Woker 工作线程所执行的 SocketProcessor 的核心定义如下：核心实现为 getHandler().process 方法调用，其中 getHandler() 返回的类为 ConnectionHandler，process 方法则是交给对应的应用层协议处理器，如 Http11Processor，完成字节数据到 HTTP 协议数据的转换。

```
protected class SocketProcessor extends SocketProcessorBase<NioChannel> {
    // 省略其他代码
    protected void doRun() {
        // 获取当 IO 事件对应的客户端 socket 引用
        NioChannel socket = socketWrapper.getSocket();
        SelectionKey key = socket.getIOChannel().keyFor(socket.getPoller().
getSelector());
        try {
            int handshake = -1;
            // 省略：检查当前的客户端 socket 是否已经完成了三次握手
            // 当前的客户端 socket 已经成功完成了 TCP 三次握手
            if (handshake == 0) {
                SocketState state = SocketState.OPEN;
                if (event == null) {
                    // 处理读 IO 事件，具体为交给对应的应用层协议处理器，
                    // 如 HTTP1.1 的协议处理器 Http11Processor
                    state =
                      getHandler().process(socketWrapper, SocketEvent.OPEN_READ);
                } else {
                    state = getHandler().process(socketWrapper, event);
                }
                // 处理失败，则直接断开该客户端
                if (state == SocketState.CLOSED) {
                    close(socket, key);
```

```
                }
            // 当前的客户端 socket 没有完成 TCP 三次握手，直接断开该客户端
            } else if (handshake == -1 ) {
                close(socket, key);
            }
            // 省略其他代码
        }
        // 省略其他代码
    }
}
```

3. 总结

Tomcat 通过定义一个额外的工作线程池来处理客户端的 IO 读写事件或者称为 Web 请求，IO 线程 Poller 只负责监视和感知客户端 IO 事件的到来，自身并不进行处理，而是封装成一个 Runnable 任务分发给 Worker 工作线程来处理。

此时 IO 线程自身可以直接返回继续处理其他客户端的 IO 事件分发，所以 IO 线程的处理时间是可控的，避免被 Web 应用的请求处理得不可控，如需要读写数据库或者通过 RPC 调用其他服务等，而导致阻塞等待，影响整体的性能和吞吐量。

Tomcat 这样设计的目的主要是 Tomcat 作为一个应用服务器，每个请求的处理可能会涉及其他服务的调用，如数据库，其他 RPC 服务等，所以如果都在一个 IO 线程处理，则会导致整体的吞吐量和处理效率下降。

除此之外，Web 请求通常是短连接请求，即每次请求处理完对应的客户端连接就会断开，所以即使在 IO 线程和 Worker 工作线程之间存在对客户端 channel 引用的共享，但是一般是 IO 线程先访问，然后交给 Worker 线程，并不存在并发访问问题，所以不同线程来处理也一般不会存在线程竞争问题。只是可能涉及线程上下文切换，不过相对于 Web 请求可能会导致 IO 线程阻塞，这点损失是可以接受的。

而 Netty 作为一个 Java 的网络编程和协议处理框架，主要根据所用的应用层协议，如 HTTP 协议、MQTT 协议或者应用自身定义的协议来进行字节数据的编解码和简单处理，故处理速度较快且可控，在一个 IO 线程处理也能保证高性能和高吞吐量，同时 Netty 也常用于实现长连接服务，故该连接的所有 IO 数据在一个线程处理也能保证线程安全。

如果要在 Netty 的事件处理器 ChannelHandler 进行复杂的耗时处理，也可以考虑分发到其他线程来处理，不过如果出现这种情况，则一般需要考虑业务的设计是否合理，尽量避免这种在额外线程处理的用法。

10.3 小结

学习优秀开源框架的源代码是提高编程实战能力的最好方法，对于 Java 高并发应用程序设计也是如此。首先，通过对 Dubbo 框架相关核心功能实现的分析，展示了 Java 并发包核心类的使用。其次，分析了 Netty 框架和 Tomcat 框架的线程模型设计，展示了 Java 线程 Thread、任务 Runnable、线程池 Executor 的使用和运用场景，以及拓展讲解了 Java NIO 的相关知识。

对于 Dubbo 框架，通过分析 RPC 请求发起与响应的实现源码来展示 Java 并发包的 ConcurrentHashMap、原子类 AtomicLong、可重入锁 ReentrantLock、异步结果获取 Future 等类的使用方法和运用场景；通过对客户端与服务端限流机制的实现，展示了信号量 Semaphore 的使用方法和运用场景，以及如何基于 synchronized 关键字和 Object 类的 wait 和 notify 方法来实现一个生产者消费者模型。

对于 Netty 框架，首先，通过将 NIO 的多路复用选择器 Selector 与线程对象 Thread 进行绑定，实现了一个客户端连接的所有请求都在同一个线程处理，减少了线程上下文切换的开销，提高了并发性能。其次，对于 Tomcat 框架，将每个请求的处理和响应任务封装为一个基于 Runnable 接口定义的任务，最后放到额外的请求处理工作线程池去执行，而不是在 IO 线程处理，避免了 Web 请求处理时间不可控导致 IO 线程阻塞的问题。

第 11 章

11

秒杀系统设计分析

本章主要分析了秒杀系统设计的核心要点，并通过实现一个简易版秒杀系统来讲解限流机制的实现，缓存设计，以及如何基于分布式消息队列实现流量削峰和异步处理。

秒杀活动是最典型的高并发应用场景，如 12306 网站的春运抢票开始时，所有票在不到一秒的时间内被抢购一空；各大电商网站的定时抢购活动，在抢购开始时，会存在大量用户同时在线并发送大量并发商品抢购请求到应用系统，如每秒几万、几十万甚至更多的请求。此时可能会由于请求流量超过了应用的处理能力，导致服务不可用，如这些请求需要大量进行数据库读写操作，导致数据库过载崩溃，或者应用服务器本身由于需要处理的并发请求量过大而导致硬件资源耗尽宕机等。

为了避免大量的并发请求将应用冲垮，在进行秒杀系统设计时，需要结合前面章节介绍的相关高并发技术来应对高并发请求，保证系统既能稳定提供服务，不会出现由于系统过载而导致服务不可用场景，又能保证在高并发请求流量下，不会出现超卖、少卖等数据不一致问题。

由于篇幅有限，本章主要介绍秒杀系统设计的基本思路，以及如何结合前面章节介绍的相关技术来实现一个简易版的秒杀系统，如果需要最终落地到生产环境，还有很多需要细化的地方，具体请读者根据自己的业务特点进行编码、测试与部署。

11.1 秒杀系统设计概述

秒杀系统相对于传统低并发应用系统的主要特点是：在短时间内会存在大量的并发请求需要处理，系统负载较高，容易出现资源耗尽、机器宕机等问题。所以在系统设计层面需要考虑如何在有限的服务资源情况下，合理处理高并发请求流量，保证系统的高性能、高可用和可拓展。

在服务端层面，首先，需要使用缓存来减少对数据库的访问。其次，需要遵循将流量尽量拦截在系统上游的原则，结合相关限流机制来减少不必要的请求流量流入系统。因为并发请求流量的大小通常大于秒杀活动的商品可卖数量，所以大部分请求流量都是无效流量，即不会抢到商品的请求。

虽然通过限流机制可以限制住一部分流量，但是在商品可卖数量比较多时，如几万甚至更多，此时流入到应用系统的有效并发流量还是很大的。如果此时全部有效请求都直接到达数据库，也会导致数据库负载过高，故需要使用分布式队列来对请求流量进行削峰处理，避免每秒几万的并发流量直接落到数据库来进行读写操作。最后，需要使用一个后台服务来消费队列的请求数据，实现请求的异步处理。

11.1.1 ▶ 秒杀系统设计思路

秒杀系统设计主要是基于分布式分层和微服务架构来实现，秒杀系统典型的系统架构如图 11.1 所示，从上到下依次为客户端发送请求和服务端处理请求的流程。

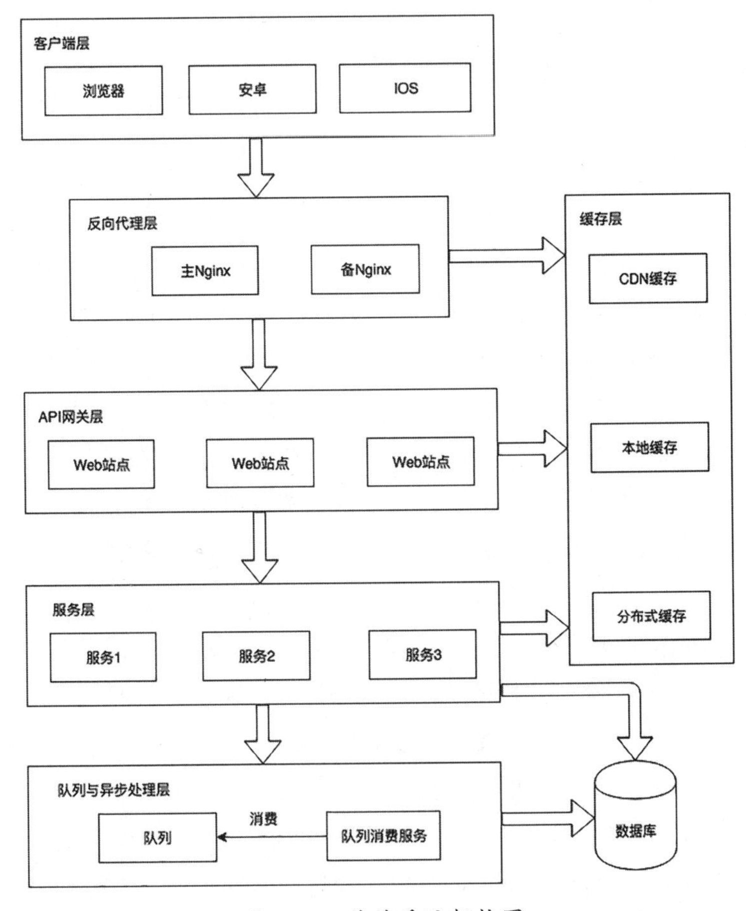

图 11.1　秒杀系统架构图

1. 客户端层

客户端层主要是用户通过各个端口，如 Web 浏览器、安卓客户端、IOS 客户端等，发送请求给服务端。在秒杀系统设计中，客户端层可以实现限流机制。具体为结合相关页面控制来避免用户发送大量请求到服务端，包括限制提交按钮的点击频率，如置灰表示暂时无法提交；Web 可以通过 JavaScript 脚本来控制每秒只能发送一个请求等。

2. 反向代理层：负载均衡与分流

反向代理层主要用于实现请求的分流，具体为通过负载均衡机制将用户的请求分散到

API 网关层的 Web 站点集群的各个节点去处理，避免所有请求都集中在一个节点来处理。反向代理的典型实现是 Nginx。

反向代理层除了可以基于负载均衡机制来实现请求分流，还可以进行限流。以 Nginx 为例，Nginx 对并发连接和并发请求提供了限流实现，具体配置参数如下。

limit_req_zone：用来限制单位时间内的请求数，即速率限制，采用漏桶算法。

limit_req_conn：用来限制同一时间连接数，即并发限制。

3. API 网关层：限流与降级

客户端层的限流一般可以限制住普通用户，但是高端用户可能会使用程序脚本来发送抢购请求，或者实际参与抢购的用户数量确实大，并发请求量也非常大，故需要在 API 网关层，或者称为站点层进行限流，如对单个部署实例的每秒最大请求数进行控制，或者对每个用户每秒的最大请求进行控制，或者通过 Redis 记录用户的请求数和限制单个用户只能请求一次等。

针对用户的请求流量，可以根据用户的 ID 来限制每个用户每秒只能发送一个请求，如使用 Google 的 guava 工具包的 RateLimiter 来实现，此时如果存在多个部署节点，则每个用户每秒最大可发送请求数等于部署节点的个数。如果需要做到精确控制，则可以通过 Nginx 将同一个用户的所有请求都转发到相同的部署节点，从而实现每个用户每秒只能发送一个请求的控制。

除此之外，由于 API 网关层一般是通过 RPC 的方式来调用服务层的相关方法来处理请求，故还需要进行请求调用的降级和熔断处理。即如果请求流量太大，导致 API 网关层限流后还是出现问题挂了或者 API 网关层没问题，服务层出问题了，则需要采取降级和熔断策略。

降级和熔断的具体策略为：API 网关层出问题，可以进行降级处理，如返回给客户端“服务器繁忙，稍后再试”等提示信息；服务层出现调用失败、超时，或者分布式缓存出现问题，如 Redis 挂了无法读取到库存信息，可以在站点层进行熔断处理，直接返回并提示“抢购人数太多，请稍后尝试”等。

4. 服务层：缓存

服务层主要是基于微服务架构实现，将系统的业务功能模块拆分为多个独立部署的服务，然后各服务之间可以通过 RPC 方式来进行相互调用，或者服务方法被 API 网关层以 RPC 的方式进行调用。通过对单体应用进行微服务改造，能够提高应用的拓展性和可用性，以及系统在应对高并发请求流量时的整体性能。

在服务层的业务方法实现中，为了减少对数据库进行读操作，一般需要进行缓存设计，缓存可以是使用本地缓存或者分布式缓存。对于需要保持服务集群各个节点的数据一致性的数据，一般是使用分布式缓存来存储，如库存数量可以放到分布式缓存中。为了减少对数据库的写操作，可以通过分布式队列来进行流量削峰和实现请求的异步处理。

5. 队列层：流量削峰与异步处理

队列层主要用于实现流量的削峰和保证流量处理的可控，避免大量请求直接访问数据库，导致数据库出现过载等问题。队列层主要包括分布式队列和队列消费者服务，其中分布式队列可以是 RabbitMQ、Kafka、RocketMQ 等。

由于秒杀的数量有限，所以不需要将成功通过第一步限流机制的所有请求都放到队列中，而是可以先将库存数量放到分布式缓存中，如 Redis，然后先检查是否还有库存，即库存数量是否大于 0。

（1）大于 0 则扣减库存并将该请求放到队列中。注意这里存在读库存数量的 get 方法调用和递减库存数量两个过程，所以在高并发场景中，可能会出现并发问题。如两个不同请求同时读都是 100 并且都递减 1，写回 99，但是其实是减了 2。故为了保证数据的一致性，需要保证这两步操作的原子性，具体可以利用 Redis 的单线程特性和 Lua 脚本来实现。

（2）不大于 0 则库存不足，直接返回抢购失败。或者可以优化一下提示“抢购完毕，如果有小伙伴放弃，可以继续抢购”来避免队列消息处理失败导致还有没卖完的商品存在。

不管是入队成功，还是失败，都可以将该请求直接返回而不需要阻塞等待抢购结果，从而提高系统的并发处理能力。对于抢购结果，可以在客户端页面中显示“抢购中”或者提示“抢购结果稍后通知”，现在很多抢票软件都是这样实现的。

使用队列消费服务来达到消费队列中请求数据的实现，由于此时消费速度是可控的，所以可以只启用一个后台队列消费服务节点即可。这个后台服务可以使用一个或多个线程来执行队列数据消费、生成数据库订单记录完成下单、递减数据库商品库存、生成抢购结果等操作。

当队列消费服务消费队列的某个请求出现异常导致失败时，如果需要保证不能出现少卖现象，则需要进行重试操作；否则可以采用快速失败 FailFast 策略，直接提示失败，不需要进行重试之类的复杂操作。

由于使用了队列来实现请求的异步处理，即不管请求是成功入队，还是库存不足无法入队，该次抢购请求都是直接返回响应给客户端，此次请求调用结束。所以对于已入队的请求抢购结果需要另外通知用户，其中抢购结果的通知具体可以采用客户端轮询和服务端消息推送两种方式来实现。

客户端轮询：可以通过客户端定时请求服务端，如每秒发送一个请求，如果成功，则提示抢购成功；如果失败，则提示抢购失败。例如，客户端可以在没有轮询到处理结果时提示“抢购中，请耐心等待”，如果轮询到结果则提示成功或失败。

消息推送：直接通过消息推送的方式来通知用户抢购结果，如 App 的消息通知。

11.1.2 ▶ 秒杀实战项目：eshop

以上介绍了秒杀系统设计的基本思路和对核心功能模块进行了分析，不过思路终归是思路，要能够做到项目落地才能真正理解每个步骤的设计要点，为了帮助读者更好地从实战的角度来理解秒杀系统的设计，提高读者的实战编码能力，笔者提供了一个简易版的秒杀系统供读者参考，读者也可以在此基础上进行拓展实现。

项目源代码放在个人 GitHub 上面，项目链接为：https://github.com/yzxie/eshop，该项目采用微服务架构和当前最流行的 SpringBoot 框架来实现，项目的核心结构如图 11.2 所示。

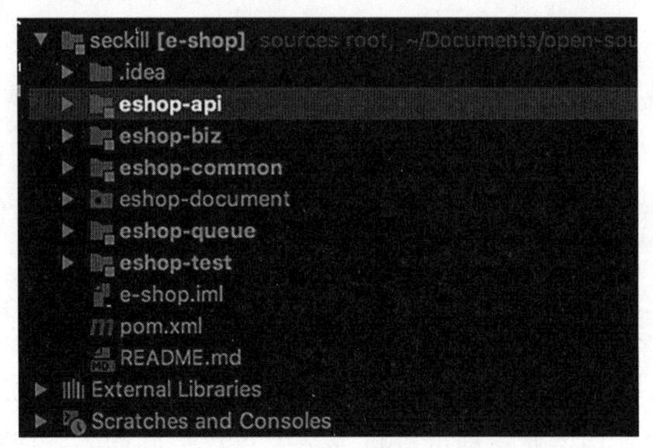

图 11.2　eshop 项目整体模块组成

该项目由以下三个核心服务组成。

eshop-api：秒杀系统 API 网关实现，主要用于接收客户端的商品抢购请求，以及进行服务端限流。请求处理是使用 Dubbo 框架对业务服务 eshop-biz 进行 RPC 调用来实现的。除此之外，由于使用了队列削峰和请求的异步处理，当服务端返回“抢购中”的结果，而不是抢购成功或者失败时，客户端需要以轮询的方式来查询抢购结果。

eshop-biz：秒杀系统业务服务实现，主要处理 eshop-api 模块的 RPC 方法调用请求。在实现层面，eshop-biz 通过在 Redis 缓存中存放秒杀商品的库存数量，减少对数据库的访问。当秒杀商品还存在库存时，将抢购请求放到 RabbitMQ 分布式队列中并递减存放在 Redis 中的秒杀商品的库存数量，从而实现对并发抢购请求的削峰和异步处理。当秒杀商品已经没有库存时，直接返回抢购失败。

eshop-queue：秒杀系统的队列消费和订单生成服务实现，主要为消费 eshop-biz 服务添加到 RabbitMQ 队列的订单请求并进行实际的数据库订单生成，完成下单操作。最后需要设置抢购结果，以便给客户端轮询获取抢购结果。

以下将结合该项目来分析限流机制、缓存、分布式锁、分布式队列和异步处理的实现，其中限流机制是使用 Google 工具包 guava 的 RateLimiter 类来实现，缓存和分布式锁都是基于 Redis 来实现，分布式队列和异步处理是基于 RabbitMQ 来实现。

11.2 限流机制

在秒杀系统中需要实现限流机制的原因主要包括两点，首先，提供给用户秒杀抢购的商品库存数量是有限的，而抢购请求流量通常是远大于这个数量的，即大部分抢购请求流量都是无法抢购到商品的无效流量，所以需要基于将流量拦截在上游的原则来进行限流，避免所有请求都需要交给业务服务处理。

其次，需要保证公平原则，防止某些用户通过程序脚本或者频繁点击等方式来发送大量抢购请求，导致其他用户都无法正常抢购，故需要从用户的维度来限制每个用户每秒所能发送抢购请求的数量。

在限流的实现层面，可以根据上一小节介绍的，在负载均衡器 Nginx 中进行相关设置来进行整体限流，具体可以进一步参考 Nginx 的相关文档来学习。在本节将要介绍的限流机制主要是在应用的 API 网关层限流，具体分为基于 URI 的限流和用户的限流两种。

11.2.1 ▶ 核心设计

在基于 Java 和 Spring 实现的企业级项目中，可以通过过滤器 Filter 或者 Spring 的 AOP 机制来实现对请求的拦截处理。在 eshop 项目的 API 网关 eshop-api 实现中，主要是基于 Spring 的 AOP 机制来实现请求的拦截和限流处理。

限流机制的实现主要是在 eshop-api 的 limit 包，主要包括如图 11.3 所示的两个核心设计。

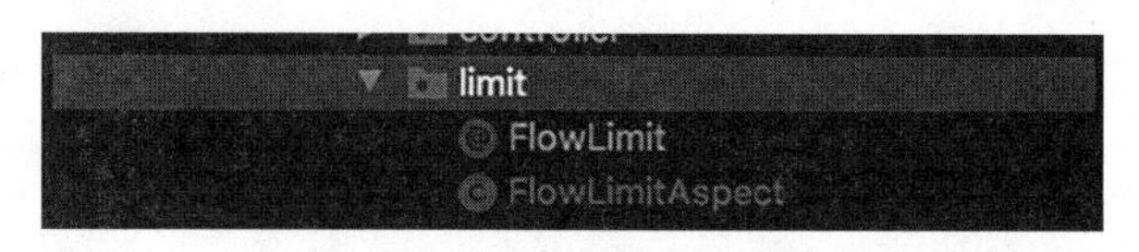

图 11.3 限流实现类

首先，定义了一个注解 @FlowLimit，这个注解主要用在需要限流的请求处理方法中，然后在 Spring 的 AOP 机制实现类 FlowLimitAspect 中，检查每种请求处理方法是否使用了这个注解并进行相应限流处理。该注解的定义如下：

```
@Target({ElementType.METHOD})
@Retention(RetentionPolicy.RUNTIME)
public @interface FlowLimit {
}
```

在当前的实现中，主要是在 SpringBoot 的配置文件 application.properties 中进行限流相关参数设置。读者也可以在这个注解中定义 value 等属性来进行拓展，实现更加灵活的配置。

其次，基于 Spring 的 AOP 机制的限流实现类 FlowLimitAspect，在这个类会对使用了 @FlowLimit 注解的方法进行限流处理。FlowLimitAspect 类的核心定义如下：

```
@Aspect
@Component
@Order(1)
// Order 序号越小，优先级越高
public class FlowLimitAspect {
    /**
     * url 维度限流
     */
    private Map<String, RateLimiter> uriLimiterMap = new HashMap<>();
    /**
     * 用户维度限流
     */
    private LoadingCache<String, RateLimiter> userLimiterMap;
    @Autowired
    private Environment environment;
    /**
     * 用户每秒可发送请求数
     */
    private String uuidLimit;
    /**
     * 需要限流的 uri
     */
    private String uriList;
    @PostConstruct
    public void init() {
        this.uuidLimit = environment.getProperty("flow.uuid.limit");
        this.uriList = environment.getProperty("flow.uris");
        // 初始化 uri 的 limiter
        if (uriList != null) {
            String[] uris = uriList.split(",");
            for (String uri : uris) {
                // 每个 uri 每秒最多接收 10 个请求，也可以优化为每个 uri 不一样
                uriLimiterMap.put(uri, RateLimiter.create(10));
            }
        }
        // 初始化 uuid 的 limiter
        userLimiterMap = CacheBuilder.newBuilder()
                .maximumSize(10000)
                .expireAfterWrite(1, TimeUnit.HOURS)
                .build(new CacheLoader<String, RateLimiter>() {
                    @Override
                    public RateLimiter load(String s) throws Exception {
```

```
                    // 每个新的uuid，每秒只发出 uuidLimit 个令牌，
                    // 即每秒只能发送 uuidLimit 个请求
                    return RateLimiter.create(Integer.valueOf(uuidLimit));
                }
            });
    }
    @Pointcut("@annotation(com.yzxie.study.eshopapi.limit.FlowLimit)")
    public void flowLimitAspect() {}
    @Around("flowLimitAspect()")
    public Object limit(ProceedingJoinPoint proceedingJoinPoint) throws Throwable {
        // 限流逻辑实现
        // 省略其他代码
    }
    // 省略其他 diam
}
```

分析：首先，在项目启动时，调用 init 方法对限流配置进行加载和初始化，具体为创建每个需要限流的 URI 对应的限流器 RateLimiter 和通过 guava 工具包的 LoadingCache 来实现在某个用户第一次发送请求时，创建该用户对应的限流器 RateLimiter。对于 RateLimiter 和 LoadingCache 的相关知识，推荐查阅 guava 的相关文档进行进一步学习。

其次，在 flowLimitAspect 方法定义了 AOP 的切点为 @FlowLimit 注解，即限流机制会对使用了 @FlowLimit 注解的方法生效。

最后，在 limit 方法实现限流逻辑，具体内容在下面详细分析。

11.2.2 ▶ URI 和用户维度的限流实现

限流机制主要是基于 URI 和用户两个维度来实现，核心实现逻辑在 FlowLimitAspect 的 limit 方法中实现。源码实现如下：

```
@Around("flowLimitAspect()")
public Object limit(ProceedingJoinPoint proceedingJoinPoint) throws
Throwable {
    Method method = ((MethodSignature)proceedingJoinPoint.getSignature()).
getMethod();
    FlowLimit flowLimit = method.getAnnotation(FlowLimit.class);
    if (flowLimit != null) {
        HttpServletRequest request = getCurrentRequest();
        String uri = request.getRequestURI();
        String userId = request.getHeader("userId");
        RateLimiter uriLimiter = uriLimiterMap.get(uri);
        // uri：url 维度限流
        if (uriLimiter != null) {
```

```
            boolean allow = uriLimiter.tryAcquire();
            if (!allow) {
                throw new ApiException("抢购人数太多，请稍后再试");
            }
        }
        // useId：用户维度限流
        if (userId != null) {
            RateLimiter userLimiter = userLimiterMap.get(userId);
            boolean allow = userLimiter.tryAcquire();
            if (!allow) {
                throw new ApiException("抢购人数太多，请稍后再试");
            }
        }
    }
    // 继续执行
    Object result = proceedingJoinPoint.proceed();
    return result;
}
private HttpServletRequest getCurrentRequest() {
    HttpServletRequest request =
     ((ServletRequestAttributes) RequestContextHolder.getRequestAttributes()).
getRequest();
    return request;
}
```

分析：首先，获取类型为HttpServletRequest的当前请求对象request，具体为调用getCurrentRequest方法获取。然后，通过该request对象来获取当前请求的路由URI，以及可以与客户端协商在HTTP请求的header中包含当前发送请求的用户userId。

请求路由URI和用户维度的限流实现主要为：分别获取URI维度的限流器RateLimiter对象uriLimiter，用户维度的限流器RateLimiter对象userLimiter，然后分别调用RateLimiter的tryAcquire方法获得许可，如果成功获得许可，则将该请求通过，继续交给业务服务处理；否则说明抢购请求太多导致触发了限流机制，直接抛异常“抢购人数太多，请稍后再试”告知用户抢购失败，具体会通过统一异常处理器来捕获并处理该异常。

11.3 缓存的使用

本节主要是介绍服务端数据相关的缓存，如果是前端的静态页面缓存，一般可以通过CDN或者Nginx等来实现，此处不进行拓展介绍。在高并发场景中，数据库是最容易成为性能瓶颈的地方，所以一般需要增加数据缓存来减少对数据库的访问。

在秒杀系统设计中，一般需要先将被抢购商品的库存数量放到缓存中，在缓存中进行扣减库存操作来判断用户的抢购请求是否是有效的。由于目前的企业级应用一般都是基于分布式架构和集群方式部署，所以需要使用分布式缓存，如 Redis 或者 Memcached 来实现。

在 eshop 项目的业务服务实现 eshop-biz 中，主要是基于 Redis 来对商品的库存数量进行缓存，并在处理用户的抢购请求时，结合 Redis 中存储的商品库存数量来判断是否需要将该抢购请求放到分布式队列中，以便进一步进行处理和完成下单。同时需要进行 Redis 缓存的商品库存数量的递减操作。

11.3.1 ▶ 核心设计

API 网关实现 eshop-api 通过 Dubbo 框架以 RPC 方式调用业务服务 eshop-biz 的抢购请求处理方法来进行抢购请求处理。在 eshop-biz 中主要是在 SeckillRpcServiceImpl 类的成员方法 sendOrderToMq 中定义抢购请求的处理逻辑，该方法的定义如下：

```
public OrderResult sendOrderToMq(long productId, int num, double price,
String userId) {
    OrderDTO orderDTO = buildOrderDTO(productId, num, price, userId);
    // 发送订单到队列，实现流量削峰和异步处理
    // 检查是否还有库存，如果有则发送到队列
    long remainNum =
    redisCache.descValueWithLua(RedisConst.SECKILL_NUMBER_KEY_PREFIX +
productId, num, productId);

    if (remainNum >= 0) {
        rabbitMqProducer.send(orderDTO);
        return new OrderResult(orderDTO.getUuid(), OrderStatus.PENDING.
getStatus());
    } else {

        // 直接返回抢购失败
        return new OrderResult(orderDTO.getUuid(), OrderStatus.FAILURE.
getStatus());
    }
}
```

分析：首先，通过调用 RedisCache 类的 descValueWithLua 方法来检查 Redis 缓存中存放的该类商品的库存数量并进行递减，如果递减成功，说明此时还有库存，可以下单，此时发送该订单请求到分布式队列即可。否则直接返回抢购失败给客户端，表示此时商品已经被抢完了。

所以此处的实现要点是如何将商品库存数量从数据库加载到缓存，避免当缓存中还没数据时，所有并发请求都落到数据库上。其次，在处理抢购请求时如何保证缓存数据更新的原子性，避免出现超卖现象。

11.3.2 ▶ 商品库存缓存实现

商品库存缓存的实现要点包括库存数量缓存的加载和库存数量的原子更新。对于库存数量的加载，可以通过预加载或者称为缓存预热的方式来初始化缓存。即可以在商品抢购开始前，由运营人员在后台手动触发将被抢购商品的库存数量从数据库加载到缓存中，从而在抢购开始时，对于商品库存数量的查询和递减操作都可以在缓存中完成。

不过在服务端实现层面，需要考虑缓存穿透问题，即当缓存不存在对应数据时，所有请求都需要落到数据库去查询。为了解决这个问题，可以通过加锁来限制从数据库加载数据到缓存的线程数量，避免所有并发请求都落到数据库去查询。

对于同一个进程内的多个请求处理线程，可以通过 synchronized 关键字来实现一个互斥锁，对于以集群方式部署的多个不同进程，可以使用分布式锁来实现。不过由于集群节点数量通常是有限的，故一般使用 synchronized 关键字对同一进程内的线程进行同步即可。

在业务服务 eshop-biz 中是使用 Redis 作为分布式缓存实现的，选择 Redis 的原因除了 Redis 提供了丰富的数据类型，可以方便进行缓存定制之外，更主要的是可以利用 Redis 的单线程特性和可以结合 Lua 脚本实现原子命令，实现对商品库存的原子更新，保证进行多线程并发操作时，商品库存数量的数据保持一致性。

下面结合具体代码来分析商品库存数量的缓存加载和原子递减更新的实现，具体在 RedisCache 类的 descValueWithLua 方法实现，具体实现如下：

```
/**
 * 使用 Lua 脚本来实现原子递减
 * @param key redis 的 key
 * @param value 需要递减的值
 * @param productId
 * @return 大于 0，则说明还存在库存
 */
public long descValueWithLua(String key, long value, long productId) {
    if (value <= 0)
        return -1;
    // lua 脚本原子更新库存数量
    DefaultRedisScript<Long> redisScript = new DefaultRedisScript<>();
    redisScript.setScriptText(DESC_LUA_SCRIPT);
    redisScript.setResultType(Long.class);
    Long remainNum =
```

```
    redisTemplate.execute(redisScript, Collections.singletonList(key), value);
    // 缓存不存在值，从数据库加载
    if (remainNum == null) {
        // 加锁，避免缓存没有秒杀数量时，大量访问数据库
        synchronized (LOCK) {
            // double check 检查，实现同一个部署实例只有一个线程从数据库加载一次即可
            remainNum = getSecKillNum(productId);
            if (remainNum == null) {
                // 从数据库加载，如果数据库不存在，则返回 -1
                remainNum = productQuantityDAO.getProductQuantity(productId);
                if (remainNum == null) {
                    return -1;
                }
                // 分布式锁，避免不同机器实例的并发对 Redis 进行设值
                final String lockKey = RedisLock.SECKILL_LOCK_PREFIX + productId;
                final String lockValue = UUID.randomUUID().toString().replace("-", "");
                try {
                    // 加锁
                    boolean lock = redisLock.tryLock(lockKey, lockValue, 10);
                    if (lock) {
                        // double check 检查
                        if (getSecKillNum(productId) == null) {
                            // 初始化商品库存数量到 Redis 缓存
                            setSecKillNum(productId, remainNum);
                        }
                    }
                } catch (Exception e) {
                    logger.error("redis try lock error {}", productId, e);
                } finally {
                    redisLock.release(lockKey, lockValue);
                }
            }
            // 递减
            remainNum = redisTemplate.execute(redisScript, Collections.
singletonList(key), value);
        }
    }
    return remainNum;
}
```

分析：首先，直接执行递减商品库存数量的 Lua 脚本并获取返回值，如果返回值不为 null，说明在 Redis 已经存在该商品的库存数量数据，直接返回该返回值即可。然后，在上层 descValueWithLua 方法的调用处继续根据该返回值来判断是否可以成功下单，即如果大于 0 则说明还存在库存，可以下单，将抢购请求添加到分布式队列；否则无法下单，返回抢购失

败即可。

如果返回值为null，表示Redis中当前不存在对应该商品库数量的数据，即还没有从数据库加载库存数据到Redis缓存中，此时需要进一步从数据库查询该商品对应的库存数量并加载到Redis中，然后再在Redis中执行扣减商品库存的操作。

其中从数据库加载数据到Redis时，需要使用synchronized关键字来同步同一个进程的多个请求处理线程，避免所有线程都直接访问数据库。另外由于系统一般会使用集群的方式部署，故多个节点的不同进程可能同时读取数据库的商品库存数量并且写入到Redis中。为了避免多个节点的不同进程分别从数据库加载库存数量并写入Redis时，发生数据相互覆盖的问题，此处使用了分布式锁来对不同进程进行同步。

递减商品库存数量的Lua脚本DESC_LUA_SCRIPT定义如下：

```
// lua 脚本，先获取指定产品的秒杀数量，再递减
private static final String DESC_LUA_SCRIPT = " local remain_num = redis.
call( 'get' , KEYS[1]); "
        + " if remain_num then "
        + "     if remain_num - ARGV[1] >= 0 then return redis.call( 'decrby' ,
KEYS[1], ARGV[1]); "
        + "     else return -1; end; "
        + " else return nil; end; ";
```

分析：先检查Redis中是否存在指定商品的库存数量，如果不存在则直接返回null，否则判断剩余库存数量是否可以满足当前的抢购需求，即以上脚本的 remain_num - ARGV[1] >= 0 的判断，如果可以满足，则执行递减库存操作并返回递减后的库存数量，否则直接返回 -1 表示库存不足，抢购失败。

其中在Lua脚本中，get操作获取库存数量和decrby操作递减库存数量是一个原子操作，故不会出现由于线程并发操作导致数据不一致性问题，避免出现商品超卖现象。

11.4 分布式锁的使用

同一个进程内的多个线程之间的同步可以使用synchronized关键字或者Java并发包的ReentrantLock来实现，而不同进程的多个线程之间的同步则需要使用分布式锁来实现。分布式锁一般可以基于数据库、Redis或者Zookeeper来实现，其中基于Redis来实现主要是利用了Redis的单线程特性，即发送给Redis的所有读写命令都是在单个线程排队处理的，需要结合Redis提供的setnx命令来实现，即只有当不存在对应的键key时，该命令才会返

回成功。

在 eshop 项目中，对于从数据库读取商品库存数量并写到 Redis 缓存的实现，使用了 Redis 实现的分布式锁来同步集群中不同节点的多个进程的线程的写操作，避免不同进程的线程从数据库读取库存后都对 Redis 缓存进行写操作，导致数据可能出现相互覆盖而产生的数据不一致问题。即一个进程将商品库存数量写到 Redis 缓存并完成了递减操作之后，另外一个进程又将从数据库读取到的商品库存数量写入 Redis 缓存，覆盖了前一个进程递减后的库存数量。

基于 Redis 实现的分布式锁由于是基于 setnx 命令来写对应的键 key 实现的，所以加锁操作是非阻塞的，即要么成功要么失败，当对应的 key 不存在时才能加锁成功。其次是需要考虑死锁问题，在加锁成功并执行完需要进行的操作之后，需要删除该锁对应的键 key。

不过这里需要注意的是，要保证锁由加锁线程自身来解锁，不能被其他线程解锁。所以对应的实现是维护该键 key 对应的值 value，并且值 value 是不可预测的，如使用 UUID 来生成一个随机值，然后在解锁的时候提供键 key 和值 value 及 Redis 的键值对进行对比即可。

对于死锁问题，除需要进行主动解锁之外，还需要设置键 key 的过期时间，这样当出现程序崩溃等异常情况时，键 key 才能自动过期并被删除，避免死锁。

eshop-biz 中基于 Redis 实现的分布式锁的核心定义如下，主要包括加锁方法实现 tryLock 和解锁方法实现 release，其中秒杀对应的分布式锁的键 key 的前戳为 seckill_redis_lock:，后戳为商品 id，如 seckill_redis_lock:1234 表示商品 id 为 1234 的分布式锁。

```
@Component
public class RedisLock {
    private static final Logger logger = LoggerFactory.getLogger(RedisLock.class);
    /**
     * redis 分布式锁的值，实现解锁由加锁的线程来实现，使用本地缓存来减少对 Redis 的查询
     */
    private static final Map<String, String> LOCK_VALUE_MAP =
    new ConcurrentHashMap<>();
    /**
     * 秒杀分布式锁对应的键 key 的前戳
     */
    public static final String SECKILL_LOCK_PREFIX = "seckill_redis_lock:";
    @Autowired
    private RedisTemplate<String, Object> redisTemplate;
    /**
     * 加锁
     */
     public boolean tryLock(String lockKey, String lockValue, long
expireSeconds) {
        // 省略代码
```

```
    }
    /**
     * 解锁
     */
    public boolean release(String lockKey, String lockValue) {
        // 省略代码
    }
}
```

加锁方法定义tryLock，首先基于setnx命令来进行加锁操作，加锁成功之后通过expire命令来设置过期时长，同时通过ConcurrentHashMap来实现一个存放锁的键值对数据的本地缓存，在解锁的时候用于判断解锁提供的键值对是否是匹配的。具体定义如下：

```
// 加锁
public boolean tryLock(String lockKey, String lockValue, long
expireSeconds) {
    try {
        long startTime = System.currentTimeMillis();
        // 自旋直到获取锁成功或者等待超时
        for (;;) {
                BoundValueOperations<String, Object> valueOperations =
redisTemplate.boundValueOps(lockKey);
            // Redis 的 setnx 命名
            // 利用 Redis 的单线程特性
            boolean success = valueOperations.setIfAbsent(lockValue);
            if (success) {
                // 设置超时时间，避免死锁
                valueOperations.expire(expireSeconds, TimeUnit.SECONDS);
                LOCK_VALUE_MAP.put(lockKey, lockValue);
                return true;
            }
            // 最多自旋等待 5 秒
            if (System.currentTimeMillis() - startTime > 5000) {
                break;
            }
        }
    } catch (Exception e) {
        logger.error("tryLock {} {} {}", lockKey, lockValue, expireSeconds, e);
    }
    return false;
}
```

解锁方法定义release。主要是实现删除键值对数据的操作，不过需要判断方法参数提供的键值对数据是否与加锁操作时保存的键值对数据是一致的，只有一致时才能完成解锁操作，删除 Redis 中对应的键值对数据，实现加锁和解锁由同一个线程来完成的语义。源码实现如下：

```
// 解锁
public boolean release(String lockKey, String lockValue) {
    try {
        String value = LOCK_VALUE_MAP.get(lockKey);
        // 判断是否是当前进程之前加锁的
        if (lockValue.equals(value)) {
            return redisTemplate.delete(lockKey);
        }
    } catch (Exception e) {
        logger.error("release {} {}", lockKey, lockValue, e);
    }
    return false;
}
```

在 RedisLock 的使用层面，主要是在前面介绍的 RedisCache 的 descValueWithLua 方法中使用，具体源码实现如下：

```
// 分布式锁，避免不同机器实例的并发对 Redis 进行设值
final String lockKey = RedisLock.SECKILL_LOCK_PREFIX + productId;
// 值 value 使用 UUID 生成随机值
final String lockValue = UUID.randomUUID().toString().replace("-", "");
try {

    // 加锁
    boolean lock = redisLock.tryLock(lockKey, lockValue, 10);
    if (lock) {
        // double check 检查
        if (getSecKillNum(productId) == null) {
            // 初始化商品库存数量到 Redis 缓存
            setSecKillNum(productId, remainNum);
        }
    }
} catch (Exception e) {
    logger.error("redis try lock error {}", productId, e);
} finally {
    // 解锁
    redisLock.release(lockKey, lockValue);
}
```

首先基于 UUID 来生成对应的键值对数据的值 value，对于解锁操作是在 try-catch-finally 的 finally 块来实现，这样当发生异常时也能执行解锁操作。

11.5 队列削峰与异步处理

在秒杀系统设计中，如果抢购的商品数量不多，如几百个，通过以上的限流和基于 Redis 缓存扣减商品库存来对抢购请求流量进行进一步限制之后，可以直接进行下单操作，生成数据库订单记录。不过如果抢购商品较多，如几万个，则在抢购过程中，也会出现每秒上万个请求直接写数据库的情况，此时会导致数据库资源消耗过大，所以在这种情况下需要结合分布式队列来进行流量削峰和通过异步的方式来处理下单请求。

分布式队列的实现包括RabbitMQ、Kafka、RocketMQ以及Redis的列表结构实现的队列等。在 eshop 项目中使用 RabbitMQ 作为分布式队列的实现。具体为在业务服务 eshop-biz 实现中，将订单请求放到 RabbitMQ 队列，然后在队列消费与订单生成服务 eshop-queue 中消费该队列的订单请求，完成数据库订单记录生成和数据库商品库存数量扣减，最后设置下单请求对应的抢购结果，以便客户端轮询获取。

首先需要在 RabbitMQ 的管理后台进行订单请求队列的创建，具体可以在管理后台页面完成设置，如图 11.4 所示，创建一个名称为 order-queue 的队列，使用该队列来存放用户的订单请求数据。关于 RabbitMQ 队列的相关知识可以参考前面章节关于 RabbitMQ 的介绍。

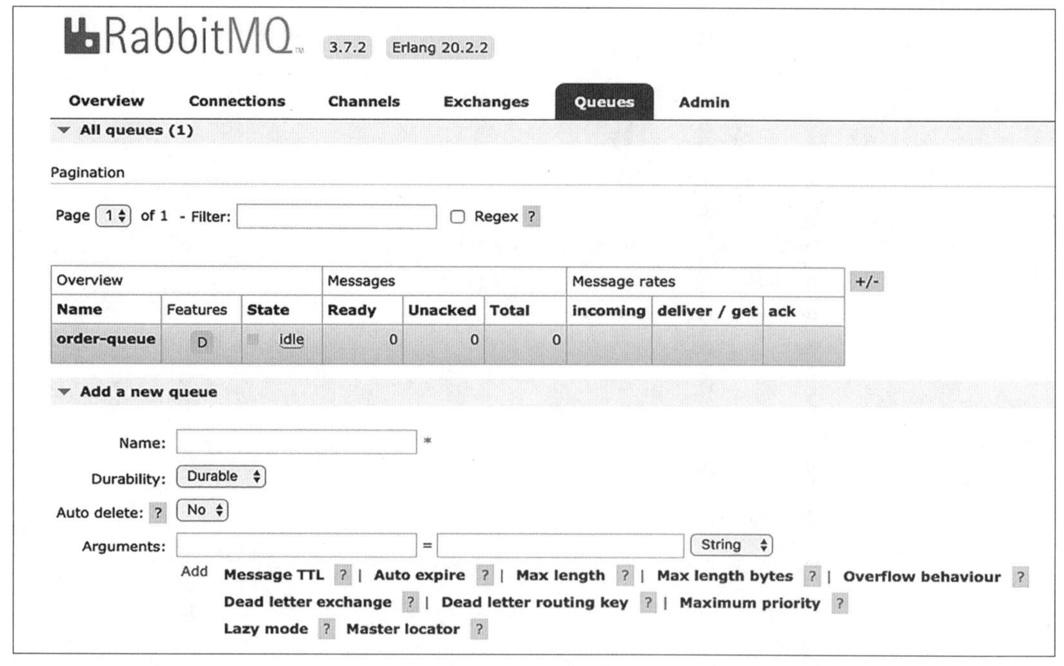

图 11.4　RabbitMQ 管理后台

创建好订单队列之后，需要定义队列的生产者和消费者，其中队列的生产者在业务服务

eshop-biz 中定义，队列的消费者在队列消费和订单生成服务 eshop-queue 中定义，具体如下：

队列生产者 eshop-biz 的 RabbitMQ 的配置信息包括指定 RabbitMQ 服务器的地址，所使用的用户名和密码，如下所示。

```
# rabbitmq 配置
spring.rabbitmq.host=localhost
spring.rabbitmq.port=5672
spring.rabbitmq.username=guest
spring.rabbitmq.password=guest
```

队列声明与配置如下：

```
@Configuration
public class RabbitMqConfig {
    @Bean
    public Queue orderQueue() {
        return new Queue(ORDER_QUEUE);
    }
}
```

基于 Spring 提供的 AmqpTemplate 队列模板类可以方便地进行队列消息的发送。其中订单请求定义为 OrderDTO，所使用的队列是名字为 order-queue 的队列。源码实现如下：

```
@Component
public class RabbitMqProducer {
    @Autowired
    private AmqpTemplate amqpTemplate;

    /**
     * 发送订单请求到队列 order-queue
     * @param orderDTO
     */
    public void send(OrderDTO orderDTO) {
        amqpTemplate.convertAndSend(ORDER_QUEUE, orderDTO);
    }
}
```

eshop-queue 的队列消费者的实现主要是使用 Spring 提供的队列监听器注解 @RabbitListener 来指定监听指定队列的消息的类，使用 @RabbitHandler 注解来指定消费队列消息的方法。如果需要定义多个队列消费者，则可以按照这种方式定义多个队列消费者类即可。源码实现如下：

```
@Component
// 队列监听器
@RabbitListener(queues = ORDER_QUEUE)
public class RabbitMqConsumer {
```

```
    private static final Logger logger = LoggerFactory.getLogger
(RabbitMqConsumer.class);
    @Autowired
    private SeckillHandler seckillHandler;
    // 队列消息处理器
    @RabbitHandler
    public void process(OrderDTO orderDTO) {
        seckillHandler.createOrder(orderDTO);
        logger.info("order {}", orderDTO.getUuid());
    }
}
```

队列的订单请求数据消费与数据库订单记录生成。源码实现如下：

```
public void createOrder(OrderDTO orderDTO) {
    try {
        Pair<OrderBO, List<OrderItemBO>> orderBOListPair = buildOrderBO
(orderDTO);

        transactionTemplate.execute(new TransactionCallbackWithoutResult() {
            @Override
            protected void doInTransactionWithoutResult(TransactionStatus
transactionStatus) {
                // 生成数据库订单记录
                orderDAO.insert(orderBOListPair.getLeft());
                    List<OrderItemBO> orderItemBOList = orderBOListPair.
getRight();
                orderItemDAO.bulkInsert(orderItemBOList);
                // 更新数据库的库存数量
                for (OrderItemBO orderItemBO : orderItemBOList) {
                    productQuantityDAO.decrQuantity(orderItemBO.getNum());
                }
                // 设置下单结果，以便客户端轮询获取
                redisCache.setSeckillResult(orderDTO.getUserId(),
                    orderDTO.getUuid(), OrderStatus.SUCCESS);
            }
        });
    } catch (Exception e) {
        logger.error("createOrder {}", JSON.toJSONString(orderDTO), e);
    }
}
```

在成功生成数据库订单记录和扣减数据库的商品库存数量之后，设置该订单的抢购结果到 Redis 中，以便客户端可以轮询获取该结果。

11.6 小结

秒杀系统是典型的高并发系统，所以需要结合前面章节介绍的高并发设计的相关原理来进行系统设计。具体包括通过负载均衡机制实现请求的分流；通过限流机制来过滤无效流量，减少不必要请求的处理，节省系统资源；通过缓存的使用来减少对数据库的访问，提高数据读写性能；通过分布式队列来进行请求流量削峰，实现请求的平滑处理；最后结合异步处理机制来将请求处理结果返回给用户。

在具体实现层面，对于限流机制可以基于Google的guava工具包的RateLimiter，或者Java并发包的信号量Semaphore，或者Redis来计数实现；对于缓存，则可以基于Java并发包的ConcurrentHashMap实现本地缓存，或者基于Redis、Memcached实现分布式缓存；对于分布式队列，可以使用RabbitMQ、Kafka等实现，最后可以基于数据库、Redis，Zookeeper等实现分布式锁来对不同进程的线程进行同步。